実践 道路アセットマネジメント入門

継続的改善を実現するための
マネジメントの基本

小林 潔司
編著

中谷 昌一　玉越 隆史
青木 一也　竹末 直樹
共著

コ ロ ナ 社

ま　え　が　き

わが国の道路などの社会基盤施設は，歴史的な経緯をたどれば明らかなように，戦後の復興を目指し短期間に集中して行われた公共投資によって本格的に整備が開始され，わが国の高度経済成長を演出するとともに社会経済活動を支えてきた。その後も国土の有効利用の観点や国民の豊かで安全安心な暮らしを確保するために，将来の国民に向けた公共投資は継続的に実施されてきており，全国的な広がりの視点で見れば，量的な整備に関して終息を迎えたと認識されつつある。

一方で，わが国は世界的にも有数の自然災害に見舞われやすい地域に立地しており，例年，大規模な豪雨災害や地震災害が発生し多くの人命や国富が失われている。脆弱な国土の上に整備されてきた社会基盤施設も例外ではなく，災害の規模によっては甚大な被害を被っており，その復旧に時間を要することも珍しくない。社会基盤施設に要求されるべき質的な性能に関してはいままさに国民の関心が高まり，性能のレベル向上に期待が寄せられつつもある。

さらに，営々として築き上げられてきた社会基盤施設の規模は膨大なものであるが，これらはその物理的な特質から経年的に疲労，腐食，摩耗などの劣化現象に晒されている。このため，効率的・効果的な維持管理を怠ると，道路橋をはじめとした構造物の劣化に伴う不具合が急速に展開し，長期的な視点に立つと不必要な補修や更新の増加に見舞われる恐れがある。事実，海外においては長大橋梁の落橋事故が後を絶たず，国内においても重大損傷の発生と対処が繰り返されているのも現状である。

ま え が き

国土交通省は，2013年を「メンテナンス元年」と位置付け，国民の財産である社会基盤施設をどのように戦略的に維持管理していくのかについて，本格的に取組みを開始した。その成果の一例を挙げれば，2014年には道路法の改正により法第42条「道路の維持又は修繕」に関する施行令，施行規則等がようやく制定され，全国70万橋に及ぶすべての道路橋などは近接目視による5年に一度の定期点検の対象となり，全国的な規模で法定によりメンテナンスサイクルが始動される運びとなった。

しかしながら，これらの制度的な整備とともに，社会基盤施設の状態把握に伴うデータを有効に活用した戦略的な維持管理，例えば道路橋については計画的な補修，更新などを通じた予防的な保全によってライフサイクルコスト縮減を目指した取組みが始まっているが，社会基盤施設全般について，地域も含めて持続可能なマネジメントの取組みがなされている状況までには至っていない。

これは，社会基盤施設を対象としたアセットマネジメントに関する研究がさまざまに行われ，特にデータシステムや劣化予測手法などの技術開発も行われてアプリケーションなども提供されているものの，実務において対象とする社会基盤施設のそもそもの目的を明確に位置付けるとともに，アセットマネジメントの全体像を明確に示したうえで，その継続的な改善のあり方も認識しつつ，マネジメントを戦略的に実施する方法論がいまだ提示されていないことに起因する部分も大きい。

本書は，アセットマネジメントの本来的な意味を改めて提示し，アセットマネジメントの国際規格（ISO 55000s）にも準拠して，あらゆる実務者・関係者が共通して認識しておくべきアセットマネジメントの全体像を明らかとすること，また，関係する実務者の共同作業としてニーズに応じた効果的なマネジメントの支援ツールの開発や検証がなされ，全国の道路管理者によって適正にこれらの支援ツールが駆使されるなかで，マネジメント全体の継続的改善をバランス良く図っていくための方法論を提示することを目的としている。

なお，本書は一般財団法人橋梁調査会からの寄附により2016年4月に京都大学経営管理大学院に設置された道路アセットマネジメント政策講座が中心となり企画し，これまでの研究・普及活動に関係されてきた執筆者のご尽力により出版に至ったものである。さらに，本寄附講座は，京都大学の教員が中心となり構成される一般社団法人京都ビジネスリサーチセンター アセットマネジメントインスティチュートとも連携し活動を行ってきた。ここに感謝の意を表す次第である。

最後に，本書が社会基盤施設のマネジメントに携わっている行政機関や民間企業の実務者，また，支援ツールの開発者や研究に従事する学生などの幅広い層のご参考となることを願うものである。

2019年3月

京都大学経営管理大学院
道路アセットマネジメント政策講座
小林潔司，中谷昌一，青木一也

目　　　次

0. 本書の目的・使い方

1. インフラアセットマネジメントの全体像

2. 道路の社会的役割とアセットマネジメント

3. 道路橋のマネジメントの目標に応じた技術的対応

4. アセットマネジメントの実践のための支援ツール

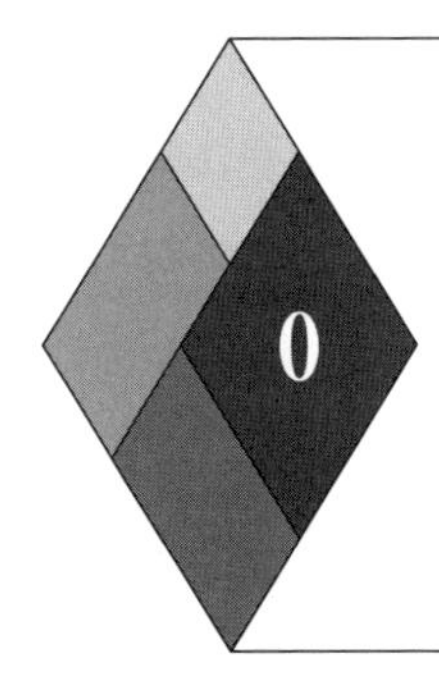

0 本書の目的・使い方

道路橋をはじめとして平時および有事の社会活動を支える社会基盤施設については，長期にわたりそのときどきの社会的ニーズにも適合し，可能な限りその機能を発揮し続けることが望まれる。一方で，その整備にかかる初期投資に加えて，その機能の維持には不可避な劣化や損傷による機能障害の影響を最小限にするための日常的な点検などによる監視や状態把握，維持補修，さらには社会ニーズの変化に伴う機能的陳腐化に対する補強や機能更新などが適切に行われる必要があり，その費用は膨大なものとなる。したがって，実務的には，必要予算をいかに計画的に見積もり，いかにその必要性を説明し合意を形成して予算を確保するのかが，持続的な機能維持・更新に向けた重要な鍵を握ることになる。そのためには投資効果の事前予測や事後評価，適切な判断による技術の採用や臨機の予算措置の実施など，的確な意思決定を迅速に行うための組織体制や人材が確保されていることも必要である。

道路橋などの社会基盤施設を構成する構造物の特性を踏まえて敷衍（ふえん）すると，そのときどきの最新の知見や経験に基づいてさまざまな技術や材料を駆使して整備されてきており，的確に現在の状態を把握・評価し適時に適切な対策を行うためには，過去からの劣化や欠陥などの必要な情報を十分に蓄積し分析することに加えて，相応の専門的知識や経験知を有した技術者の介在が不可欠である。具体的には，対象施設の調査・計画・設計・施工・管理に関わるきわめて多岐にわたるデータをいかにして無駄なく整理し，かつ長期的に蓄積するのか，あるいはそれらを活用して得られた新たな技術的知見をいかに意思決定に効果的に活かしていくのかが重要な課題となる。このため，道路橋のアセットマネジメントには，効率的な情報システムを構築し有益な知見を得るための支援ツールを整備するとともに，これらを有効に活用しさまざまな意思決定を行う技術力を有した人材の育成と組織的な配置が，特に，継続的な改善の視点を失うことなく実施されることが必要となる。

また，社会基盤施設を取り巻く社会的環境はつねに変化しており，マネジメントの対象の特定のみならず，マネジメント対象そのものの目的や必要とする機能さえもつねに見直しを行わなければ，そもそもなぜアセットマネジメントを行うのかというマネジメントの目標を見失い，従前どおりに行うことをマネジメントと誤認して同じことを繰り返すことが目的化するといった本末転倒な事態に陥る危険性もある。このように，社会基盤施設のアセットマネジメントに関わる領域は広く，そこに含まれる多くの要素は相互に影響を及ぼしあうこととなるため，全体像を正しく捉え，それらを俯瞰して全体の調和を図ることも重要となる。

これまでにも社会基盤施設を対象として，アセットマネジメントに関する研究は多く行われてきており，特に，データシステムや劣化予測手法などの技術開発も行われ，それらの要素技術を組み合わせたアプリケーションなども提供されてきた。さらにそれらの技術は，社会基盤施設の何らかの目的を達成するためにアセットマネジメントのいずれかの部分を支援するために開発されたものであり，アセットマネジメントの全体像を理解せずには適切かつ有効な活用は期待できない。

しかしながら，現状においてはアセットマネジメントの全体像を明確に示したうえで，社会基盤施設の目的を踏まえマネジメントの目標を立て，その継続的な改善のあり方を図っていく方法論を提示した文献や図書もなく，実務でこれらを考慮してアセットマネジメントを行うことはいまだ稀な状況にある。このような状況が将来にわたり拡大・継続し続けると，以下のような課題が顕在化するものと懸念される。

・対象施設間での目的の不整合や過不足

・目的と整備水準や管理水準の不整合や過不足

・技術支援ツールの誤用に伴う意思決定の誤り

・蓄積すべき情報の欠落・喪失による継続的改善の不全

すなわち，さまざまな劣化予測手法や補修補強工法などアセットマネジメントの支援ツールの開発や導入が現場ニーズと乖離し，かえって信頼性に欠ける誤った判断が行われる。あるいは全国的にみて社会的ニーズと整備水準・管理水準が不整合に展開するなど，アセットマネジメントの実装により社会基盤施設がより効率的・効果的に維持管理されるというアセットマネジメント本来の目的が達成されないだけでなく，逆効果となる可能性すら考えられる。

以上の問題認識のもとに，本書は，アセットマネジメントの本来的な意味を改めて考えつつ，社会基盤施設の代表として道路橋を対象とし，アセットマネジメントの国際規格（ISO 55000s）にも準拠して，あらゆる実務者・関係者がアセットマネジメントの全体像に対して共通の認識をもつことや，実務者・関係者の共同作業としてニーズに応じた無駄のないマネジメント支援ツールの開発や検証を行い，全国の道路管理者とともに適正かつ高度にこれらのマネジメント支援ツールを駆使して，全体として維持管理システムの継続的改善を図ることのできるマネジメントの方法論を提示することを目的としている。

本書の全体の構成と流れを次ページに示す。

1章では，アセットマネジメントの対象としてみた場合の社会基盤施設の特徴を概観する。そして，それらを踏まえてインフラアセットマネジメントのあるべき姿についての考察を行い，適切にそれらが行われるためのインフラアセットマネジメントの全体像を提示する。

2章では，アセットマネジメントの対象としての道路の特徴について歴史的経緯や国内外の社会制度も踏まえて，社会的役割の観点から整理を行う。そのうえで，1章で提案するアセットマネジメントの全体像に合致し，かつ継続的発展が期待できるアセットマネジメントを可能とするために必要な条件について整理する。

3章では，道路橋を例として，インフラアセットマネジメントの実施体系を

本書の構成の概要

目　次

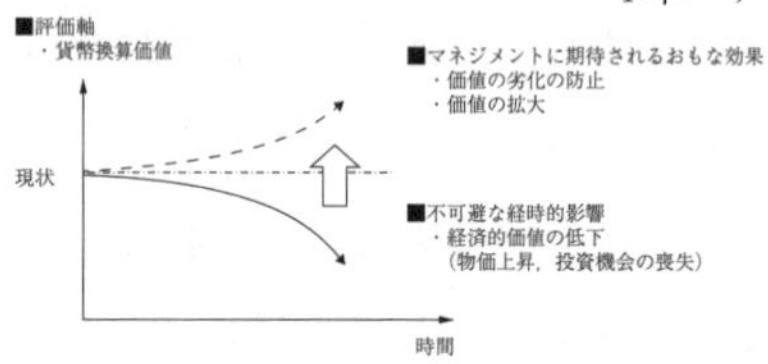

（a）金融資産のアセットマネジメントの基本的関係

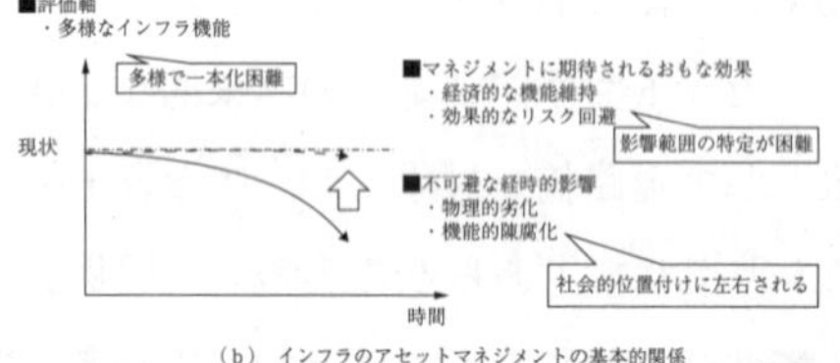

（b）インフラのアセットマネジメントの基本的関係

インフラアセットマネジメントの概念

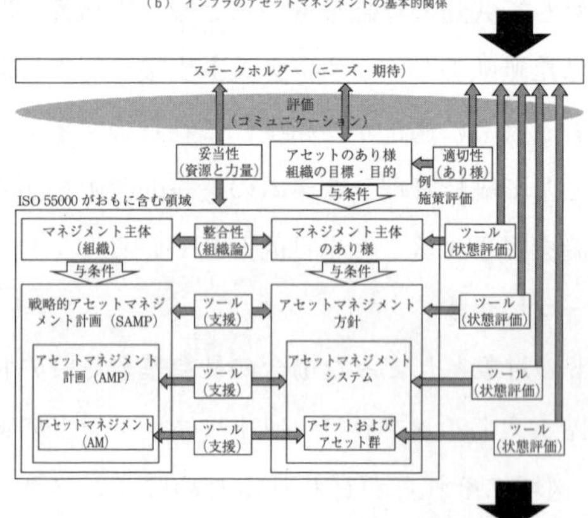

インフラの目的にまで立ち戻って考える，アセットマネジメントの捉え方の提案

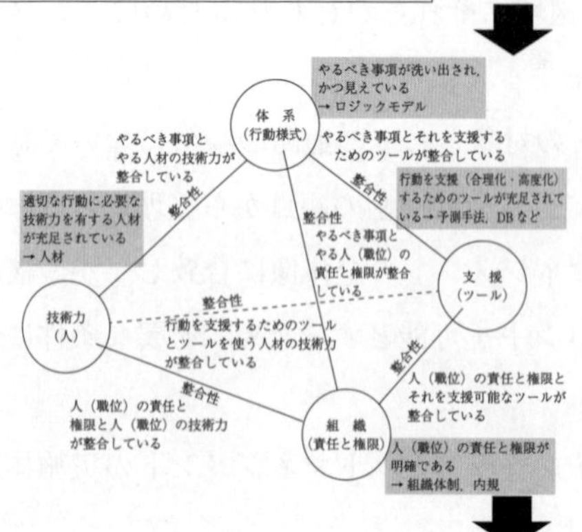

インフラアセットマネジメントの必須構成要素とそれら相互の関係性

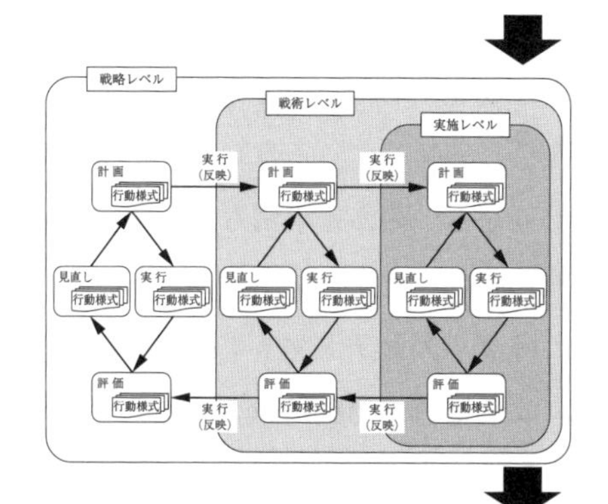

アセットマネジメントに関わる
行動様式とその階層的関係

行動様式		行動様式の支援・参考情報の提供など		
維持管理関係のみ	備考	参考とされる重要な情報の例	適用できる方法論の例	適用可能性のある技術支援ツールの例
維持管理目標・方針の設定と管理				
管理水準目標の決定	ネットワークなど全体	事故や障害のリスク、LCC	リスクアセスメント 道路の機能状態の評価	
管理水準等の評価	ネットワークなど全体	リスクやLCCの低減、経済的合理性	リスクアセスメント 道路の機能状態の評価	
維持管理計画の策定・実行				
点検の方法				
頻度	全体方針の決定	リスクやLCCの低減、経済的合理性	リスクアセスメント 将来予測（劣化、リスク）	
手段	全体方針の決定	リスクやLCCの低減、経済的合理性	技術評価（信頼・信頼性など） 実績の分析による検証	
診断・判定・記録	全体方針の決定	リスクやLCCの低減、経済的合理性	傾向分析 実績の分析による検証	
対象の選定				
優先順位づけ	路線・区間相互	リスクやLCCの低減、経済的合理性	リスクアセスメント 将来予測（劣化、リスク）	
実施時期の決定	路線・区間単位	リスクやLCCの低減、経済的合理性	リスクアセスメント 将来予測（劣化、リスク）	
点検の実施	全体の進捗管理	最新情報の把握（進捗・課題など）		
補修・補強・更新計画の策定・実行				
措置方針・目標の決定	ネットワークなど全体	リスクやLCCの低減、経済的合理性	リスクアセスメント 将来予測（劣化、リスク）	
補修・補強・更新の実施計画の決定				
実施箇所と優先順位づけ	路線・区間毎	リスクやLCCの低減、経済的合理性	リスクアセスメント 将来予測（劣化、リスク）	
実施時期の決定	路線・区間毎	リスクやLCCの低減、経済的合理性	リスクアセスメント 将来予測（劣化、リスク）	
実施内容（回復目標等）の決定	路線・区間毎	リスクやLCCの低減、経済的合理性	リスクアセスメント 将来予測（劣化、リスク）	
補修・補強・更新の実施	適用基準の決定	最新情報の把握（進捗・課題など）		
作業結果の評価	ネットワークなど全体	リスクやLCCの低減、経済的合理性	リスクアセスメント 道路の機能状態の評価	

行動様式を支える支援ツールとその特徴
（含む：高度なマネジメントモデルの紹介）

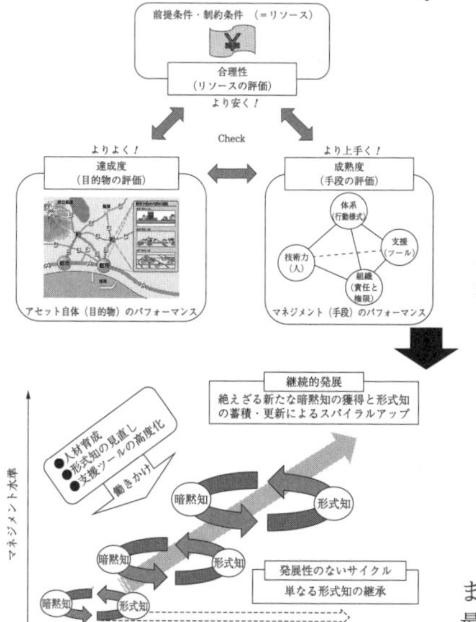

インフラアセットマネジメントに
おける継続的改善の必要性と必然性

まとめ：
最適化を指向する継続的改善の方法論

構築する場合の具体的な方法と実施にあたっての留意点について整理する。本章では，適切なアセットマネジメントが成立するための要件として，アセットマネジメントを構成する四つの基本要素に着目して，それらがアセットマネジメントの成否や適否にどのように関わりをもつのかを事例も交えて考察する。そして，アセットマネジメントの実施過程で行われるマネジメント主体が行うあらゆる行為や意思決定を行動様式と呼び，アセットマネジメント体系における行動様式の階層的構造とその特徴，また継続的発展には不可欠な行動様式を支える支援ツールとの関わりについて整理する。

4章では，アセットマネジメントにおいて行動様式を支え，継続的発展を実現するための鍵となる支援ツールについて紹介する。特に，実務者やアセットマネジメントを学ぶ読者の参考となるよう，プロファイリングの概念とそれに不可欠な統計手法などの代表的な技術的手法について，基礎的なものからアセットマネジメントの最適化にも有効性が期待できる高度な技術まで体系的に紹介する。最後に，まとめとして支援ツールを効果的に活用しつつ持続的発展を可能とするアセットマネジメントの方法論の提示を行う。

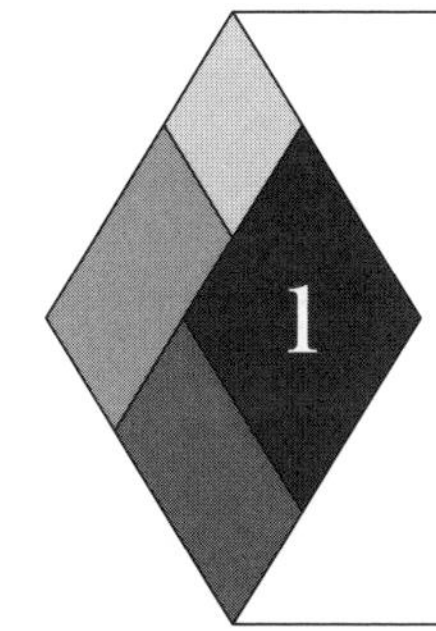

インフラアセットマネジメントの全体像

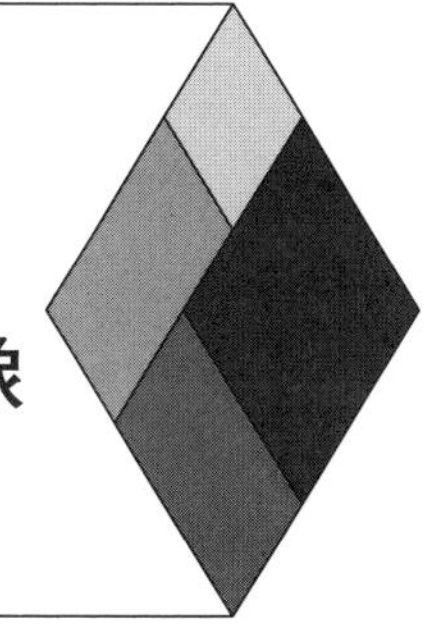

1.1　インフラアセットマネジメントとは何か

1.1.1　アセットマネジメントの意味

「アセットマネジメント」は asset management の邦訳であり，直訳すると「資産管理」または「資産運営」などとなる。このとき，翻訳が難しいのが「マネジメント」であり，一般には「資産マネジメント」といわれることも多い。そもそも「アセットマネジメント」という用語は，金融，証券業界等で一般的に用いられており，その意味合いは，法人や個人から株式，債券等の資産を預かり，これを適切に運用して利益を極大化するためのさまざまな具体的な行為・活動のことを指している。

他人の資産を預かる「アセットマネジャー（asset manager）」には，委託者との信頼関係のもと，預かった資産を適切に運用する「受託者責任」が生じる。また，アセットマネジャーには，資産の価値・運用状況，期待利益などを含む資産管理のプロセスを委託者に説明する責任もある。これらの「受託者責任」や「説明責任」を総称して，「アカウンタビリティ（accountability）」と呼ぶ。もちろん，自身が保有するアセットを自ら運用することも可能であるが，リスクを軽減しつつ高い利益を得るためには，アセットに対する豊富な知識と種々のアセットを運用してリスクの分散効果（いわゆるポートフォリオ理論）を得るための高い専門性を有する個人や組織のアセットマネジャーに委ねることが望ましいと一般的には考えられている。

裏を返すと，適切なアセットマネジメントが行われるためには，それらを行うにふさわしい知識や経験の関与が不可欠であり，また知識と経験をもとに行われるマネジメントの妥当性や効果について，通常はそのような専門的な知識をもたない委託者にも理解できるように説明することが避けられない。すなわち，委託者とアセットマネジャーの間には何らかの形で契約に基づく受委託関係が成立しているものと理解されるため，アセットマネジャーは委託者から委ねられた受託者責任により，説明性を有しながらアセットを適切に運用する責任が生じることとなる。

1.1.2 インフラアセットマネジメントの考え方

このような金融資産を適切に運用するための方法論については，金融資産に限らず何らかの価値を有する資産の維持に対して共通して当てはまる要素があり，社会的な資産である社会基盤施設の維持管理にあたってもアセットマネジメントの方法論が参考とされてきた。

公共物としての社会資本の場合には，個人がその資産管理をほかの個人や企業など専門的な知見を有する者に委託するのと同様に，その資産のスポンサーである納税者が行政機関などの施設管理者にそのマネジメントを委託しているという構図になぞらえることができる。

一般的に，有価物としての資産は，経時的にはそれ自体の価値にさまざまな要因が直接・間接に影響する。例えば，社会基盤施設については長期的に不可避的に劣化などによる資産価値の低下が生じる。そのため，第一に保有資産の全貌を把握し，資産価値の時間的な変化を予測し，その価値の低下を防止あるいは積極的に向上するという活動が行われる。その際，価値の変化に影響を及ぼす可能性のある影響因子やその資産を取り巻く社会情勢などの状況にかかる情報は多岐にわたる。また，条件によってはその情報量も膨大となることから，それらの活動を経験や勘に頼らず，さまざまな情報や条件を相互に関係付け価値変動の傾向を分析するなどの行為を客観的に行い，継続的に新たな知見を資産管理に戦略的に反映することが有効となる。そのような認識から，金融資産以外の有価物に対しても，金融資産に対する戦略的な資産管理の方法論を応用して管理を行おうとする考え方が生まれ，金融資産を対象としてきたアセットマネジメント手法が広く社会にも浸透し認知されるようになった。

道路橋に代表される社会基盤施設などの物理的な資産についても，経時的には少なくとも材料の経年劣化や突発的もしくは繰り返して作用する外力の影響によって不可避的に性能の低下が生じる。そのため，保有資産の全貌を把握し，性能の変化を予測してその低下を防止する，あるいは機能的陳腐化などに対して積極的な性能向上を図るといった活動を経験や勘に頼るのではなく，膨大かつ多岐にわたる関連情報を統計的手法を駆使して維持管理に有効に活用することが合理的な対策に資するのではないかとの理解から，金融資産管理で確立されてきたアセットマネジメントの概念をアナロジーとした，データに基づく客観的で説明性や透明性のある維持管理手法の検討が行われてきた。

しかしながら，基本的にすべての価値を貨幣換算することによって経済的価値に帰着させることができ，かつそのことについて広く社会に合意が形成されている金融資産に対するアセットマネジメントの考え方を，単に社会基盤施設などの管理手法の構築の参考とするのではなく，その具体的な手段にもそのまま忠実に当てはめるようなマネジメントの方法論や支援ツールの開発や適用の試みについては課題も指摘できる。

本章でははじめに，アセットマネジメントの方法論の導入という観点から，金融資産と社会資本の資産の構築・運用の違いに着目して，社会基盤施設の有する特徴について整理を試みる。

社会基盤施設の第一の特徴として，「つくられたものが長期間使われる」という点を挙げることができる。

例えば，道路橋や港湾施設などの社会基盤施設の場合には，一旦整備されると，その機能を有する構造物がそこに存在して半永久的に機能し続けることが期待される。その一方で，一時的にでも機能の停止や制限が生じることは社会的影響が大きなものとならざるを得ないことが多く，これを極力避けなければならない。また，社会的影響からは許容される場合でも，その構造や規模あるいは立地条件などから物理的に再構築や大規模な補修補強工事を行うことが困難な場合も多い。このようなことから，少なくとも大規模な社会基盤施設の主要構造部位に対して期待される供用期間は50年以上の長期にわたることが通常となっている。例えば，道路橋の場合では，国内外において設計基準上求められる目標の設計供用期間は一般に100年程度とされている[1),†]。

このように長期間にわたり保有され続けかつ所要の性能を維持し機能し続けることを期待される有形資産の価値を時間的に評価するとき，一般的な資産価値評価で行われるように社会的割引率を考慮し，かつそれを単純にライフサイクルコストの算出に適用すると，その価値は経年に従って少なくとも社会的割引率相当分は着実に減少すると評価されることとなる。その場合，経年的に劣化などによる性能低下が避けられない社会基盤施設に対しては，補修・補強などの追加の投資はできるだけ行わないか，行うとしてもその時期をできるだけ遅らせるほうが，現在価値に換算されたライフサイクルコストは小さくなり資産管理上有利な選択であるとの評価がなされることとなる。これについては，一般的な長寿命化による経済的便益が積極的に考慮できないという非現実性が指摘されることもある。

このような問題に対して，例えば小林らは[2),3)]，一体的に評価すべきライフサイクルコストの評価対象や評価期間の設定，対象施設に要求される供用期間や将来にわたる機能更新計画の有無などの条件設定，さらにはマネジメントのそもそもの目的に応じた資産の価値の評価や集計を行う適切な方法は，一般的な資産に対するものとは異なる可能性があり，例えば，建設年次の異なる橋梁群の半永久的に生じる維持管理費用の最適化の問題については，分権的ライフサイクル費用評価の方法として平均費用法が有効であるなど，適切な費用算出方法を採用する必要があることを指摘している。このことは繰延維持補修会計に基づいた管理会計システムの導入に道を開くこととなる。

また，社会基盤施設と同様に森林や自然公園などは，世代を超えて引き継が

---

† 肩付き数字は，巻末の引用・参考文献を表す。

れ長期にわたってその存在そのものが価値として認められ続けるような特徴を有している。このような特徴から，自然公園事業では，自然公園の価値を評価するにあたって環境経済学の成果を反映し，継承されていることによって創出される遺産価値や存在価値について，社会的割引率を考慮した費用便益評価を行う利用価値とは別に扱いその価値を考慮するという方法もとられている[4]（**表 1.1**）。

また，社会基盤施設ではその機能の性格から，経年劣化や損傷の影響は突発的な事故や第三者被害といったリスクの増大に直結する場合も多くある。しか

表 1.1 自然公園の価値[4]

<table>
<tr><th colspan="2">価　値</th><th colspan="2">効　果</th></tr>
<tr><td rowspan="11">利用価値</td><td rowspan="10">利用価値</td><td rowspan="5">公園等利用効果</td><td>キャンプ，ハイキング，海水浴等野外レクリエーションの場としての供用効果</td></tr>
<tr><td>自然観察，学術研究の場としての提供効果</td></tr>
<tr><td>自然保護等教育の場としての提供効果</td></tr>
<tr><td>保養，休養等精神的なリフレッシュの場としての提供効果</td></tr>
<tr><td>森林浴等健康増進の場としての提供効果</td></tr>
<tr><td rowspan="5">自然環境等の保全効果</td><td>景観の保全効果</td></tr>
<tr><td>多様な生態系の保全効果</td></tr>
<tr><td>水源かん養効果</td></tr>
<tr><td>二酸化炭素の吸収による地球温暖化防止効果</td></tr>
<tr><td>河川・湖沼・海域等における水質汚濁防止効果</td></tr>
<tr><td>オプション価値</td><td></td><td>将来利用するための選択肢として残しておくことの価値</td></tr>
<tr><td rowspan="2">非利用価値</td><td>存在価値</td><td>存在効果</td><td>自然環境の利用を前提としないで，自然環境が存在していること自体，失われないことに対して与えられる価値</td></tr>
<tr><td>遺産価値</td><td>遺産的価値</td><td>将来の世代のために，現在の貴重な自然環境を残しておくことに現れる価値</td></tr>
</table>

し，これらのリスクや突発的事故などによる社会的影響の程度を貨幣換算による価値評価のなかで正当に評価することは，現時点で技術的に難しいのが実状である。例えば，日本の道路橋の設計基準では，「橋の性能」として耐荷性能・耐久性能だけでなく，「その他の使用目的との適合性を必要な水準で満足していること」も必須要件として要求されており，環境との調和や不測の被災までをも想定したフェールセーフの検討など，貨幣換算して比較検討することが困難な性能も要求されている[1)]。

さらに，社会基盤施設のような100年をも超えるような長期スパンでの利活用を考えなければならない有形物に対して，物理的な劣化などによる性能の低下について将来の状態を予測する場合，不確定要因があまりにも多く予測結果の信頼性には限界があるという問題もある。構造物の劣化の場合にも自然環境や利用状況の変化の影響を受けるだけでなく，その後の技術開発やイノベーションの進展，ひいては政治や社会経済状況の変化なども将来予測には大きな影響を及ぼし得る。

これらのことからもわかるように，市場で代替物が調達できる保証のない社会基盤施設は，予測の難しい避けられない劣化によって貨幣換算できない多様な価値の一部または全部を喪失する可能性があり，いわゆる「取り返しがつかなくなる」事態に至ることがあり得るという点が，貨幣換算できる金融，証券等の金融資産にはない大きな特徴であるといえる。

これらの特徴を加味すると，半永久的とも想定される長期にわたって必要とされ，ほかに代替や補完の機能を求めることにも限界がある社会基盤施設については，維持管理を遅らせることによる性能の低下に伴うリスクの増加，補修・補強や更新に至った場合の技術的な困難さや事業に伴い発生する評価の難しい社会経済活動などへの影響に配慮せざるを得ない。このため，これらの要素を加味せず金融資産のアセットマネジメントの手法をそのまま適用することによって，社会基盤施設に対する適切な維持管理戦略が立案できるのかどうかについてはおおいに疑問とされるところである。すなわち，マネジメントの目的に応じて，予測と現実との乖離を厳しく評価しながらシステム全体を見渡して継続的な改善を繰り返すことにより，社会基盤施設にふさわしいマネジメントの体系を新たに創造していくことがいま求められているといえる。

社会基盤施設の第二の特徴として，実務的に社会資本は金融資産とは異なって，その価値のすべてを貨幣換算することには無理がある「多様な役割を果たしている」ことが挙げられる。社会基盤施設のアセットマネジメントの方法論の検討にあたっては，そもそもこれらの多様な価値のうちどれを目標に掲げて社会基盤施設整備政策としマネジメントを行うのか，この点も明らかでなければならない。

例えば，道路を例に挙げると，欧米ではグリーンインフラストラクチャーという概念が提唱され，いわゆる主たる目的の交通機能とはまったく別に，その存在そのものが自然環境にもたらす効用なども価値として積極的に評価しようとの試みも行われている[5]。

ドイツ連邦では，1991年に制定された「長距離道路整備法」におけるプロジェクト評価で，「経済的価値」に「非経済的価値」を加えて貨幣換算ができない要素として「環境リスク評価」や「生息地規制評価」，「空間影響評価」なども評価する方法が示されている[6]。

フランスでは，1982年に制定された国内交通基本法において移動権の考え方が明らかにされた。これは国民が自由に移動できることを国民に保証されるべき基本的人権として位置付けたものであり，このような概念で捉えた場合，もはや道路の価値を貨幣換算できる価値だけで測ることができないことは明らかである[7]。

わが国においても，道路に対して，従来型の時間便益効果や整備による地域経済への貢献などの貨幣換算可能な価値だけでなく，災害時の避難経路としての役割などの防災的観点からの価値や医療サービスの提供を保証するなど，いわゆる「命の道」としての存在価値などを正当に評価しようとする動きも拡大してきている。

2015（平成27）年9月18日に閣議決定された，社会資本整備重点計画では，社会資本のストック効果とは，「整備された社会資本が機能することによって，整備直後から継続的に中長期にわたり得られる効果」とされており，具体的には，国民生活における防災力の向上，生活環境の改善といった生活の質の向上をもたらす効果や，移動時間の短縮などにより経済活動における効率性・生産性の向上をもたらす生産拡大効果があるとしている[8]。道路ネットワークの整備や管理のあり方に関連して，このようなストック効果に着目して，単なる経済効果だけでない社会基盤施設として存在していることの価値や多様な観点からの価値を評価しようとする試みは，現在全国的に広く取り組まれてきており，多くの地方自治体の公開資料からもそのことは確認できる。国土交通省においても，各地方整備局を中心に具体的なストック効果を評価する取組みが行われており，例えば**図 1.1** に示すのは，国土交通省が代表事例として公開した資料の例である[9]。

仮に，アセットマネジメントの目標の一つとして道路の管理水準に着目して

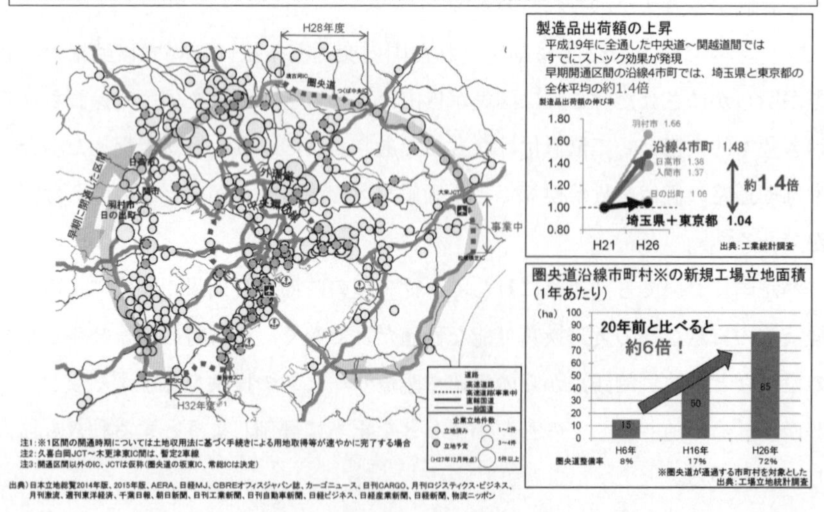

図 1.1　道路のストック効果の例[9]
〔http://www.mlit.go.jp/road/stock/pdf/jirei1.pdf〕

も，その施策目標に掲げるような根源的な価値以外にも，その評価軸にはさまざまな側面があり，単純に貨幣換算できる価値だけでは適正な目標設定や評価が困難であることも指摘できる。

例えば，フランスの場合，国内法には管理水準について具体的な規定はないが，コンセッション方式で道路管理の委託契約が民間会社と締結される場合，業務契約書のなかにサービス指標が決められており，ある高速道路の例では，交通安全に関わる設備の整備状況，事故処理，サービスエリアなどのサービス実態など通行管理実績に関する指標など以外に，例えば，環境影響なども評価項目に含まれている[10),11)]。

イタリアの例では，高速道路の計画・管理・監督などの権限を国から民営化された旧国営道路公団（Azienda Nazionale Autonoma delle Strade，ANAS）に委託され，さらにANASが民間会社とコンセッション契約を結んで実際の管理などを行う形態がとられている。そしてANASから国による承認を受ける道路管理におけるサービス水準について公表されているが，その項目には，通行安全以外にも，供用継続性や移動の快適性といった項目も挙げられており，その評価の必要性や内容は高速道路とそれ以外の道路では差がみられるなど，道路の役割によっても道路に求められる価値は同じでない[10),11)]。

このように，多様な価値が同時に存在することは明らかであり，貨幣換算できる価値の評価だけに帰結できないという価値の多様性を有すること，あわせて，マネジメントの目的・対象の絞込み，整備水準や管理水準の設定いかんによって，最適投資の結論が必然的に異なってくること，これらの前提条件を抜きにして，単純に金融資産のアセットマネジメントの手法をそのまま適用しても，投資戦略は決められないことが社会基盤施設の第二の大きな特徴である。

社会基盤施設の第三の特徴は「公共性」である。社会基盤施設に対する長期にわたっての継続的な投資行為は，その公共性から国の徴収した税金などの公的資金による場合が一般的であり，第三者を含む広範にわたる関係者に対して説明性・透明性が求められることとなる。

金融・証券業界のアセットマネジメントにおいてアセットマネジャーにアカ

ウンタビリティ（＝受託者責任，説明責任）が要求されるのと同様に，社会基盤施設の管理者（以下，「インフラ管理者」と呼ぶ）には説明責任が発生する。そして原資に税金が投入されている社会資本の場合には，説明を求める権利のあるマネジメント委託者は納税者と捉えることができることから，インフラ管理者には，納税者である国民にマネジメントに関わる事項についての説明責任が発生することとなる。また，社会基盤施設は不特定多数が利用し得る公共物であることから，マネジメントにおける説明責任はこれらの利用者に対しても同様に生じる。このような不特定な利用者を含む多数に対して説明責任を負う構図からは，その管理行為や判断に対する根拠の妥当性・正当性，さらには得られた成果などの説明にあたっても高いレベルの説明性・透明性が求められ，公益に照らしたマネジメントの適切性・公平性も問われることとなる。

アセットマネジメントにかかる説明性や透明性の確保の観点では，金融・証券業界におけるアセットにおいても，それを実現するための重要な要素である「全貌が把握できていること（＝見える化の実現）」は不可欠となる。しかし，金融のアセットの場合，個人資産では「信託」などもあり，信託する資産保有者との合意の範囲で，リスクの詳細など説明性の水準や内容には条件によっても幅がある。一方，公物管理では，納税者や不特定多数の利用者に対する説明責任を負うという性質から，リスクも含めて可能な限りマネジメントの内容やその結果が見えるようにする努力が求められる。相応に，社会基盤施設の整備に関しては，一般に納税者である委託者は受託者を選ぶことができず，委託料として支払う税金も憲法で定められた国民の義務であって，それを拒否することもできない。この点で特定の所有者の金融資産などに対するマネジメントとは大きく異なる。

このような公共性はアセットマネジメントのあり方にも少なからず影響を及ぼすこととなるため，アセットマネジメントを考える際には公共性に起因する制約条件や要求事項について適切に考慮される必要がある。「公共性」はアセットマネジメントの対象としての社会基盤施設特有の大きな特徴の一つである。

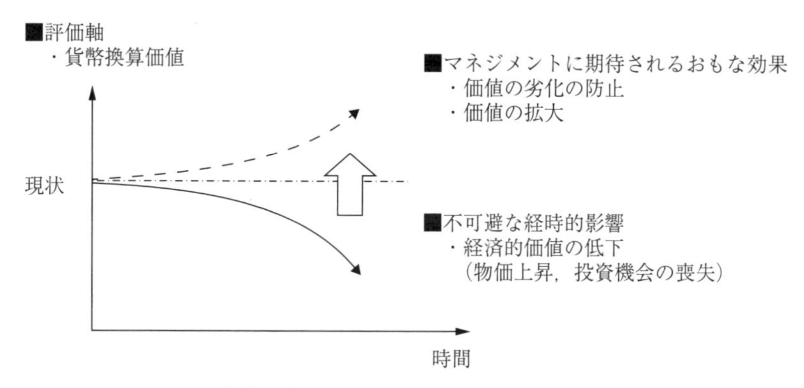

（a）　金融資産のアセットマネジメントの基本的関係

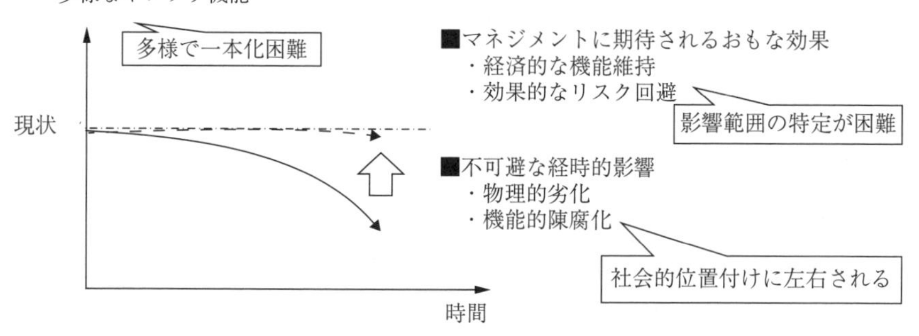

（b）　インフラのアセットマネジメントの基本的関係

図 1.2　金融資産と社会資本のアセットマネジメントの基本的相違

図 1.2 に，着目する評価軸に対して時間軸のなかで価値のマネジメントを行うことと捉えた場合の，金融資産に対するアセットマネジメントと社会基盤施設に対するアセットマネジメントの類似性と相違点を模式的に示す。また，本節で整理した，アセットマネジメントの対象として社会基盤施設特有の性質についておもな特徴を下記にまとめる。

アセットマネジメントの対象物としてのインフラストラクチャーのおもな特徴

【長 期 供 用 性】

→ 実質的に，半永久に近い長期間の機能維持が期待されることが多い

→ つねに，機能制限や機能停止することがないことが求められる

【価値の多様性】
→ 貨幣換算できる価値の評価のみに帰結できない多様な価値や性能を有する
【公　共　性】
→ その社会的役割から，税金を財源とし，不特定多数に供されるために広く透明性，説明性のあるアセットマネジメントが求められる

これまでに述べてきたような社会基盤施設の特徴を考慮すると，アセットマネジメントの必須条件は，「客観的な根拠に基づく説明性や透明性のもとに，道路ネットワーク整備の視点からの目的・目標の設定を含めた投資計画の戦略的な見直しを長期にわたり継続的に行えること」であり，これを実現するための方法が道路のアセットマネジメント手法ということができるであろう。本書では，これ以降，このようなおもに社会基盤施設の管理に着目したアセットマネジメントについて，「インフラアセットマネジメント」と呼ぶこととする。

1.1.3 インフラアセットマネジメントの取組み

戦後の経済復興を支える基盤として，わが国の社会資本は高度成長期頃より急ピッチで整備された結果，1950年から2001年までの約50年間に各分野でそのストック量は約50倍にも増加している[12]。そして，すでにわが国では建設後50年以上を経過した高齢の社会基盤施設の全数に占める比率は急速に増加し始めており，年数の経過とともに確実に増加し続けることが見込まれるこれらの既存ストックに対する維持更新費用をどう賄っていくかが喫緊の課題となっている。特に，人口減少や社会経済の成熟化を踏まえると今後とも急激な経済成長を期待することはできず，限られた予算の範囲内で既存の社会基盤施設を健全な状態で機能させることのできる，持続可能な維持管理方策をいかに確立するかが国の大きな課題の一つとなっている。

以下に，代表的な社会基盤施設について，建設後50年以上経過する施設の割合の予測，それらの建設年次別のストック量を国などによって公開されている資料より示す。

図1.3は，国内のおもな社会基盤施設が今後どのように高齢化していくの

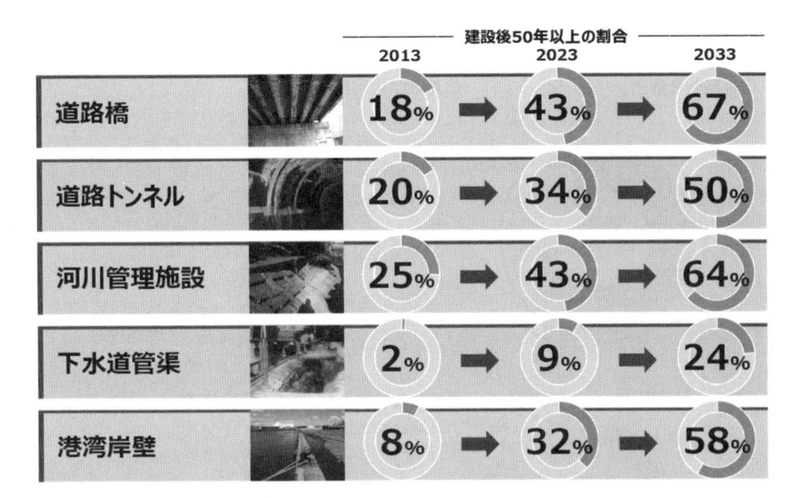

注 1) 建設年度不明橋梁の約 30 万橋については，割合の算出にあたり除いている。
注 2) 建設年度不明トンネルの約 250 本については，割合の算出にあたり除いている。
注 3) 国管理の施設のみ。建設年度が不明な約 1 000 施設を含む（50 年以内に整備された施設についてはおおむね記録が存在していることから，建設年度が不明な施設は約 50 年以上経過した施設として整理している）。
注 4) 建設年度が不明な約 15 000 km を含む（30 年以内に布設された管渠（かんきょ）についてはおおむね記録が存在していることから，建設年度が不明な施設は約 30 年以上経過した施設として整理し，記録が確認できる経過年数ごとの整備延長割合により不明な施設の整備延長を按分し，計上している）。
注 5) 建設年度不明岸壁の約 100 施設については，割合の算出にあたり除いている。

図 1.3 建設後 50 年以上を経過するおもなインフラ比率の予測
〔文献 13）を参考に作成〕

かを試算した例である。社会基盤施設の場合，基本的にその機能的な役目を終えて完全に廃止されることは考えにくい資産がほとんどである。そのため，機能回復措置や部分的な更新が行われることはあっても，一旦建設し供用された後はその機能的役割を担い続けることが期待される。その結果，新規建設を考慮しても既存施設が確実に高齢化することから，施設全体としての高齢化率は今後急速に増加していくことが避けられない。

図 1.4[13]は，国土交通省が道路橋，河川管理施設，下水道管渠，港湾施設について，それぞれ全国の施設数を管理者別・建設年度別に集計・整理したものである。いずれも戦後，特に高度成長期以降に急速に整備が進んだことが読み

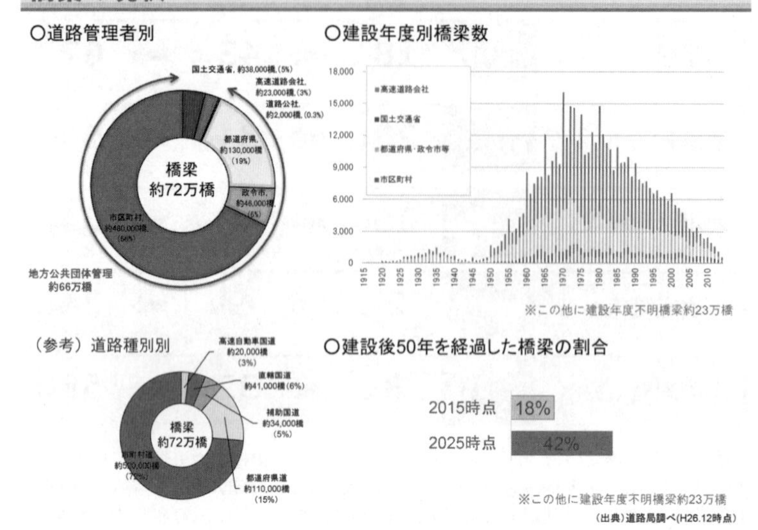

（a）　橋梁（道路橋）

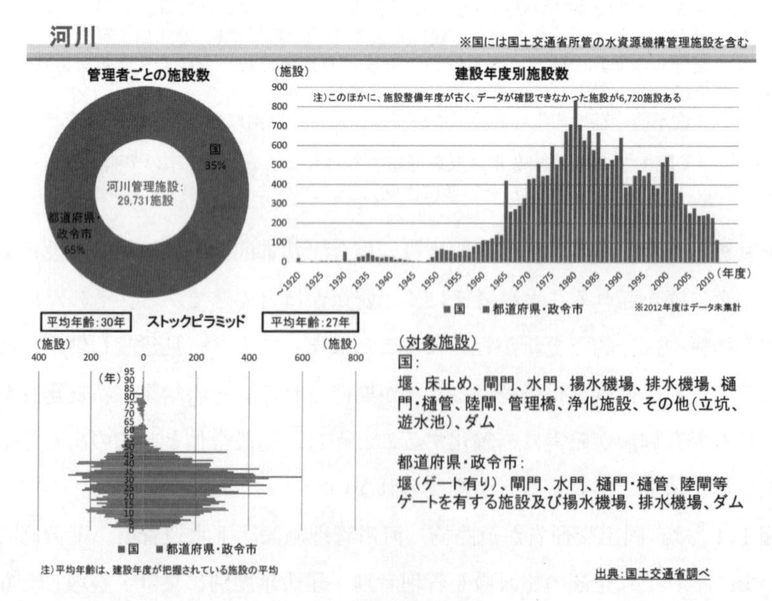

（b）　河川管理施設

図 1.4　インフラのストックと老朽化の現状[13)]

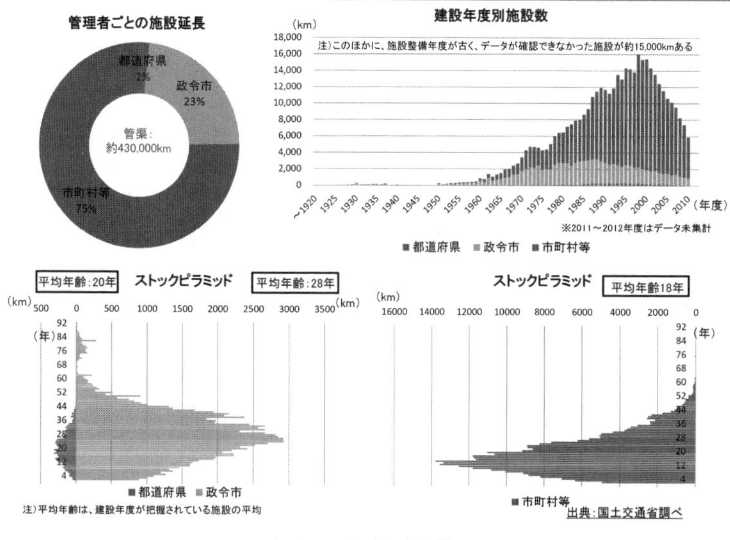

（c） 下水道（管渠）

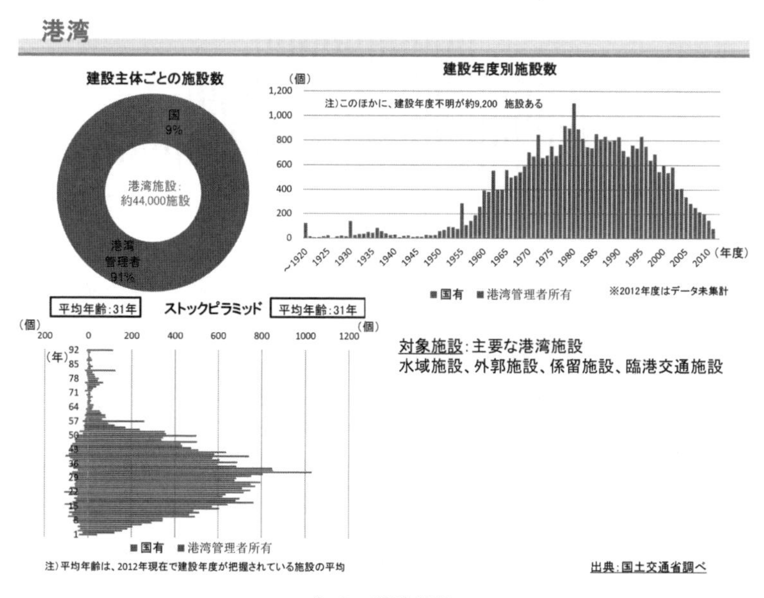

（d） 港湾施設

図 1.4 インフラのストックと老朽化の現状（続き）[13]

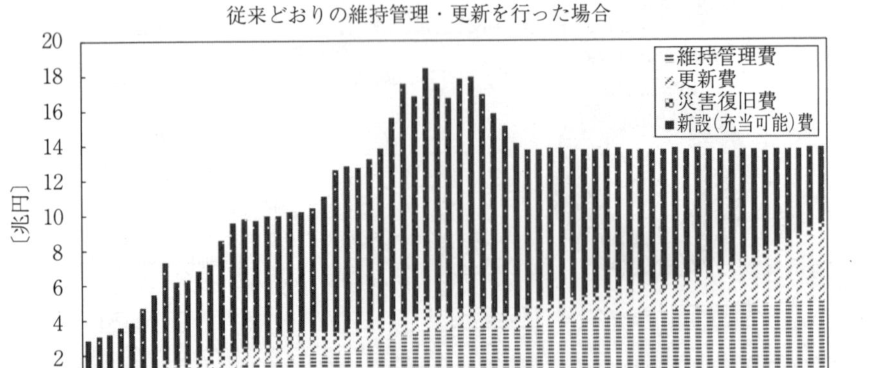

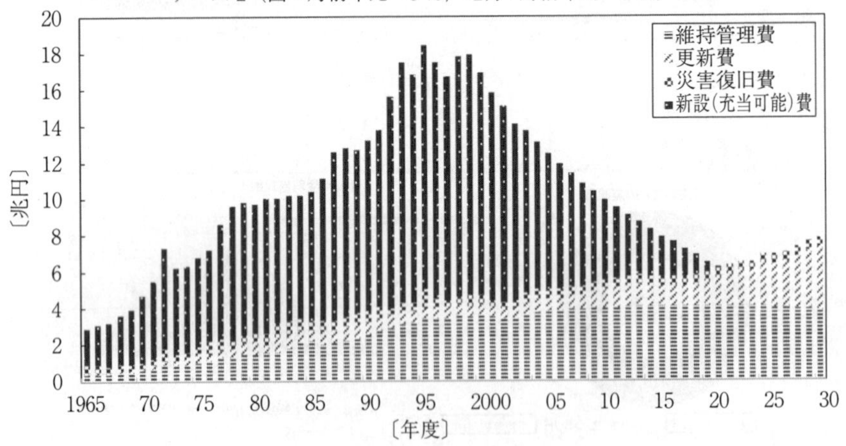

（a）　国土交通白書 2005（平成16年度年次報告）[14]から作成

図 1.5　インフラの維持更新需要推計

取れる。これらの大半が現在も供用中であり，その機能的役割が今後も維持されるよう期待されると想定すると，現在の年齢構成比率を大きく変えることなく高齢側にシフトしていくことは確実である。このような，社会基盤施設の歪（いびつ）な整備経過が，効率的かつ効果的な維持管理マネジメントを追求することをきわめて重要な課題とする背景にある。

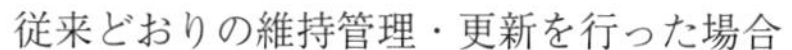

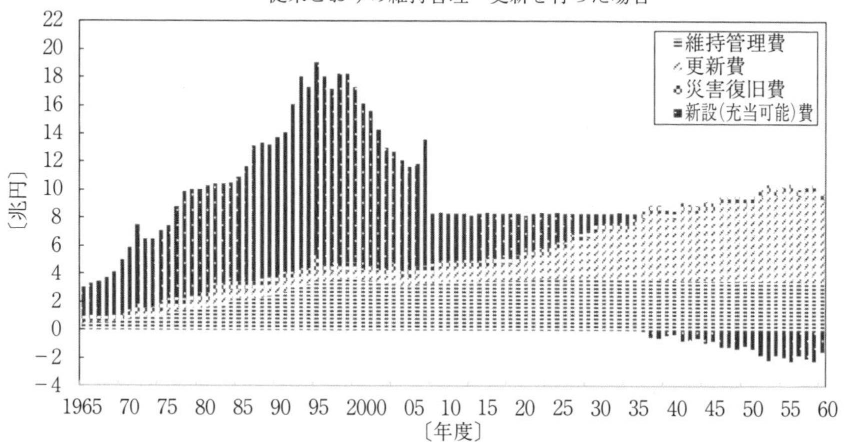

維持管理・更新費の推計（予防保全の取組みを先進地方公共団体なみに全国に広めた場合）

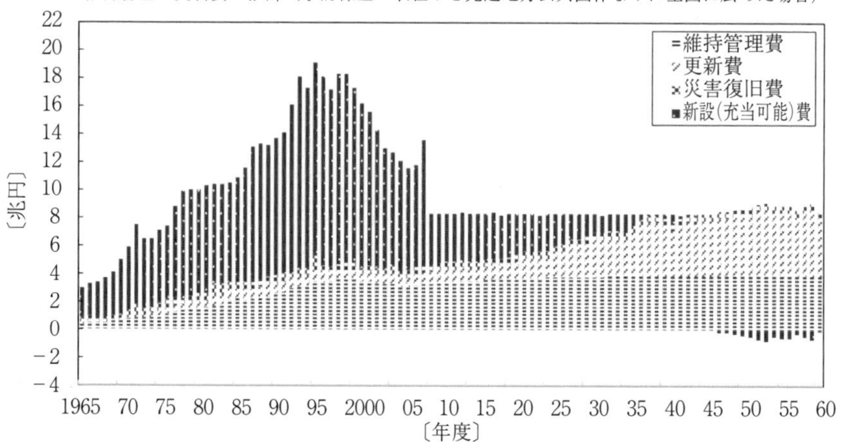

（b） 国土交通白書 2009（平成 20 年度年次報告）[15]から作成

図 1.5 インフラの維持更新需要推計（続き）

このような社会基盤施設の高齢化問題に対して，国はこれまでに複数回にわたって維持更新需要推計を行って公表してきている。

近年では，**図 1.5**（a）[14]のように国土交通白書 2005（平成 16 年度年次報告）[14]において，当時の予算規模を前提として，社会基盤施設に充当できる予算がそのままの規模で継続されると仮定すると，2030 年には全体の 3 分の 2

を維持更新費用に充てなければならなくなる可能性があること，また予算が対前年比で減少するとの仮定を行った試算では，条件によっては2020年には新規整備ができなくなるだけでなく，機能維持に不可欠な維持更新費用すら不足する可能性があるとの結果を公表している。その後，データを更新して新たな試算を行った結果が国土交通白書2009（平成20年度年次報告）[15]において公表されている。そこでは当時の予算規模で従来型の通常の維持管理を継続した場合，2037年には機能維持に必要な維持更新費用が不足し，仮に劣化が深刻化する前段階で補修や補強などの措置を行ってそれぞれの社会基盤施設のライフサイクルコストを抑制する予防保全を行ったとしても，その効果は限定的で2047年には必要な維持更新の費用が不足するとの試算結果が示されている（図（b））[15]。

さらに，2013年にも改めてインフラの維持更新需要推計が行われ，その結果が公表されているが，既存ストックの機能維持のために不可欠な維持更新費用は試算時点から約20年で1.5倍程度にまで上昇する可能性があることが示されている（**表1.2**）[16]。

表1.2　インフラの維持更新需要推計[16]

年　度	推計結果
2013年度	約3.6兆円
2023年度	約4.3～5.1兆円
2033年度	約4.6～5.5兆円

＊　社会資本整備審議会・交通政策審議会技術分科会技術部会「社会資本メンテナンス戦略小委員会」での審議を踏まえ，国土交通省において試算（2013年度の値は，実績値ではなく，今回実施した推計と同様の条件のもとに算出した推計値）

公表されているこれらの試算については，さまざまな仮定や前提条件のもとで行われたものであり，それぞれ推計方法や用いたデータなども異なるためその精度や信頼性は同じではない。しかし，少なくとも高齢化した既存ストックの比率の増加に伴って，ストック全体の状態は，持続性のある維持管理を行うには非常に厳しい状況となりつつあることに間違いない。このような状況から，限られるリソースで適切に社会基盤施設を持続的に維持管理することを目指し，実効性のあるアセットマネジメント手法の確立に向けてさまざまな取組みが行われてきている。

すでに言及したとおり，金融・証券業界で用いられてきたアセットマネジメントの考え方を社会基盤施設に適用し，適切な維持管理方策を検討する取組みは国内外ですでに普及・浸透してきている。新たな施設を「つくる」時代から，いまある施設を「管理する」時代，「使う」時代へと急速に移行するなか，社会基盤施設の管理の効率化とともに，社会基盤施設の資産価値の最大化を図ることが，その取組みの動機であり目的でもある。

例えば，国民の税金でつくった大切な施設・設備を資産と考え，その価値を維持・向上して国民の満足度を高めるという考え方について，土木学会が出版した「アセットマネジメント導入への挑戦」(2005年)[17]においても，社会資本のアセットマネジメントを「国民の共有財産である社会資本を，国民の利益向上のために長期的視点に立って，効率的，効果的に管理・運営する体系化された実践活動。工学，経済学，経営学などの分野における知見を総合的に用いながら，継続して（ねばりづよく）行うもの」と定義している。

わが国では，インフラアセットマネジメントの取組みは，下水道，舗装，道路橋の分野で比較的早い段階から進められてきた。とりわけ，戦後の復興期に急速に整備され社会経済活動を支えてきた道路については，各種道路構造物の高齢化が深刻であり，これら既存の道路構造物を将来にわたり適切に保全し続けるための維持管理や既存施設の更新のあり方について，2000年頃より国土交通省でも本格的な検討が開始されている。国土交通省では2002年度の道路関係予算概要のなかで「アセットマネジメント」という用語が初めて使用されている[18]。

以下に，道路橋を中心に道路構造物のアセットマネジメントに関わる国の施策などの動向や経緯について簡単に振り返ってみることとする。

わが国では，道路法（1952（昭和27）年初制定）において，道路や道路構造物の構造や管理等に関するさまざまな法律事項が定められている。そして道路橋をはじめとする主要な道路構造物について，2014（平成26）年3月「道路法施行規則の一部を改正する省令」および「トンネル等の健全性の診断結果の分類に関する告示」が公布され，2014（平成26）年7月より法律の定めるところにより定期点検が行われることとなった。

これに先立って，国の管理する直轄国道の道路橋に関しては，1980年代後半以降，旧建設省土木研究所が1988（昭和63）年にとりまとめた「橋梁点検要領（案）」[19]を参考に統一的な定期点検が行われ始め，その結果の蓄積・分析も開始されていた。これらの先行的に実施された取組みによって得られた知見は，順次，定期点検の改善や法制化に活かされている。

その後も，道路構造物をはじめとする社会資本ストックの増大を背景にその維持管理の高度化・合理化についての研究が国の主導したプロジェクトとしても行われた。例えば，1991（平成3）年に開始された，建設省総合技術開発プロジェクト「社会資本の維持更新・機能向上技術の開発」[20]では，コンピュータを活用したデータ分析による劣化予測や状態推定を行う維持管理支援システムの開発が試みられた。なお，この時点での試みではデータや構造物の劣化に対する知見の不足などもあって実用的な支援ツールの開発には至っていない。

一方で，既設の道路橋では，さまざまな経年的劣化事象による深刻な損傷の報告が相次ぎ，例えば，日本海沿岸のコンクリート橋では多くの道路橋が深刻な塩害を生じて大規模な補強や更新を余儀なくされた。また，1980年頃より採用が増加しはじめた無塗装耐候性鋼材では，局部で激しく腐食が進行するなど耐候性が発揮されない異常腐食の危険性があることも指摘され，その対策検討が進められている。

鋼部材では，腐食と並ぶ経年的な劣化要因である疲労について，1980年代になって道路橋においてさまざまな疲労損傷が多く報告され始め，その原因究明や対策手法の検討が進められた。2000年頃からは都市高速道路をはじめとする重交通路線の鋼製橋脚において条件によっては落橋などの重大な事故にもつながりかねない深刻な亀裂が発生しているケースがあることが確認され，

2002（平成14）年には全国調査が行われるに至った。これらの鋼部材の亀裂は外観からは確認できない部材内部などで進展することも多く，非破壊検査技術など異常検知技術の開発が加速するなど，点検のあり方やその手法についても高い関心を集めることとなった[21)]。

このように，既存の道路橋の耐久性能に関する信頼性が揺らぎ，増大する資産の維持管理に対する費用の縮減が大きな社会問題として認識されるなかで，2002（平成14）年に改定が行われた道路橋の設計基準では，疲労設計の義務付けや塩害対策の強化など，新たに建設される道路橋に関しては耐久性能の向上が図られた[22)]。

2002（平成14）年6月には，国土交通省の設置した「道路構造物の今後の管理・更新等のあり方に関する委員会」（委員長：岡村 甫 高知工科大学学長）[23)]において，「アセットマネジメントの導入」，「ライフサイクルコストを考慮した設計・施工法の確立」，「構造物の総合的マネジメントに寄与する点検システムの構築」などが提言された。

これらも踏まえて，2004（平成16）年に国では国が管理する道路橋の定期点検について頻度を10年ごとから5年ごとに短縮するとともに，近接目視の徹底，技術者が主観的に行う診断結果とデータ分析などに用いる性状に関する客観的記録データの分離などの抜本的見直しを行った（橋梁定期点検要領（案），国土交通省道路局，平成16年）[24)]。

その後，2007（平成19）年には国内では幹線国道のトラス橋の主部材が腐食で破断するなどの橋梁の深刻な事故が相次ぎ，米国でも州際道路I-35Wの鋼連続上路トラス橋（橋長は約581 m，1967年供用開始）が供用中に突如崩壊して通勤途中の車両を巻き込んで多数の死傷者を出す事故が発生するなど，高齢化した社会基盤施設のリスクについて改めて大きな社会的関心を集めることとなった[25)]。

この間も，国土交通省による検討は進められ，2007（平成19）年には「道路橋の予防保全に向けた有識者会議」（座長：田崎忠行 独立行政法人日本高速道路保有・債務返済機構理事）[26)]による既存道路橋の維持管理のあり方についての提言がなされた。さらに，国土交通省では，全国の自治体の道路橋の維持管理の実態調査を進め，市町村を中心に多くの自治体で十分な点検が行えておらず，それには財政事情や技術者の不足が影響している可能性があることなどが明らかにされた。

2011（平成 23）年には東北地方太平洋沖地震が発生し，東北地方を中心に津波による道路橋の流出をはじめ多くの道路構造物も被災して道路ネットワークが広範囲に寸断された。その結果，道路を構成するさまざまな構造物は，代替路線の確保の重要性など路線や道路ネットワークに期待される道路機能を果たすために必要な要素であり，その状態や価値は，究極的にはそれが一部をなしている路線や道路ネットワークに求められる交通機能など，道路本体の目的に照らして評価されるべきものであることが再認識されることとなった[27]。

これを受けて，その後改定された道路橋の設計基準では，道路橋そのものの構造安全性などの設計のみならず，地域の防災計画やそれが関わる道路ネットワークの計画との整合性についても考慮されるべきことが示された。

その後も例えば，2012（平成 24）年に国土交通省が設置した「社会資本メンテナンス戦略小委員会」（委員長：家田 仁 東京大学大学院教授）[28]において社会資本の維持管理のあり方についての検討が進められていたが，同年 12 月には中央自動車道の笹子トンネルで天井板の突如崩落により 11 名の死傷者を出す惨事が発生した[29]。これを踏まえ，国では道路の維持管理に関する技術基準類やその運用状況の総点検と道路構造物の適切な管理のための基準類のあり方の調査を進めるとともに，道路構造物による第三者被害予防のための総点検要領を定めて全国の道路管理者に実施を要請する措置がとられた。

さらに，2013（平成 25）年には，国土交通大臣を議長とする「社会資本の老朽化対策会議」により「社会資本の維持管理・更新に関し当面講ずべき措置」[30]がまとめられ，点検体制などの確立等の現場管理上の対策，自治体へ財政支援などの現場を支える制度的な対策，長寿命化計画の策定率向上や充実等の長寿命化計画の推進という三つの対策の実施が決定された。そして，これらも踏まえて，2013（平成 25）年に「道路法等の一部を改正する法律」が公布され，初めて，全国の橋やトンネルなどの道路構造物に対する法定点検が導入された。

以上のように，全国的な規模の視点からは，わが国の道路構造物に対する長期的な性能の低下に対するメンテナンスについて，近年になってようやく本格的な検討が進められてきたところであり，「状態把握～診断・評価・予測～措置～記録」が安定して継続される，いわゆるメンテナンスサイクルを回し始めた段階にある。

1.2 インフラアセットマネジメントの課題

1.2.1 国内の現状と課題

2015（平成27）年に，土木学会が「社会インフラ メンテナンス学」[30]というテキストを発刊した。その冒頭には，これが従来の部門別・管理者別に進められてきたメンテナンスの取組みを統合した体系的メンテナンス学を確立し，かつその向上を目指したものであることが記されている。すなわち，インフラのメンテナンスに力点を置いて，工学的側面だけでなく，メンテナンスの理念・考え方やメンテナンスを支える制度・体制などを分野横断的に学ぶ総合的な学問としてメンテナンス学を位置付けている。

そこでは，「メンテナンス」を『「運用管理」・「維持管理」と「更新」・「撤去」を関連する制度・体制の支援により工学的知見に基づき戦略的（合理的，体系的，規則的，継続的）に実施する行為』と定義し，完成後の運用管理，維持管理，更新，廃止を対象とした「メンテナンス段階」を，構想，計画，調査，設計，施工というインフラの「整備段階」と区別している。このテキストではメンテナンスの全体像が**図 1.6**のように表現されている[31]。メンテナンスに関わる一連の行為（劣化予測，維持管理計画，対策）が点検データからのインプットと点検へのフィードバックによって継続的に実施されるものであり，これが安定的に行われること，さらにはこの継続的な維持管理サイクルのなかで得られた知見は，維持管理計画の見直しのみならず，新設構造物の計画や設

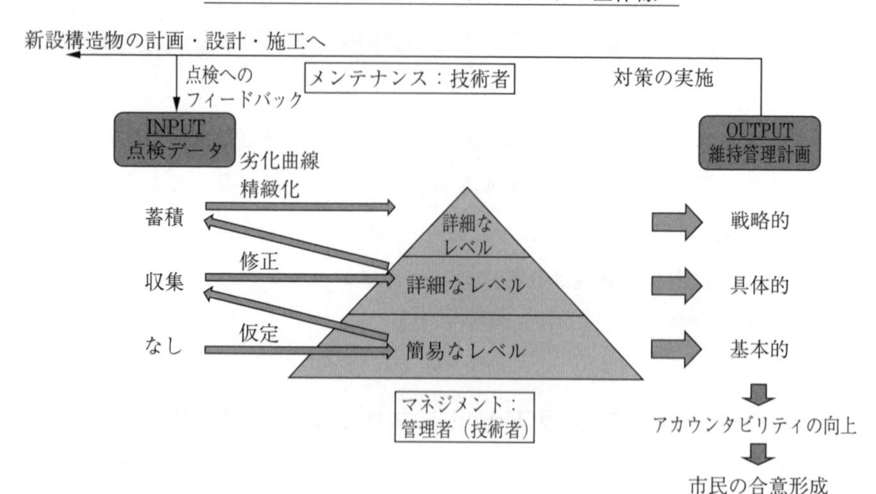

図 1.6 メンテナンスの全体像[31)]

計・施工にも反映されていくことになるとしている。

また，メンテナンスにおいてP（計画：plan），D（実行：do），C（評価：check），A（改善：action）が繰り返されていくためには，その前提としてのP（哲学：philosophy），V（先見性：vision），S（戦略：strategy）が必要であることを示している。インフラのメンテナンスの効果が現れるのは行為の実施後相当の時間を経た後であることが一般的であり，事象によっては10年以上の時間を要することもあり，担当者が異動などで途中交代し，思想や情報がつながらずにP→D→P→D→…を繰り返すことにもなり得ると指摘している。そうならないためには，PDCAを回していくための哲学やビジョンが不可欠であり，それらを含めたPVS-PDCAの流れが必要であることを訴えている（**図 1.7**）[31)]。

このように，インフラアセットマネジメントを広範な視点で捉えて全体像を確立しようとする試みが行われるようになってきたのは比較的最近になってのことであり，これまでのインフラアセットマネジメントは個別のシステムや要素技術を開発することに注力してきた。内容もメンテナンスを対象にしたものが大半で，「点検データベース」，「劣化予測システム」，「長期修繕計画作成シ

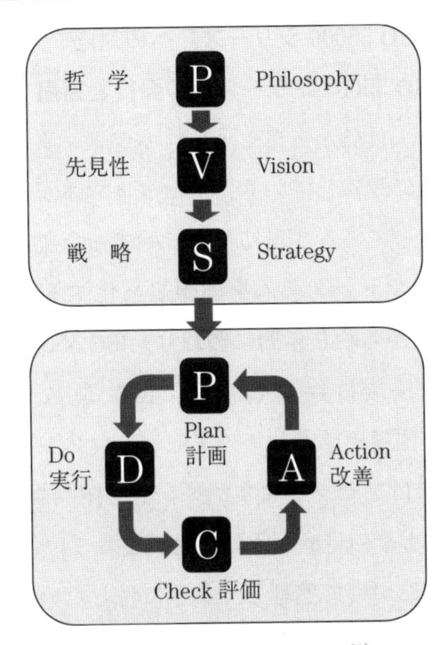

図 1.7 PVS-PDCA の流れ[31)]

ステム」など各要素のシステムが構築されてきた。全体のコンセプトがないまま，個別の手法論，仕組み論が先行する形でシステムがつくられてきたため，全体的な整合性のとれた形になっておらず，組織のマネジメントシステムとして，継続的改善を内包したマネジメントの仕組みは構築されてこなかった。

しかしいまや，社会基盤施設をアセットマネジメントの対象とする場合，その取組みの背景にある社会との関わりやインフラの目的やマネジメントに一貫する哲学までをも含むような，広範な視点で全体像を捉えることがきわめて重要になってきている。一方で現在まで，このようなマネジメント対象の目的や目標のあり方の検討や見直しまでをも包含するようなアセットマネジメントの概念やその重要性についての認識は少なくとも国内では浸透しておらず，マネジメントがどうあるべきか，どういうものなのかについての認識も十分ではない。アセットマネジメントがその対象の目的あるいはマネジメント主体となる組織の目標の見直しまでも取り込んで継続的改善を行っていくというアセットマネジメントの概念とその必要性・重要性の認識の定着が課題となっている。

1.2.2　国際規格（ISO 55000 シリーズ）への対応

〔1〕　国際規格（ISO 55000 シリーズ）の発行と運用

海外では組織の目的・目標からアセットマネジメントの戦略・戦術を立て，これを実施して継続的に改善していく「アセットマネジメントシステム」の構築の動きはすでに始まっている。当初英国で始まった動きは国際的な流れとなり，アセットマネジメントシステムを国際規格化する動きに発展した。そして，2011 年の検討開始から約 3 年間にわたり，ISO 55000 シリーズの原案作成を担当するプロジェクト委員会（PC251）に世界 30 数ヶ国から代表者が参加し議論を重ねた結果，国際標準としてのアセットマネジメントシステムが構築された。2014 年 1 月にはアセットマネジメントの国際規格（ISO 55000 シリーズ）が発行され，現在もその見直し活動が継続されている。以下に，ISO 55000 シリーズの概要と要点について整理し，参考に付したい。

なお，ISO 55000s は，英国のアセットマネジメントの国内規格である PAS55（PAS：publicly available specification（公開仕様書））を原型としている。PAS55 は物理的資産を保有または管理する組織がアセットマネジメントを実施するための基本的な要件を整理したものである。

〔2〕　国際規格（ISO 55000 シリーズ）の概要と要点

ISO 55000s は，ISO 55000（概要，原則，用語），ISO 55001（要求事項），ISO 55002（55001 適用のためのガイドライン）の 3 部構成となっている。ISO 55000s では，マネジメントシステム規格の整合性確保のための基本構造（＝上位構造：high level structure，HLS）の共通化の動きを受けて，共通の単語と文章を使用しており，HLS が適用された最初のマネジメントシステムの規格となっている。ISO 55000 では，「アセット」，「アセットマネジメント」，「アセットマネジメントシステム」がそれぞれつぎのとおり定義されている。

＊ アセット：「組織にとって潜在的に，あるいは実際に価値を有するもの」

価値に対する考え方は組織によってさまざまであるが，ISO 55000s のなかでのアセットの価値は，有形・無形，金銭・非金銭を含んでいる。PAS55 が物的資産を対象としているのに対し，ISO 55000s は物的資産をおもな対象とするもののそれに限らず，人的資源，知的財産などあらゆる資産を対象としているのが特徴である。

＊ **アセットマネジメント**：「アセットから価値を実現化する組織の調整された活動」

活動は，コストとリスクとパフォーマンスのバランスを長期にわたって達成すること，組織目標や利害関係者のニーズに沿ってアセットマネジメントの目標・方針・戦略的計画を立て，技術面と財務面から意思決定を行い，計画を効率的に実行すること，関連するリスクを管理しながら，継続的に改善できるようモニタリングを行うことを含む。そのためには，トップのリーダーシップと職場文化が重要とされている。

＊ **アセットマネジメントシステム**：「組織の目標を達成するための方針・目標・プロセスを確立するための要素の組合せであり，組織の相互に作用するもの」

これらの定義からわかるように，アセットマネジメントシステムは単なる情報システムではなく，組織の構造，役割，責任，業務プロセス，計画，運営等も含むものとして捉えられている。アセットマネジメントシステムが組織内で適切に機能することにより，はじめてアセットマネジメントを効率的かつ効果的に行うことが可能となるとされている。

ISO 55001 には，アセットマネジメントシステムに関する要求事項が記載されている。要求を表す英語表現は「shall」（～しなければならない）となっており，組織が認証を取得するために遵守しなければならない事項として整理されている。また，そこに示されているのは「何をすべきか」（What）であり，「どのようにすべきか」（How）ではない。アセットマネジメントシステムはアセットマネジメントを確実に実施するための手段（vehicle）であり，その手段の要素は書かれているものの，その手段をどのように形成するか（How）は組織が決めることと考えられている。ISO 55001 の 4 ～ 10 章では，アセットマネジメントシステムのための要求事項として七つの要素（① 組織の実状認識，② リーダーシップ，③ 計画策定，④ 支援，⑤ 運用，⑥ 結果評価，⑦ 改善）を定めている。それぞれの要素について，以下に概説する[32)]。

(4章　組織の実状認識)

アセットマネジメントシステムの意図する成果を達成するため，組織の内外の状況を理解したうえで，アセットマネジメントシステムに関係するステークホルダーのニーズと期待を認識することを要求する。

(5章　リーダーシップ)

組織のトップがアセットマネジメントシステムに関するリーダーシップとコミットメントを示すことを要求する。さらに，アセットマネジメントの方針を定め，組織内において必要な責任と権限を割り当て，伝達することを要求する。

(6章　計画策定)

アセットマネジメントシステムを計画する際のリスクと機会を決定するとともに，アセットマネジメントの目標の確立し，それを達成するためのアセットマネジメント計画を策定することを要求する。リスクと機会については，それらが時間とともに変化することを考慮する。

(7章　基礎的事項)

アセットマネジメントシステムに必要な予算や人員などの資源，関係する人々の力量，アセットマネジメントの内容や有効性への認識，組織内外とのコミュニケーション，情報の管理と文書化など，アセットマネジメントシステムを支援する仕組みを要求する。

(8章　運用)

組織が，アセットマネジメント計画を実施するときに必要なプロセスを整備・管理すること，アセットマネジメントの目標の達成に影響を及ぼし得る計画の変更を管理すること，アウトソーシング先の活動を管理することを要求する。

(9章　パフォーマンス評価)

組織が，アセット，アセットマネジメント，アセットマネジメントシステムのパフォーマンスをモニタリングし，測定し，分析し，評価するとともに，それを文書化した情報を保持することを要求する。さらに，アセットマネジメントシステムが，組織自体が規定した要求事項と本国際規格の要求事項に適合していることをチェックする内部監査，およびトップマネジメントによるマネジメントレビューの実施を要求する。

（10章 改善）

組織が，アセット，アセットマネジメント，アセットマネジメントシステムに不適合や事故が発生した場合の対処方法や是正処置，それらの予防処置の必要性の評価，さらにはそれらの有効性を継続的に改善することを要求する。

ISO 55001では，上述のように4章から10章まで章別に「実施しなければならないこと」を要求事項として整理しているが，そこに含まれる重要な要素の関係を**図1.8**のように整理している。組織の計画と目標という最上位から戦略的アセットマネジメント計画，アセットマネジメント目標，アセットマネジメント計画と順に下りて行き，アセットマネジメント計画の実施の結果をパ

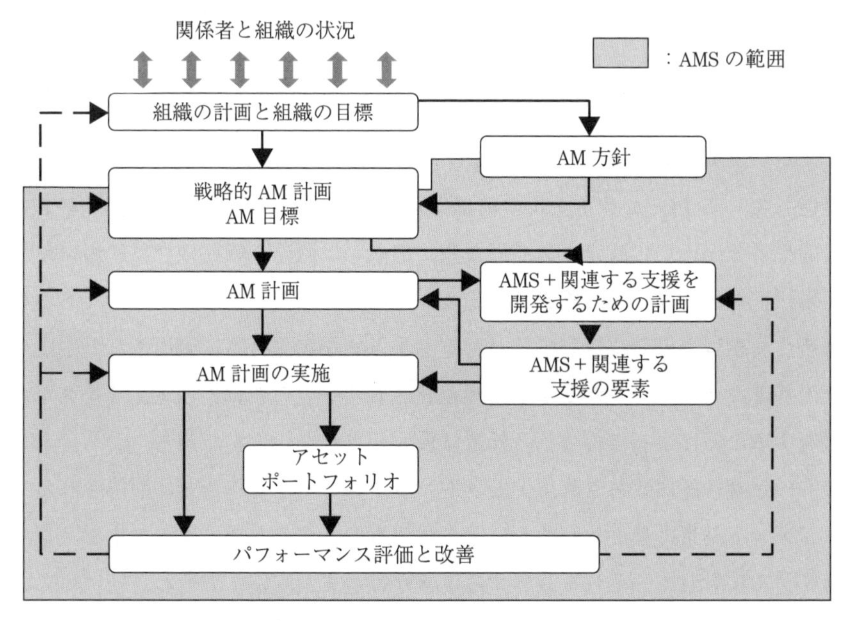

AM：アセットマネジメント，AMS：アセットマネジメントシステム

図1.8 アセットマネジメントシステムの重要な要素間の関係[33)]

フォーマンス評価して改善し，すべての上位フローにフィードバックする形になっている。パフォーマンス評価と改善が，アセットマネジメントシステムの範囲内の「戦略的アセットマネジメント計画」や「アセットマネジメント計画」だけでなく，範囲外の「組織の計画と組織の目標」にもフィードバックされ，継続的改善を志向していることが特徴である。

1.2.3　マネジメントシステムの形

〔1〕　メタ・マネジメントシステム

一般には，マネジメントシステムは，戦略・戦術・実施の階層的な PDCA サイクルで構成されており，マネジメントサイクルと呼ばれることもある。

ISO 55000s が想定するアセットマネジメントシステムにおいてもこの捉え方は同様であり，現場の PDCA サイクルを包含しつつ予算執行管理システムをマネジメントしているシステムを含めたマネジメントシステム全体を意味している。すなわち，アセットマネジメントでは個々の業務に対してシステムが構築されたとしても，それが実際に機能するためには，これを組織的に動かす仕組みが必要なのである。

また，実務においてこのような PDCA サイクルが適切に機能したとしても，機能している PDCA サイクルの前提条件となっているはずのマネジメントの目的や目標が適切に設定されていない，あるいは戦略・戦術の立案に用いられる現状把握や将来予測，優先度決定ルールなどのさまざまな適用技術，あるいは新たな投資や資産に対して行われるさまざまな実施行為に適用される手段や適用基準などのルールがそもそも最適化されていなければ，PDCA サイクルが機能することによって得られる効果は最大化されない。すなわち，システムそのものが継続的に改善され，アセットマネジメントを行うことに期待されるマネジメント効果の最大化がつねに図られるものとするためには，マネジメントサイクルに対して，それを改善する働きかけもまた安定して行われ続けることが不可欠となる。

このようなことから，アセットマネジメントの基本的な構成としては，実践を司るPDCAで構成される階層的マネジメントサイクルとは別に，マネジメントサイクルそのものを評価する機能も存在している必要があることがわかる。すなわち，国際規格が求めているアセットマネジメントは，**図1.9**に示されるような体系であり，先述した階層的マネジメントサイクルのパフォーマンスを絶えずモニタリングし，改善を図っていくための，メタ・マネジメントの機能を要求している。この機能がないマネジメントは，国際的にはマネジメントシステムとして認証されないということを意味している。

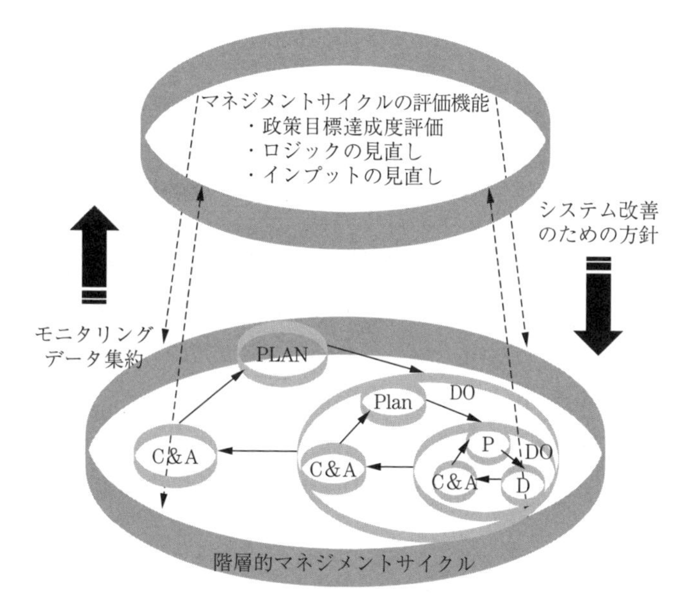

図1.9 マネジメントサイクルの階層と評価[34)]

このメタ・マネジメント機能は，理想的にはすべての道路管理者が備えるべき機能である。例えば，国をはじめ道路管理会社や重要な路線を管理する主要な道路管理者はすでにその体制をもち，データの蓄積や分析を行いアセットマネジメントの改善を図りつつある。一方で，国内の大部分の道路資産を管理している地方自治体には，その体制も十分でなく技術力も蓄積されていないのが実状であり課題となっている。

マネジメントサイクルを適切に評価するためには，時々のマネジメントサイクルの機能状態やその結果に関する最新のデータの反映が不可欠となる。また，マネジメントサイクルの評価結果は，システム改善の働きかけとして適時適切にマネジメントサイクルにフィードバックされなければ，マネジメントは安定した継続性のあるサイクルとしては成立しない。反映の遅滞等の不適切な運用は，つねに機能し続けるマネジメントサイクルによる効果の最大化という目的に照らすと，直接的に重大な悪影響を及ぼす要因となる。

〔2〕 組 織 体 制

〔1〕で示したように，階層的に構成されるマネジメントにおけるPDCAの実施，マネジメントサイクルの評価，さらに両者をつなぐマネジメントサイクルにかかる情報の収集と受け渡し，マネジメントシステムの改善など，アセットマネジメントにおいては意思決定や作業などのさまざまな行為が行われることとなる。

このとき，それぞれの行為は相互に関係性をもち，かつ社会基盤施設のマネジメントではすべての行為について，その実施主体である組織において各行為者，すなわち，意思決定者や作業者の責任と権限が明確でなければ，行為の実施が困難であり組織的に機能しないことは自明である。さらに，アセットマネジメントを行う主体の組織構造を考える場合，適切な意思決定を行うための技術力確保のための制度も，組織体制や人事制度と整合して適当なものとして確立されている必要がある。特に，道路構造物のアセットマネジメントでは，構造物の力学的特徴や劣化現象，劣化や損傷がその性能に及ぼす影響，さらにはそれらの将来予測など，資産評価に関連した意思決定を組織として行うにあたって，多岐にわたるきわめて高度な専門性に基づく技術的知見が必要となる。

図1.10は，インフラをはじめとする公物の品質確保の基本的構図を示したものである。先に，インフラのアセットマネジメントにおいて公物の管理を行う行政などとそれに必要な費用を負担している納税者は資産管理の受委託関係にあることを説明した。その一方で，国民を税金という形で公物を購入する買い手，それらの税金と引換えに調達した公物を納税者に提供する行政を売り手

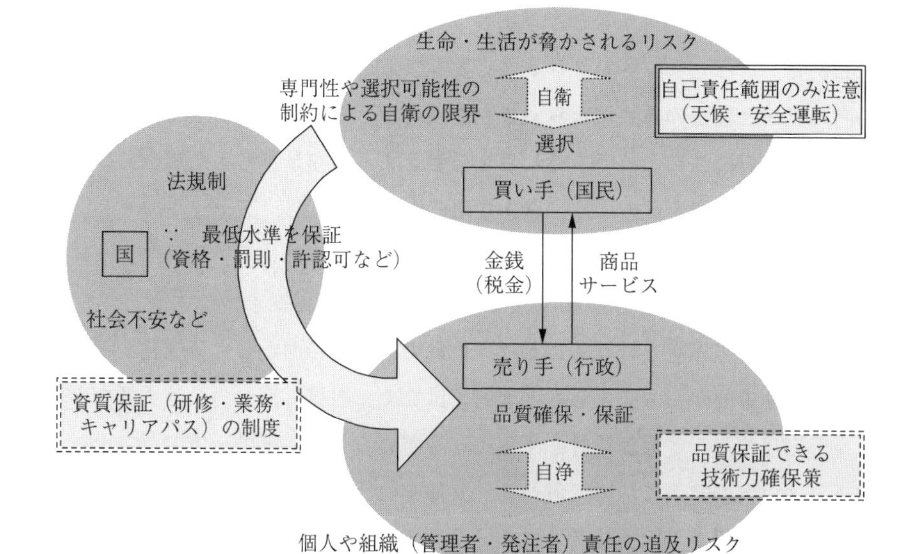

図 1.10　公物の品質確保の基本的構図

として捉えることもできる。そしてこのように捉えると，売り手にはその商品である公物の品質を保証する責任があり，品質を満たさない公物の提供に対し責任を追及されるリスクを有する立場となる。そのため自ら積極的に品質確保に必要な技術力を備えるという自浄作用が働く。

一方，買い手である納税者が品質不適合のものを受け取ってしまうことへの備えに関しては，品質確認が可能な技術力を納税者が備えることには無理があることから，公物の場合には，法令や技術基準によって最低限保証されるべき品質などの水準を規定し，売り手にその遵守を求めることで買い手に提供される公物の品質を担保することとなる。そして，これにより売り手である行政が備えるべき最低限の技術力も明確となり，必要に応じて法令や調達制度の運用のなかで技術者資格の設定，行政職員の研修など売り手側の資質保証が行われることになる。

アセットマネジメントにおいてもこの構図は同様であり，税金の対価としてのマネジメントを提供する主体は，必要な技術力に裏付けられたアセットの品質保証を行う責務を負うこととなる。

しかし，アセットマネジメントに必要な多岐にわたる技術力のすべてを，組織内の責任と権限の体系に組み込まれた人材だけで常時に対応することには限界がある。専門性によってもそれらを必要とする業務量を考えた場合には，必要に応じて技術力をどのように確保するのかについても，アセットマネジメントの全体像のなかで考える重要な項目である。

通常，必要となるあらゆる高度な技術力をすべてインハウスエンジニアによって安定的に保有し続けることは，行政の効率化の面からも多様化する技術への対応性の面からも必ずしも合理的ではなく，組織外部への業務委託などによって充足するなど柔軟に対応することも求められる。その一方で，アセットマネジメントの結果について最終的に責任を負うのはあくまで管理者，すなわち受委託の関係からは委託者であり，受託者や助言者の見解に対する妥当性の判断など責任ある意思決定を行うための最低限の技術力が備わっていることが委託者には不可欠である。

一方，社会基盤施設のマネジメントに関わる組織は同時にさまざまな業務を行っており，かつマネジメントの業務に従事する人材が，必ずしもマネジメントにかかる業務のみを行う環境にはないことが多い。このような制約条件を踏まえつつも，少なくとも対象となる社会基盤施設のマネジメント業務の全体が安定して適切に機能するためには，関連する業務にかかる行為の責任と権限が明確であることが求められる。また，責任と権限が明確であっても，その職務に必要な知見や技術力が配置された人材に備わっていなければ，適切な意思決定や作業ができない。さらに，社会基盤施設のマネジメントをそれにふさわしい技術力をもった管理者が行う場合であっても，マネジメントには膨大な情報の評価や分析などが必要となり，高度な情報処理や統計解析などのツールによる支援が不可欠である。責任と権限に適合した支援ツールを組織内に整備するなど，適切な環境もまた組織体制の一環として整っていることが重要である。

しかし，このような適切なアセットマネジメントの実施に不可欠な責任と権限の集合体である組織体制，必要な人材が配置される人事制度，組織が手がける関連業務が滞りなく適切に処理できる事務処理体制については，前提条件や制約条件も多岐にわたるため標準形は存在しない。それぞれの組織ごとにさまざまな方法で構築されているのが実態である。

ここでは，アセットマネジメントが適切に行われるための前提条件として，職位が有する権限の行使にあたって，技術的にも責任の取れる適切な意思決定が可能な組織体制や構造になっているかどうか，あるいは組織体制や構造にどのような配慮や仕組みがなければならないかという点に着目して，組織体系のパターンとマネジメントのあり様がどのような関わりをもつのかについて概観する。

組織形態を類型化して整理する場合，さまざまな観点による整理が可能と考えられるが，国内で道路構造物のマネジメントを行っている行政組織の組織体系について公表資料（例えば，文献35）～39）など）の調査を行い，技術的判断に関わる責任と権限の配置の観点に着目して整理を試みた。

その結果からは，単純には，以下の①～③のパターンが考えられ，業務内容や取り扱う内容に応じてこれらの単独あるいは組合せとなるのが一般的であることが浮かび上がる。

① おもに専門技術者である職員のみによって技術的な意思決定が行われる組織体系

② 外部委託などによって意思決定に不可欠な専門技術力の補完がなされることを前提とした組織体系

　例：業務委託契約，諮問委員会など助言体制の設置

③ 外部機関などに意思決定のための技術的評価を委ねるとともに，それに対する妥当性の評価など組織独自の技術的評価は行わないことを前提とした組織体系

　例：権限委譲など

①，②は，技術的判断についても最終意思決定は，組織の職階のなかで行われる構図であり，②の場合にも外部機関は責任を負わない助言を行う位置付けとなるため，組織内部に必要な技術力の存在が最低限確保されていること

が前提となる。

多岐にわたる業務内容に関連してそれぞれに高度な専門性を有する技術者を職員だけで充足させるか否かについては，技術者の育成や維持に関する費用対効果の評価が一般には支配的要素として着目されるが，社会基盤施設の管理を担う組織のマネジメントでは，事故や不具合の発生や被災時の緊急対応の水準も社会的要請に照らして適切なものでなければならず，事業継続計画などリスクマネジメントの観点も考慮されなければならない。

③ の場合には，資産の所有者として予算や運営方針全体にかかる責任を負う組織そのものは，構造物の健全度診断や設計・施工・維持管理などの具体的な評価や意思決定を行うことができる技術力を保有することを前提としない点で ①，② とは大きく異なる。この場合，資産の所有者と管理・運営者の間で，技術力が大きく異なるなか，高度な技術的評価を根拠としたマネジメントの意思決定やそれに関連する経理の妥当性についていかにして合意するのかが課題となる。

組織内部の体制についても，同様に予算執行やマネジメントにかかる意思決定と，点検や調査，工事などに関して土木工学や橋梁工学などの工学的な専門技術力が必要となるさまざまな行動様式を行う職位をどのように構成するのかについては，さまざまな方法が考えられる。

行動様式とは，一般に，特定の組織や集団に属する人々の行動のうち，何らかのルールに従って反復して行われる行動のことを指す。すなわち，組織や集団に属する人間が個人の思いつきや勝手な判断で都度不規則的に行うような行動とは異なる。本書においても，個人の思いつきなどによるあらかじめ想定されていない行動と区別するために，特に，アセットマネジメントの主体として関わる組織や個人が，組織として計画的に行うすべての行為や意思決定を行動様式と呼ぶ。

本来は，上記の ① ～ ③ のような構造が，職務権限や意思決定にかかる決裁ルールとして業務内容ごとに明確化されていなければならない。組織体制とそれぞれの職務に必要な技術力の確保の構図が，各職位に従事する人材の技術力やそれを補う仕組み，さらに行動様式の実現に必要な予算などの制約条件と整合していなければ適切な業務遂行は困難となる。

図 1.11 に，公表資料などから得られた国内で道路構造物のマネジメントを行っている行政組織における実際の組織体系の例を示す。なお，各部署の所掌範囲や組織内での位置付けはさまざまであるものの，最高意思決定者のもとに「整備担当部署」，「維持管理担当部署」そして実施を担う「出先機関」が設置されるという基本的な構図はいずれの組織も共通していたため，この点は区別せず単純化している。また，最高意思決定者と出先機関の間には組織の規模に応じて中間組織が複層的に設置されている場合もあるが，この点についてもここでは区別していない。

パターン 1 ～ パターン 3 は，いずれも上記の②または業務内容に応じて ① の意思決定形態をとることを前提とした組織形態である。すなわち，最終意思決定は組織内部のいずれかの職階において行われることには変わりはない。しかし，組織内部または外部機関を活用しての技術力確保の手段が異なり，これによってマネジメントの実施には差異が生じると考えられることから，ここでは三つに区別して例示している。

まずパターン 1 は，専門技術者を含む職階構造をもちつつ，情報収集，分析，選択肢案出等の作業を建設コンサルタントに，工事を施工業者に外部委託して専門技術力を補完したり，高度な技術的判断などについて必要に応じて自ら設置している諮問委員会の助言を仰いでマネジメントを行う組織形態である。

業務のどこまでの範囲を外部委託するかはさまざまであるものの，前述のように最終意思決定を行うために必要な技術力と，その技術力の特徴や水準もさまざまな建設コンサルタントや施工業者から適切な外部委託先を選定し，適正な成果品を受け取ることができるよう監督するのに必要な最低限の技術力を組織内部に確保する必要がある。

パターン 2 は，専門技術者を含む職階構造をもちつつ，かつ，「整備担当部署」，「維持管理担当部署」といった事業フェーズごとの担当組織のさまざまな

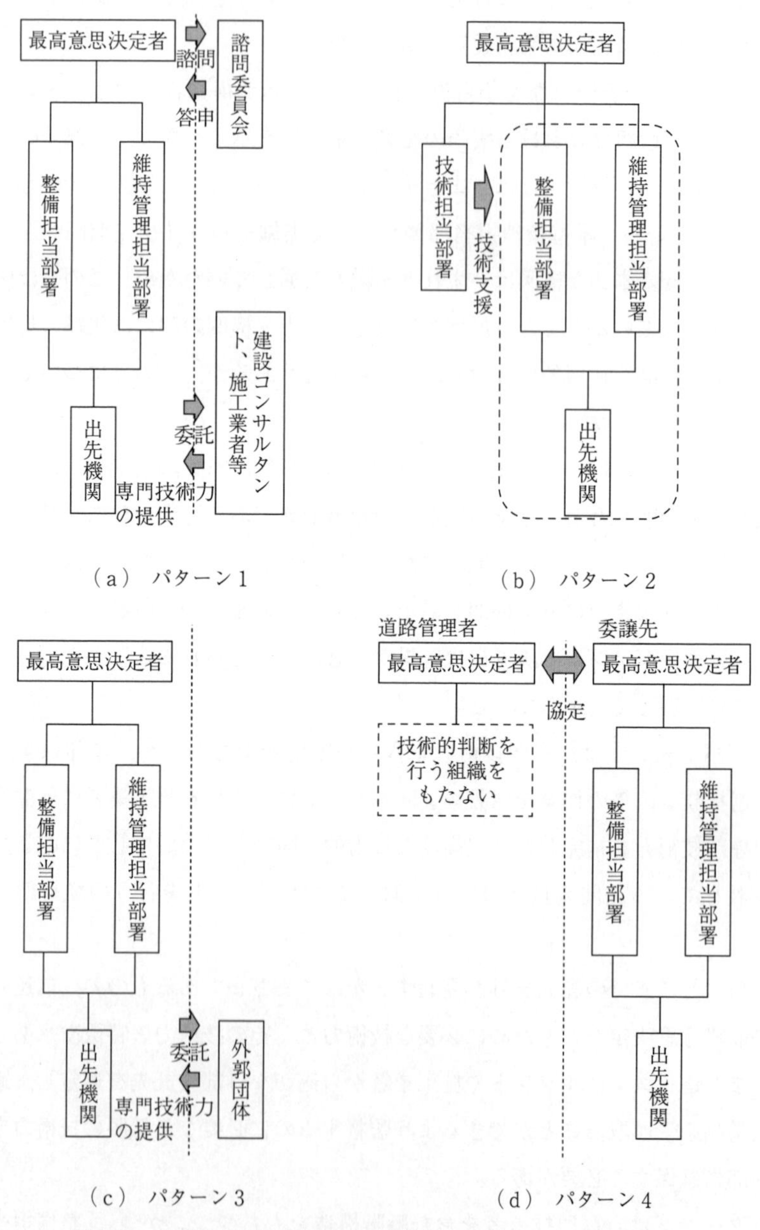

図 1.11　技術的判断に関わる責任と権限の配置パターンの相違の例

技術的判断を支援する権限・責任を有する技術担当部署が設置されている。自らの組織内に，事業フェーズごとという縦軸と，技術という横軸の二つの軸で組織が設置されている点に特徴がある，いわゆる「マトリックス型」[40]とも呼ばれる組織形態である。

この組織形態においては，技術的判断について最終的な責任・権限を技術担当部署の長に与えれば，その長は整備と維持管理の両方にまたがって組織の技術的判断を総括することとなる。この職階には相応の知識や経験が要求されるが，これにふさわしい人材が就くよう育成や配置といった組織マネジメントが行われれば，道路構造物に関する技術のスペシャリストが組織内に確保され，結果として組織の技術的判断の質の担保が期待できる。

パターン３は，自ら外郭団体を設置し，この外郭団体に専門技術者を確保することで専門技術力を補完してマネジメントを行う組織形態である。外部組織への業務委託という点ではパターン１と同様であるものの，外郭団体から中長期にわたって安定的に専門技術力が補完されることを前提とすれば，組織内部の職員は技術的な問題の認識と対処，最終的な技術的判断に注力するなど，パターン１やパターン２の組織形態と比較して比較的少人数の職員でマネジメントを行うことも可能となる。

なお，災害時などの非常時には常時を大きく上回る量の技術的判断を迅速に行わなければならない場合もあるため，リスクマネジメントの観点からは，災害時などの非常時にも外部組織から迅速に支援が得られる仕組みを構築しておく必要がある。

パターン４は，多くの業務に関して上記の ③ に該当する意思決定形態をとる場合を想定したものである。道路の保有者は自ら技術的判断を担わず，協定等に基づき別の組織に技術的判断に関わる責任・権限を委譲してマネジメントを行う組織形態である。道路の保有者は技術的判断を行う部署をもたないため，技術的判断が可能な人材育成を行う必要もない点で，パターン１～３とは形態が大きく異なる。

しかしながら，道路の保有者は，技術的判断を担わないにしても，道路が適切にマネジメントされていることに責任を負うことに変わりはない。このため，このパターンでは，責任・権限を委譲した相手の組織が適切にマネジメントを行っていることを担保する仕組みや，それに関わる判断が可能な人材を確保することが課題となる。

いずれにしても，このように，大まかな組織構造の違いに着目しただけでも，それぞれのマネジメントの実施の形態には特徴的な違いが生じる可能性があることがわかる。そして，どのような組織の形態を採用するにしても，アセットマネジメントの全体像をどのように捉えて，どのようなアセットマネジメントを実現しようとするのかという目的・目標に対して，予算や人材などのリソースに対する制約条件を踏まえたうえで，マネジメント効果の最大化が期待できるように周到に組織体系を構築し継続的に維持・改善を図っていく必要がある。

なお，実際の組織ではここで紹介する1～4のパターンだけですべての業務が行われることはなく，同じ組織のなかでも，あるいは場合によって，同種の業務に対してもさまざまなパターンで業務が遂行されていることを断っておく。また，ここでの例以外にも，民法に基づく民間委託や地方自治法に基づく指定管理者制度を活用した包括的民間委託を導入している事例も見られる。また，改正 PFI 法に基づく公共施設等運営権制度も今後活用される可能性がある[41]。

以上のように，アセットマネジメントを行おうとするときには，組織形態がアセットマネジメント実効性や期待される効果を大きく左右することを強く意識して，それにふさわしいものとなるように必要に応じて組織体系，人事制度，事務取扱いなども見直していく必要がある。これらについては現在のところ共通認識や普遍化された方法論は存在しないが，これらがアセットマネジメントの実施にあたってその枠組みの絶対不可欠な一つの要素であることは間違いない。そしてこのことがアセットマネジメントの実施にあたって認識されにくいことに注意が必要である。

〔3〕 支援ツール

小林らが指摘[42]しているようにアセットマネジメントの概念は，単純化すると**図 1.12** に示すように「情報」,「知識」,「意思決定」の循環構造と捉えることができ，何らかの「意思決定」を行うには「情報」,「知識」が不可欠である。そして，情報と知識の裏付けをもって適切な意思決定を行うには〔2〕で述べたように，アセットマネジメントを行う主体にそれが行えるだけの技術力が備わっていることが必要であり，これを確保できる仕組みが確立していることが求められる。

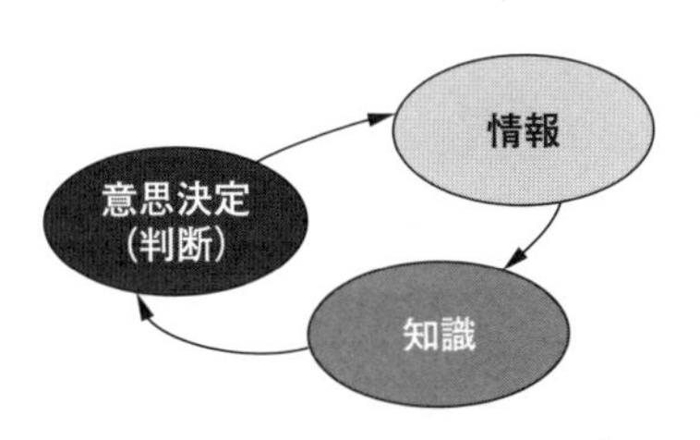

図 1.12 マネジメントの概念[42)]

このとき，意思決定の品質には，その意思決定を行う者が有する知識や技術力の水準が大きく関わることとなるが，それに加えて意思決定の際に，どれだけ多くの情報が反映されたのかが意思決定の質に決定的な影響を及ぼし得る。

例えば，道路橋の維持管理にかかる意思決定では，保有している道路橋それぞれの最新の状態や過去からの状態の変化など，きわめて多くの情報がその意思決定の質を左右し得る。さらに，それらの情報を意思決定者が判断に活用できる形にするためには，さまざまな統計解析や各種のシミュレーションなども活用されなければならない。

一方で，無限ともいえる情報からいかにして有益な情報を収集・分析・加工して実務に活かすのか，同じく無数にある情報分析手法からいかにして必要な結果を効率的・効果的に得られる手法を選択するのか，さらにはそれらの支援ツールの特徴と限界を見極め提供される知見をいかに適切に意思決定に反映するのかといったことについては，過去にはデータそのものの蓄積も少なく，アセットマネジメントに用いられる支援ツールも限られていたことから，大きな問題として認識されてこなかった。

しかし近年，アセットマネジメントの広がりとともに，マネジメントへの活用を目的とした将来予測手法やライフサイクルコスト算出アルゴリズム，あるいはこれらを組み込んだプログラムソフトなどさまざまな支援ツールが開発されてきている。これらの支援ツールには当然のことながら，条件によっては結果の信頼性から適用限界などの技術的特徴がそれぞれ存在し，いたずらに高度な支援ツールを用いたり，適用可能な支援ツールであっても目的に照らしてその適用方法が誤っていたりすると，的確な意思決定の妨げになることは容易に想像できる。

例えば，実際の道路構造物などの維持管理に関して，道路管理者における実際の取組みにおいても，必ずしも的確な意思決定につながるとはいえない方法による将来予測や優先順位の検討などが行われている例がみられる。支援ツール導入の初期にあっては，試算の前提条件の見直しを行わず，同じルールで単純なLCC（ライフサイクルコスト）計算を長期にわたって継続し戦略シナリオの比較を行っているケース（**図1.13**）もある。構造物などの劣化特性は初

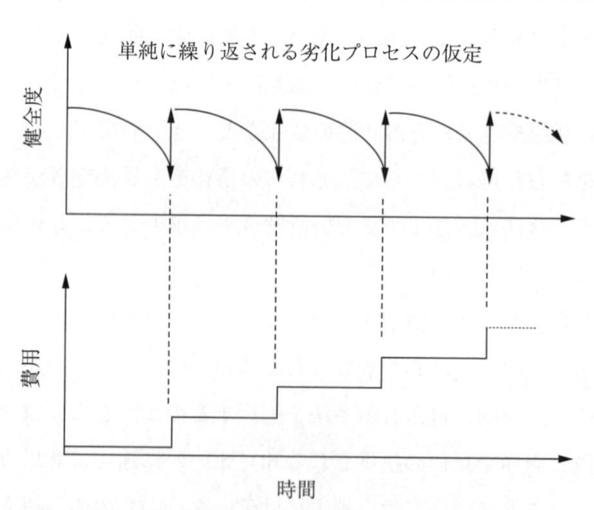

注）本図には社会的割引率の影響は表現していない

図1.13　単純に同じ劣化過程が繰り返される想定での費用予測のイメージ

期状態からと補修や補強などの措置後からでは必ずしも同じとはならず，同じ劣化サイクルが繰り返されることは考えにくい[43]。このような試算の前提条件に関しても，情報の収集と分析を通して継続的な改善を実施しなければ適切な判断を行うことにはつながらない。

また，4章で詳しく指摘するが，点検データなどの統計分析結果を拠り所として将来予測や特性評価などのプロファイリングを行う場合には，用いようとする統計手法や期待する結果の信頼性は，入力するデータの量や質に大きく依存する。例えば，地方自治体などが自ら管理する道路橋の将来予測を行うに際して，自らが管理する道路橋のごく少数の点検データだけで状態遷移確率を求めたとしても，母集団とするデータ数がそもそも少ないために信頼性のある結果が期待できない場合がある。あるいは，点検データそのものが統一的な観点やルールに従って得られていないなど，採用するデータ分析手法に適合しない品質のデータの分析結果からは有効な知見を得ることは難しい。

さらに，道路構造物の劣化現象では，メカニズムがある程度解明されているものであっても，実際の環境条件がきわめて大きくばらつくことに加えて，用いられている材料や施工品質にも不確実性が避けられないため，理想的な実験条件から求めた実験式や劣化特性や劣化原理から導き出された理論式とでは，実際の劣化速度などに大きな乖離があるのが通常である。そして，多くの実験式や理論式は，これまでその検証が可能なほどの点検データの蓄積がない事実からもわかるように，十分な検証がほとんど行われていないのが実状である。そのため，実験式や理論式としては現時点で最も有力とされるものを用いたとしても，それによる将来予測結果の信頼性が必要なレベルを満足していることにはならず，この点を考慮して実態に即した判断を行わなければ，誤った意思決定に結びつく危険性がある[44]。

このような支援ツールの不適切な適用を回避するためには，支援ツールを用いようとする者が，活用可能な技術に関する技術情報などを広く把握し，かつ，それぞれの技術の特徴や限界を正しく理解していることが不可欠である。さらに，これらの理解や共通認識が，さまざまな支援ツールを活用して得られる試算結果などを参考として行われる意思決定に関わる関係者とも共有されていることも重要である。

1.3　インフラアセットマネジメントのあるべき姿

適切なマネジメントを実践するためには，組織の目的・目標の設定から，実行システムの構築，さらには技術力の確保や支援ツールの整備に至るまで，一貫したマネジメント体系を構築するとともに，各目的・目標に対する実際のパフォーマンスを正しく評価し，その内容と結果に応じて，目的・目標・システムを継続的に見直し，改善していかなければならない。なぜならば，目的・目標が不在であれば，組織の行動およびその評価が定まらずマネジメントが成立しないためである。

しかし，ここまで見てきたように，現状のインフラアセットマネジメントには，その概念そのものや，マネジメントに関連する膨大な要素相互の関係性，一体に考慮されるべき事項などの範囲について統一見解が存在しないという重大な課題がある。

ISO 55000s の規格開発を行ったプロジェクト委員会（PC251）議長の Rhys Davies 氏が 2014 年に日本で行われたセミナー〔アセットマネジメントの国際規格（ISO 55000s）の導入促進に向けて，株式会社三菱総研プラチナ社会研究会〕において指摘したように，「アセットをマネジメントする」のと「アセットマネジメントをする」はまったく異なる。すなわち，個別の施設などに着目してその維持管理などのマネジメントを最適化しても，対象となるすべての施設を俯瞰したとき必ずしも組織全体の目標に対して最適化されたマネジメントになる保証はない。マネジメント対象に対する全体最適を目的として，組織の目的・目標からアセットマネジメントの戦略・戦術，計画・実施に至る一連の内容が整合性をもって動いていることが重要なのであり，このような取組みこそがアセットマネジメントであり，個別最適を目的としたマネジメントとは決定的な違いがある（**図 1.14**）。

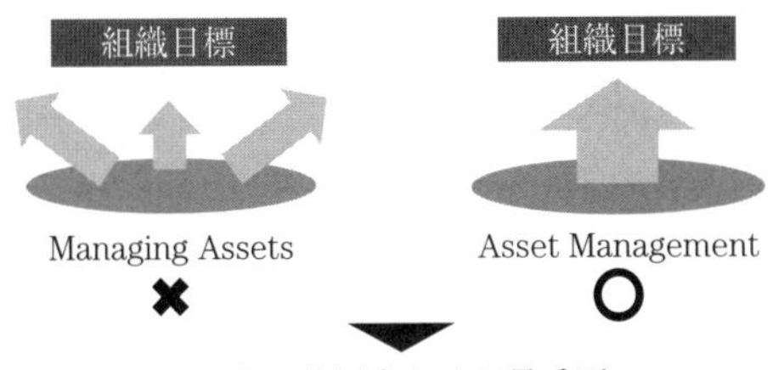

目的の位置合わせが最重要

＊Managing Assets（資産を管理する）と Asset Management（AM）は大きく異なる。
＊AM において重要な視点は，「個別最適」ではなく「全体最適」である。
＊「全体最適」のためには，共通の規則のもと共通の意思決定手法を構築し，組織の目標に向かう組織に属するすべてのメンバーのベクトルを揃える必要がある。

図 1.14　Managing Assets と Asset Management の違い

例えば，2015 年に ISO 55001 の認証を取得したロンドン地下鉄では，**図 1.15** に示すようにアセットマネジメントの全体像を捉え，組織のビジョン・戦略からアセットマネジメントの計画策定・実施，継続的改善に至るアセット

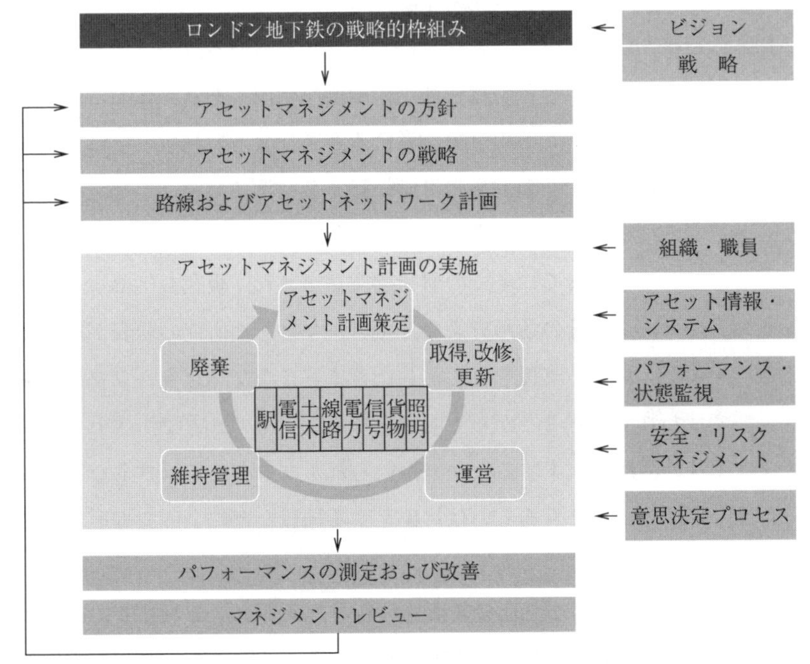

図 1.15　組織のビジョン・戦略からアセットマネジメント実施までの整合[45)]

マネジメントシステムを構築している[45)]。

このように，目的・目標が不在では少なくともインフラを対象としたアセットマネジメントが組織のマネジメントとしては成立しない。

一方で，例えばISO 55000sが規定する「アセットマネジメントシステムの重要な要素間の関係」（図1.8）においても，「パフォーマンス評価と改善」の対象として，「AMS」には含まれない「組織の計画と組織の目標」までが含まれている。しかしながら，実態として「組織の計画と組織の目標」に対するフィードバックが適切に実施されている組織は，ほとんど存在しない。そして，マネジメントの主体となる組織においても「『アセット』のあり様」が正しく認識あるいは定義されていない可能性が高い。このことは多くの社会基盤施設の整備水準や管理水準などに関わる法令や公的技術基準において，社会基盤施設に対する要求性能がその整備目的・管理目的との関係を明確にした形では規定されていないことからも窺える。

これらの結果，国や組織，分野などによらず，あらゆる点で，その手法の妥当性や相互の特徴的違いなどの比較評価が困難な状況にある。このことは，インフラアセットマネジメントの対象を考えると，社会基盤施設とそれに関わる組織への投資の適切性やその効果の計測が行える状況にないことを意味する。また，各要素の技術が開発され環境が整ってきていることは，マネジメント分野をはじめとして近年までに多くの研究論文が出され，現在もアセットマネジメントの支援ツールやその活用方策などをテーマとした研究の発表が続いていること，マネジメントの支援を目的としたさまざまなプログラムソフトが開発され実務で使われていることからも明らかである。その一方で，アセットマネジメント手法の活用を模索するなかで用いられるプログラムソフトなどの支援ツールは，自治体ごとにもあるいは対象とする施設などによってもそれぞれ内容が異なっているのが実態である。

1.1.2項で整理したような社会基盤施設特有の条件と，これまでに行われてきた社会基盤施設に対するアセットマネジメントの検討や導入の状況を俯瞰すると，資産形成の「整備段階」から「メンテナンス段階」に至るまでを適切に包含し，その価値を正しく評価しマネジメントするための概念が確立しているとはいいがたい。その結果として，導入の試みが続くアセットマネジメント手法やそこに用いられる技術についても最適化が図られていないうえ，継続性や将来の発展性の観点からの妥当性についても説明が困難な状況にあるといえる。

これらを解決するためには，社会基盤施設を対象としたアセットマネジメントを行う前提となる環境整備として，以下が重要となってくると予想される。

①「マネジメントの目的の設定」までを含む全体像を提示すること。

② 貨幣換算など一つの「価値」基準で評価することが困難な社会基盤施設の特徴を踏まえ，さまざまな観点からの「複数の性能」を考慮する方法論を確立すること。

③ アセットマネジメントと親和性のある要求性能や達成水準が，より普遍的で検証可能な指標により規定された技術基準類（性能規定&基準適合性評価体系）を確立すること。

生命とは一定の秩序であるが，疲労，腐食，摩耗などの秩序を破壊するさまざまな障害に先んじて，自らの衰えた構造を破壊し再構築するという動的な平衡を維持する現象といわれている。すなわち，エントロピー増大の法則に従って（生命が死に向かって）どんどん坂を下っているのを絶えず少しずつ登り返しながら，でも全体としては，ずるずるとその坂を下っていくというのが生命だ，とも表現される[46),47)]。

自然環境に存在する社会基盤施設が，生命と同様に永遠を指向するものであるとすれば，行為に関して絶えず見直しを繰り返しながらも，さまざまな障害に先んじて補修や部分的な改築を施しつつ時間を稼ぐという戦略は，有効に機能する可能性が高い。

このためには，上記①～③に示したとおり，生命体群としてなにを達成するのかはもちろんのこと，生命体としての役割や性能が明確に付与されており，個々の細胞にまでも求められる性能や水準に関する判断が容易であることが必須の条件となる。

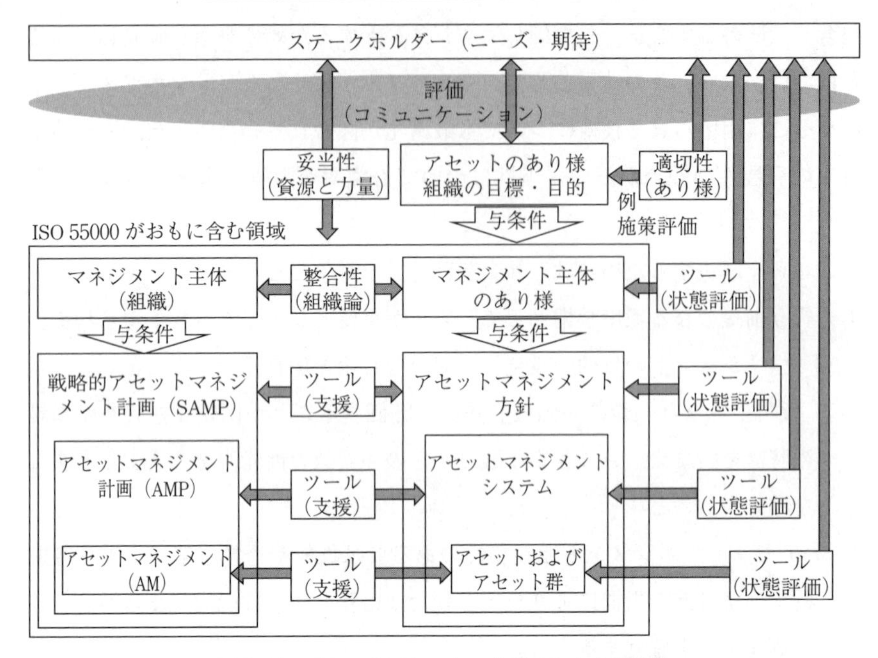

図 1.16　インフラアセットマネジメントの全体像

本書ではこれまで見てきたような現状認識を踏まえて，インフラアセットマネジメントの全体像としてあるべき姿を**図 1.16** のように捉えている。

すなわち，マネジメントの目的意識の徹底から始まり，各行動様式に応じて責任ある体制が整備され，各職位に対して適切な支援ツールが用意されており，さらに，マネジメントの全体を俯瞰して説明性・透明性のある手段をもって継続的な改善を図っていく姿が，目指すべきインフラアセットマネジメントの姿となる。

なお，次章以降で詳しく述べるが，マネジメントの目的に対して「達成したい目標」が存在し，そのために投じることができる「リソースの限界」がある以上，これらを両立させるための「より上手くやる」という動機が必然的に生じ，目標に到達するまで「より上手くやれるように継続的改善」を続けることとなる。そのために，上手くやるための手段であるアセットマネジメントシステムは，「継続的改善が可能で，かつ継続的改善により，ふさわしい（合理的で発展性のある）システム」を志向することとなる。

引用・参考文献

1）国土交通省都市局長，国土交通省道路局長：道路橋示方書 I 共通編（2017）
2）小林潔司：分権的ライフサイクル費用評価と集計的効率性，土木学会論文集，No.793/IV-68，pp.59-71（2005）
3）貝戸清之，保田敬一，小林潔司，大和田慶：平均費用法に基づいた橋梁部材の最適補修戦略，土木学会論文集 No.801/I-73，pp.83-96（2005）
4）環境省：自然公園等事業に係る事業評価手法（2013）
5）岩浅有記，西田貴明：人口減少・成熟社会におけるグリーンインフラストラクチャーの社会的ポテンシャル，日本生態学会誌，Vol.67，No.2，pp.239-245（2017）
6）山崎 治：ドイツにおける道路行政と道路建設プロセス，レファレンス，国立国会図書館（2008）
7）西田 敬：フランスにおける交通法典の制定国内交通基本法の全面再編について，交通権学会 2011 年度研究大会シンポジウム（2011）
8）国土交通省：第四次社会資本整備重点計画（2015）
9）国土交通省ホームページ：道路のストック効果，ストック効果事例，【事例 1】圏央道による効率的な物流ネットワークの強化（国道 468 号首都圏中央連絡自動車道），
http://www.mlit.go.jp/road/stock/road_stock.html†
10）小宮朋弓：イタリアとフランスにおける高速道路の整備・運営，JICE REPORT2005/8 月号（2005）
11）日本高速道路保有・債務返済機構：欧州の有料道路制度等に関する調査報告書 II（2008）
12）国土交通省：国土交通白書 2002 平成 13 年度年次報告
13）国土交通省ホームページ：社会資本の老朽化の現状と将来，
http://www.mlit.go.jp/sogoseisaku/maintenance/02research/02_01.html
14）国土交通省：国土交通白書 2005 平成 16 年度年次報告
15）国土交通省：国土交通白書 2009 平成 20 年度年次報告

† 本書に記載する URL は，編集当時（2019 年 2 月）のものであり，変更される場合がある。

16) 国土交通省：国土交通白書 2013 平成 24 年度年次報告
17) 土木学会：アセットマネジメント導入への挑戦，技報堂出版（2005）
18) 国土交通省道路局，都市・地方整備局：平成 14 年度道路関係予算概要
19) 建設省土木研究所：橋梁点検要領（案），建設省土木研究所資料第 2651 号（1988）
20) 建設省：平成 3 年度～平成 7 年度 社会資本の維持更新・機能向上技術の開発報告書（1992 ～ 1996）
21) 玉越隆史：近年発生した橋梁の重大損傷の概要，道路，Vol.816，日本道路協会（2009）
22) 中谷昌一，青木圭一，福井次郎，運上茂樹：道路橋示方書の改訂について，道路，Vol.734，日本道路協会（2002）
23) 道路構造物の今後の管理・更新等のあり方に関する検討委員会：道路構造物の今後の管理・更新等のあり方 提言（2004）
24) 国土交通省道路局国道・防災課：橋梁定期点検要領（案）（2004）
25) 米国ミネアポリス橋梁崩壊事故に関する技術調査団：米国ミネアポリス橋梁崩壊事故に関する技術調査報告（2007）
26) 道路橋の予防保全に向けた有識者会議：道路橋の予防保全に向けた提言（2008）
27) 玉越隆史ほか：平成 23 年（2011 年）東北地方太平洋沖地震による道路橋等の被害調査報告，国土技術政策総合研究所資料第 814 号・土木研究所資料第 4295 号（2014）
28) 社会資本整備審議会 道路分科会 道路メンテナンス技術小委員会：道路のメンテナンスサイクルの構築に向けて（2013）
29) トンネル天井板の落下事故に関する調査・検討委員会：トンネル天井板の落下事故に関する調査・検討委員会報告書（2013）
30) 国土交通省：社会資本の維持管理・更新に関し当面講ずべき措置（2013）
31) 橋本鋼太郎，菊川 滋，二羽淳一郎：社会インフラメンテナンス学，土木学会（2015）
32) 竹末直樹：社会資本のアセットマネジメントと国際標準化，検査技術（2015）
33) ISO 55000：アセットマネジメント―概要，原則，用語［英和対訳版］，日本規格協会（2014）
34) 青木一也，小田宏一，児玉英二，貝戸清之，小林潔司：ロジックモデルを用いた舗装長寿命化のベンチマーキング評価，土木技術者実践論文集，Vol.1，pp.40–52（2010）
35) 東日本高速道路ホームページ：組織図，https://www.e-nexco.co.jp/company/organization/

36） 国土交通省九州地方整備局ホームページ：組織図，
http://www.qsr.mlit.go.jp/s_top/soshiki/index.html
37） 茨城県ホームページ：茨城県機構図，
http://www.pref.ibaraki.jp/shiru/annai/kencho-annai/soshiki/documents/h30_kikozu.pdf
38） 京都技術サポートセンターホームページ：定款，
http://docs.wixstatic.com/ugd/e49ef0_a56fa329ee084b868dc6a854cae8841e.pdf
39） 大杉 覚：日本の自治体行政組織，分野別自治制度及びその運用に関する説明資料 No.11（2009）
40） 沼上 幹：組織デザイン，日経文庫（2004）
41） 国土交通省総合政策局：公共施設管理における包括的民間委託の導入事例集（2014）
42） 貝戸清之，青木一也，小林潔司：実践的アセットマネジメントと第2世代研究への展望，土木技術者実践論文集，Vol.1（2010）
43） 玉越隆史，大久保雅憲，星野 誠，横井芳輝，強瀬義輝：道路橋の定期点検に関する参考資料（2013年版）―橋梁損傷事例写真集―，国土技術政策総合研究所資料第748号（2013）
44） 玉越隆史，大久保雅憲，渡辺陽太：路橋の計画的管理に関する調査研究―橋梁マネジメントシステム（BMS）―，国土技術政策総合研究所資料第523号（2009）
45） Richard Moore：Best Practice Principles & Asset management Standards, ICE Transport Asset Management（2014）
46） 福岡伸一：新版「動的平衡」生命はなぜそこに宿るのか，小学館（2017）
47） 池田善昭，福岡伸一：「福岡伸一，西田哲学を読む」生命をめぐる思索の旅，明石書店（2017）

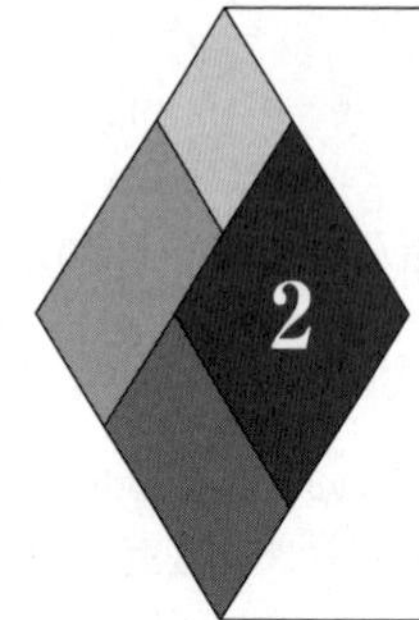

道路の社会的役割とアセットマネジメント

2.1　道路の社会的役割とは

1章では，適切なインフラアセットマネジメントを実践するためには，組織内でインフラアセットマネジメントの全体像を共有し，目的に沿った一貫したマネジメント体系を構築することが不可欠であることを述べた。

このとき，マネジメントの大前提として，目的の設定の前にマネジメント対象物のあり様，すなわち求められる役割（以下「社会的役割」という）を明確に設定しておくことが必要である。そして，アセットを管理する組織の目的やその組織のアセットマネジメントの目標は，マネジメント対象物の社会的役割の変更に伴って再設定されていかなければならない。本章では，このようなマネジメント対象物の社会的役割の捉え方について道路および道路橋を例に取り上げて考えてみる。

まず，わが国における道路橋の社会的役割とは何だろうか。道路橋は道路を構成する構造物であり，道路橋の社会的役割を議論するためには道路の社会的役割から考える必要がある。わが国において，道路とはどういう性格をもった社会基盤施設で，どういう意味付けがなされ，どういった役割が期待されているのだろうか。

道路の社会的役割は，アセットマネジメントの全体像で示したとおり，ステークホルダーとのコミュニケーションのなかで決定される。道路の社会的役割が明確になっていれば，何を優先すべきかが明確になり，そこから具体的な目的，目標，管理指標等の設定が可能となる。逆にいえば，道路の社会的役割が明確になっていない状況では，マネジメントの目的を設定することは不可能である。“適切な”アセットマネジメントという表現についても，何をもって“適切”とするかの判断は，対象物の社会的役割に対応していなければならない。そして，ステークホルダーが道路に期待する役割は，時代ごとの社会背景に応じて変わり得る「当座の役割」と，時代によって変わらない「普遍的な役割」に分けて考えることができる。

このような視点から捉えた場合，わが国では，後述するようにある一定の構造的安全性能を担保しつつ，予想される交通量に見合った量的な道路整備は目的・目標を定め着実に行ってきたが，そもそもの道路の普遍的な役割に関する質的な目的・目標については，今後の国民的な議論に託されている。

普遍的役割は平時の際にはあまり認識されないが，特に有事の際には際立って現れる。例えば，2016（平成28）年4月に発生した熊本地震（最大震度7）においては，緊急輸送道路に指定されていた重要な路線である国道と県道が大規模な斜面崩壊により同時に通行不能となり，救援・物資の輸送にその他の経路を使うこととなる事態が生じた。緊急輸送道路は，1995（平成7）年の阪神・淡路大震災の経験を踏まえて災害時に緊急輸送を担う道路として全国の行政機関によって指定されているものである。熊本地震は地溝帯における断層で発生し，地盤の沈下や移動・斜面の大規模な崩落などが広範囲にわたり，幹線道路ネットワークも含めて甚大な被害がもたらされた。このような有事の際に機能を発揮することを期待されていた緊急輸送道路が，複数の地点で同じ地震によって同時に被災し，指定外の県道などに迂回し緊急時の輸送道路として活用する事態となった[1)]（**図2.1**）。

このような広範囲にわたる地盤の変状という極端な有事による同時多発的な道路ネットワーク上の被災を予見することは一般的には困難であるが，仮に，結果的に被災した緊急輸送道路に対して事前に整備水準を高めて機能向上を図っていれば，地震後の緊急対応など社会的影響は異なっていた可能性も高い。また，結果的に機能した迂回路の重要性が再評価され，これらの道路に求

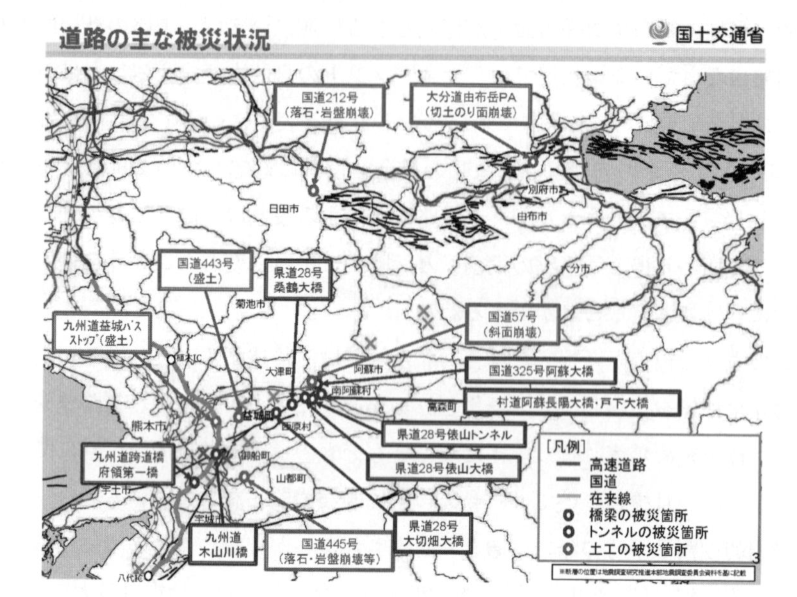

（a） 道路のおもな被災状況

道路インフラの復旧　　　国土交通省

○ 高速道路は前震の4月14日以降、25日後に全線一般開放
○ 一般道路のうち、土砂崩落により通行止めとなった国道57号及び国道325号阿蘇大橋等の迂回路として県道北外輪山大津線（通称ミルクロード）を整備することで2日後に東西軸の通行を確保

<高速道路の復旧>

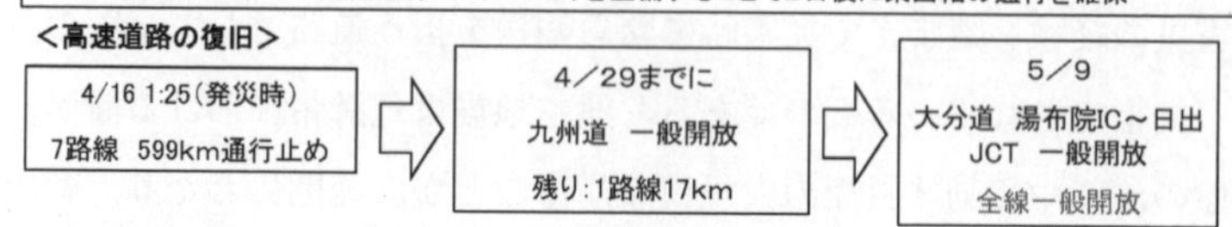

<一般道路：国道５７号、国道３２５号阿蘇大橋等の代替路確保>

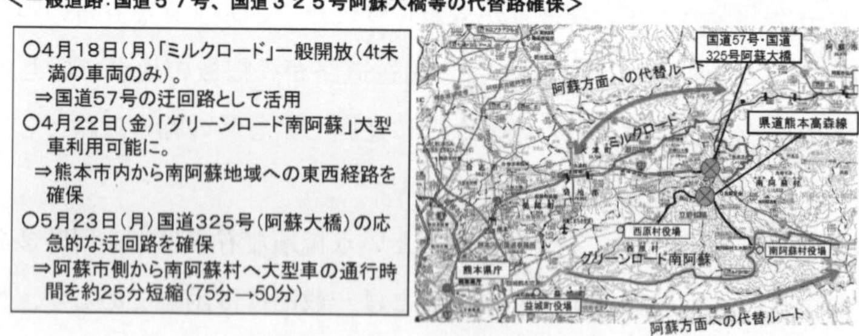

（b） 被災直後からの道路インフラの復旧

図 2.1　熊本地震の被災状況と道路の応急復旧の経緯[1)]
〔http://www.mlit.go.jp/common/001136052.pdf〕

める管理水準のレベルなど，アセットマネジメントの目標が影響を受けることも考えられる。

実際の道路管理の計画には膨大な制約条件や影響因子があるため，このような疑問に対して単純に答えることは困難であるが，この例からも，道路のアセットマネジメントにおいては，その目的・目標の設定が，そこに含まれる個々の構造物や特定の道路のみに着目しても適切に行えるわけではなく，広範囲の道路ネットワークに対する社会的役割から求められる機能的要求に沿って行われなければならないことがわかる。

各道路管理者は，組織が管理する各道路に対してどのような役割を期待するのかを明確にし，目的・目標に照らして適切な整備水準を設定し，そのうえで構造諸元や使用材料などの仕様を決定し，長期にわたり与えられた役割を果たすための管理水準を定める必要がある。また，より俯瞰的な視点でいえば，道路は単一の路線が独立して存在するものではなく，ネットワークとして機能するものであり，さらにはネットワークに期待される役割や機能は時代とともにつねに見直しが行われるべきものであって，その影響は路線やそこに存在する構造物などにも影響が及ぶ。例えば，先述した熊本地震の後に行われた国の道路政策を議論する審議会の資料（**図 2.2**）には，緊急輸送道路の具備すべき要件の見直しも論点となり得ることが示されている[2)]。

現在のところ国道，県道，市町村道等に区分され，それぞれの道路に期待されている役割に応じてそれぞれの道路管理者が責任を果たしているが，それらの役割分担をも，道路サービスの提供という本源的な目的・目標に対して整合的であるかを改めて考えてみる必要がある。すなわち，量的な整備が終息を迎えつつあるなかで，選択と集中を図りながら次世代に向けてどのような道路サービスを実現していくのか，各道路管理者が独自に道路の社会的役割を検討するのではなく，一体となって考えていかなければならない高度なマネジメントの時代に遭遇しているのである。

例えば，少子化の進行に伴う人口減少によって存続が困難になると予想される自治体，いわゆる消滅可能性都市が，2040 年には全国の市町村のうち約半

8. ネットワーク機能の確保

国土交通省

課題

- ○ 熊本県では、緊急輸送道路が約2千km指定されているが、50箇所で通行止めが発生
- ○ 阿蘇地域では、東西軸の緊急輸送道路である国道57号と県道熊本高森線が同時に通行止めとなり、熊本地域からの救援・物資輸送が困難となった
- ○ 応急復旧に必要な資機材の融通がうまくいかず、応急復旧に時間を要した

今後の対応についての論点

- ○ 緊急輸送道路が具備すべき要件を見直し、国が積極的に関与して、集約化・重点化を図るとともに、計画的な整備・管理を行っていくことが必要ではないか
- ○ 九州東西軸を戦略的かつ効果的に強化していく必要があるのではないか
- ○ 道路管理者をはじめとする資機材保有者間の情報共有を徹底し、迅速に資機材の融通等をするための仕組みが必要ではないか。

□ 緊急輸送道路の通行止め箇所

□ 九州幹線道路ネットワーク

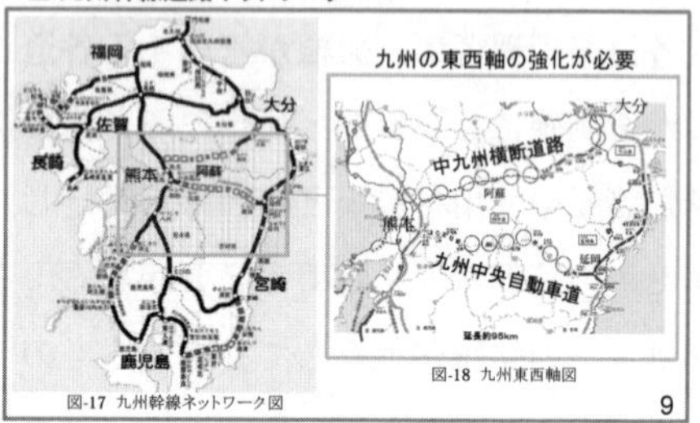

図 2.2　緊急輸送道路の役割と課題[2)]
〔http://www.mlit.go.jp/common/001135911.pdf〕

数に及ぶとのレポートが日本創成会議から発表され話題となった[3)]。このような，少子化や人口流出に歯止めがかからず人口の激減する一定の地域においては，道路ネットワークの役割の見直しを行い部分的な廃止や機能の変更も視野に入れた柔軟なマネジメントが求められる可能性がある。一方で，人口の集中する大都市地域や都市間の連絡に関しては，集中的な投資によるレジリエントの確保が道路サービスに要請され，それに見合った性能の付与と維持が重要な課題となると考えられる。

また，すでに社会経済活動においては，生産現場での在庫量を減らして作業効率を上げ，スペース改善にもつなげてコスト縮減を実現するために，いわゆる「ジャストインタイム物流」（必要なものを，必要なときに，必要な量だけ配送する物流システム）が採用されるようになっている。このように，道路管理者の思いにかかわらず，高速道路ネットワークの整備とともに社会経済活動

の合理性が追求され，物流に期待されている役割は暗に高まっている。例えば，豪雨や地震などの有事に対するレジリエントの確保に対する関心の高まりは，道路ネットワークの質的な整備水準や管理水準のあり方について，ステークホルダーによる負担のあり方も含めて議論を巻き起こすことになる。

さらには，過去には道路の主たる利用目的が人貨の移動経路であったが，道路ネットワークが充実するにつれて，さまざまな公共添架物によって水や電力といったライフラインや光ファイバー等の通信線の経路としての役割も重要となっており，これが途絶するなどして支障が生じると社会的にも影響はきわめて大きい。また，貨物の輸送もこれまではいわゆるトラックなどの単独車両によって行われることがほとんどであったが，近年では物流効率化の観点から海外ではすでに例のある長大な連結トレーラーによる輸送の検討が行われ，自動運転技術を活用した隊列走行の検討も進められている[4)]。さらに，空の移動革命に向けた取組み[5)]として，ドローンによる無人航空輸送の実現に向けた検討も進められており，道路が貨物輸送で担う役割にも変化が生じる可能性が十分にある。

このように，今後も時代のニーズの変化や技術の進歩に応じて，道路に求められる役割や機能は変化し続けることは確実であり，同じ機能に対してもその利用形態の変化は避けることができない。その結果，インフラアセットマネジメントではこのような対象物が担う役割や利用形態の変化に応じて最適化されたマネジメントを志向し続けることが必要であり，それを可能とするマネジメント手法でなければこれに対応することは不可能である。

また，マネジメントの実施にあたって，対象となる社会基盤施設が有する多様な価値や求められる機能そのものが時代とともに変化することを踏まえると，新設時や補修・補強時の設計や既存施設の状態確認において時々の着目している価値や性能に照らした評価が求められる。そのためには，特定の性能を前提とした過去からの経験則による設計法や性能評価手法では的確な評価を行うことができない。

そのため，後述するように，社会基盤施設の特性とその社会的役割を考えた場合，その性能を決定付ける技術基準は自ずと性能規定型へと移行し，性能充足の度合いや内容に説明性があり，かつ検証可能な形で示されるような社会基盤施設が供給される環境にあることが必然的に求められることとなる。まさに，サービスで社会基盤施設の整備を語る時代の到来である。

2.2　道路の社会的役割の捉え方

2.2.1　歴史から見た道路の社会的役割

道路の社会的役割は，ステークホルダーとのコミュニケーションのなかで決定され，ステークホルダーが道路に期待する役割は，時代ごとの社会背景に応じて変わり得る「当座の役割」と，時代によって変わらない「普遍的な役割」に区分して捉えることができると述べた。ここでは，わが国と欧米諸国における道路の社会的役割の歴史的な変遷を概観する。

2.2.2　日　　　本

わが国の道路ネットワークは，古代より「中央集権体制の安定化を支える」という政治的役割のもとに計画され，政治体制の変遷に応じてその役割も移り変わってきた。時代が進むにつれて，道路は，中央集権体制の安定化を支えるという政治的役割に加えて，産業や市場を支える役割をもつようになり，近世以降のきめ細かく張り巡らされた都市内道路は日常生活においてさまざまな意味で不可欠な社会基盤施設となっている。

近代になり，全国規模の物流を支える大動脈として一時は鉄道建設の整備が大規模に展開されたが，戦後になって経済成長とモータリゼーションの拡大に歩調を合わせて道路ネットワークの整備も急速に進展した。そして近年に至るまで社会情勢の変化に合わせて道路には経済活動を支える物流機能だけでなく，防災機能やレクリエーション機能などさまざまな役割が付与されながら整備されてきている（**図 2.3**）。

	古　代	中　世	近　世	近　代	現　代
時代背景	• 律令政治の成立 • 壬申の乱，白村江の戦等，国内外の情勢不安 • 征夷の終結と政権の安定化	• 鎌倉幕府，室町幕府による武家政治 • 戦国大名による分国支配（戦国時代） • 織田信長，豊臣秀吉による全国統一	• 江戸幕府による幕藩体制の確立 • 幕府による参勤交代の義務付け • 幕政の安定と経済の発展	• 大政奉還，明治維新 • 明治政府による富国強兵，殖産興業 • 関東大震災 • 戦時体制への移行と終戦	• 戦後の高度経済成長 • 安定成長期を経てバブル経済へ • バブル崩壊後の不況 • グローバル化の進展 • 人口減少少子高齢化 • 既存インフラ老朽化
整備内容	• 七道駅路の整備 • 中央と地方諸国を結ぶ7本の幹線道路 • 初期は 12 m と広幅員，その後 6 ～ 9 m に縮小 • 駅伝制（約 16 km ごとに駅を設置，など）	• 荘園領主が独自に関所設置，道路寸断 • 戦国大名が領国内で独自に道路整備 • 織豊政権による全国規模の道路整備，関所の廃止	• 江戸を起点とする五街道など，主要街道の整備 • 人馬常備の宿設置，伝馬制をしく • 砂利・砂による路面整備を実施	• 国土防衛を目的とした輸送ネットワーク整備 • 鉄道ネットワーク整備を優先 • 大震災，不況，戦争による道路政策頓挫 • 本格的な国道ネットワーク整備は第二次大戦後	• 高速道路ネットワーク，高規格幹線道路ネットワークの整備 • 交通ボトルネック解消，国土軸多重化 • 既存ストックの活用，維持管理と機能強化 • 新規整備は選択集中
役割	• 駅馬伝馬を利用し中央と地方，郡を連絡 • 国内外に朝廷の力を誇示すべく広幅員に • 大陸との連絡 • 伝令，軍や集団移民者の移動，地方支配	• 幕府と地方をつなぐ • 産業・市場の興隆を支える経済インフラ • 領国内の人的物的交流による宿駅繁栄 • 本城・支城間の連絡ネットワーク，軍用道整備	• 参勤交代など全国的移動を支える • 三都はじめ主要都市を結ぶ • 商品流通路，参詣路などとして賑わう	• 陸上の主要長距離輸送手段は鉄道に • 国土防衛のための兵員・物資輸送 • 殖産興業よりも富国強兵（国土防衛）のためのもの	• 自動車普及により再び主要な陸上交通に • 物流の効率化，国際化に対応 • 経済産業発展の基盤 • 防災機能，生活環境，交通安全等にも配慮

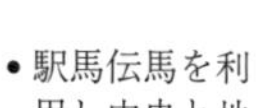

図 2.3　時代背景と道路の役割（文献 6）を参考に作成）

【日本の道路の歴史】

① 古　代

・国の体系的な道路ネットワークとして七道駅路が整備された。

・広幅員かつ直線的な整備がなされ，道路は，国内外に中央政府（朝廷）の権力を示す象徴的な装置になるとともに，政治的・軍事的なトラフィック拡大に対応するインフラともなった。

・制度的には駅伝制により運用され，駅を伝わって諸国を連絡する仕組みが整えられた。

・この時代の道路整備はあくまで安定した中央集権統治や安全保障を目的とするものであり，律令国家の中央集権体制確立に貢献する役割を担うものであったといえる。

② 中　世

i）鎌倉時代

・幕府成立にあたり東海道や鎌倉街道といった鎌倉を中心とした交通ネットワークが構築された。

・古代末期には機能しなくなった駅制も再び機能するようになった。このころまでの道路は，あくまで政治的安定を支えるものであった。

ii）室町・戦国時代

・強大な政権が現れず，群雄割拠に向かうなかで，全国規模での交通政策は停滞した。

・一方，貨幣経済の浸透，地方産業活性化と，産業・市場の興隆が進み，それらが領主にとっては権力の源泉ともなるなかで，軍事的・政治的側面のみならず，経済的側面（流通の円滑化）が道路の役割として必要とされていった。

iii）安土桃山時代

・織田信長や豊臣秀吉が天下統一を進めていき，群雄割拠から再び中央集権的な統治に戻った。

・彼らは同時に全国規模で交通政策を実施，他国を平定するごとに関所撤廃や道路や橋梁の整備を進めた。

・交通ネットワーク整備により流通の円滑化を目指し，経済発展のためのインフラ整備が図られた。

③ 近　世

・道路ネットワークとして五街道が整備され，鎌倉時代以降の宿場町がそのまま整備，参勤交代，北方問題等に伴う公用通行や，流通路，参詣道等の形でにぎわった。

・幕府の道中奉行による管轄下で，代官や大名を通じて百姓が日々の維持管理にあたった。
・関所は幕府が設置権を独占，特に「入鉄砲と出女」が警戒された。
・渡河についても，幕府が基本的に主要河川の架橋を禁じる方針をとり，強く規制した。全体を通じて江戸幕府による管理が強く，中央集権統治を支える役目を担った。
・同時に，江戸の町は道路整備を軸にして形成されていった。道路は，生活，経済，コミュニティの基本単位であった。

④ 近　代

・明治期以降の輸送ネットワーク整備は，あくまで富国強兵（安全保障）を第一義としながら行われ，そのなかで国土の交通ネットワークの軸（陸路輸送の中心）としては鉄道優先主義がとられ，道路整備は遅れをとった。
・その背景として，効率的な車両の製造・整備が困難だったことが挙げられる。
・結果，道路に関する法や計画の多くが頓挫，本格的整備は第二次大戦後まで待たねばならなかった。道路は交通ネットワークの中心的役割を果たせず，広域的には整備が進まなかった時代である。

⑤ 現　代

・近代の鉄道優先主義や戦後復興期の国費不十分により，戦後直後の道路はきわめて低い整備水準であったが，1950 年代以降は法整備や財源確保が進み，道路整備 5 ヵ年計画が順次実施，整備が本格化した。
・その計画内容は，高度成長からバブル・その崩壊と時代が進むにつれて，開発による経済や社会の発展から，新しく，また多様なニーズへの対応へと関心が移行していった。
・道路が果たす役割は，国家の成熟に応じて，単に新規開発を進めることから，多様な視点に立ったものに変容しつつあった。
・さらに近年，日本全体は人口減少に向かい，また高度成長期に建造されたインフラの老朽化が進んでおり，巨大災害も切迫，これらへの包括的対処に迫られている。
・道路を含めた社会資本全般において，集約化やネットワーク化が叫ばれている時代である。道路もまた，拠点ごとの集約化，圏域どうしの連携に寄与できる社会的役割を担う必要性が出てきている。
・環境変化が進むなかで，道路が担える役割も多様化しており，車や歩行者の交通機能だけでなく，レクリエーション機能やライフラインとの兼ね合いも求められている。

2.2.3 欧　　　米

欧米各国においては，古くより交通権（移動の自由）が，社会の経済的かつ文化的発展に不可欠であることが共通認識とされてきた。そのなかでも，幹線道路ネットワーク，特に高速道路ネットワークは，移動の自由の原則を踏まえながら，時代の要請にあわせて整備が進められてきた。各国ともに産業発展に伴い全国的な幹線道路ネットワークが必要とされるにあたって，政治・経済的観点を踏まえながら，最適を目指してネットワーク整備が望まれてきたといえる。

米国の場合，現在，全米に網羅されているインターステート道路ネットワーク（**図 2.4**）は，1937 年に，採算性に左右されることなく全州を連絡するために，無料道路として計画され整備されてきた[7)]。

無料であることは，受益者負担という概念からは，すべての国民に等しく提供されるべきものとの性格を有しており，広く自動車を利用する者が等しく負担するガソリン税がその財源に多く充てられてきた。このことは，経済活動や

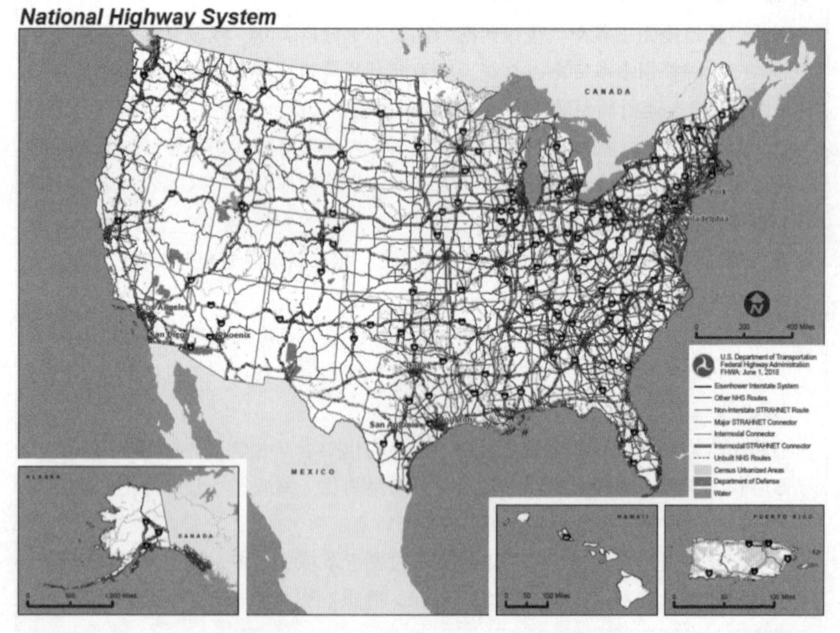

図 2.4　全米道路ネットワークの概略図[8)]

防災，国防などへの貢献が主要な役割として課されているものと理解することができる。

なお，その整備や維持の財源については，近年では財源不足の改善のために燃料税の引上げに加えて，インターステートの利用距離に応じた燃料税の課金や有料区間の拡大の議論もなされているようである[7]。

欧米先進国において現在では，財源不足や多様な公共調達手法の開発などもあり，何らかの形で有料化されているものも増えてきているが，国内を網羅する一定水準以上の連絡道路ネットワークを無料道路として整備するという経緯は，欧州各国に共通している。また，有料制の導入・拡大は各国の事情によって大きく異なっている。イタリアやフランスは比較的早期（第二次世界大戦後）に，急速なモータリゼーションに対応するため有料制を導入し，高速道路の整備を急速に進展させた[7]。ドイツは国内の高速道路の整備水準は等しくするという信念のもと，無料道路として整備してきたが，外国籍の車両が道路整備費用を負担しないことへの不公平感から，2005 年から重量貨物車に対する対距離制の課金を導入している[7]。イギリスでは一部の有料の長大橋やトンネルを除き現在においても道路は高速道路を含み基本的に無料である[7]。有料制の導入は，いずれも財政上の問題が支配的な動機であることは共通しているといえる。

【欧米の道路の歴史】

① 古　代

- ローマ時代，イギリスでは占領支配の中心であったロンドンを中心に放射状のネットワークが形成された。
- 道路はローマ帝国による占領と統治の手段として用いられ，有事にはロンドンから軍隊が急派された（襲撃が発生した際の冗長性確保のために，三角形を基本として道路が相互に連結されるという特徴をもっていた）。
- ローマ帝国による支配が安定してからは郵便輸送や知事，判事，徴税吏の往来に利用されるなど民生目的が中心となり，ローマ街道はすべての人に開放されていた。
- フランスの道路維持整備も古代ローマ時代に始まり，ローマ・ガリアの首都であったリヨンから軍事・統治目的の道路ネットワークが放射状に整備された。
・ガリア人によって整備された四輪馬車用の街道は経済目的で利用された。

② 中　世

・十字軍遠征の時代になると，道路は人々の往来のほか，巡礼のための機能も帯びるようになった。
・教会は道路ネットワークの再建をして巡礼や旅人の救護所・宿駅を設置し，送金や手紙の託送も可能にした。
・英仏百年戦争後，フランスではルイ 11 世をはじめとした国王の主導で道路が整備されるようになった。
・宮廷の家臣を引き連れて歩いたり，戦争に赴いたり，国中に使者を送るなど，国王自身が道路の最大の利用者であった。
・イギリスの中世封建社会では，人々の社会的・経済的活動が各領地内に制限されていたため，地域間交通は通常の住民には行われることがなくなった。
・このため，ローマ街道をはじめ道路ネットワークが衰退する一方，地域内交通は重要性を増した。
・イギリスでは「道路」とは構造物ではなく，法的または慣習的な通行権を意味していた。1285 年のウィンチェスター法典では，道路を通行可能なように，障害物を除去することが義務付けられていた。

③ 近　代

・1761 年，スペインでは地域間の交易を促進するための放射状道路ネットワーク整備を認める王令が発行された。
・17 世紀のフランスでは，ルイ 14 世下のコルベール財務総監が通商促進としての道路の役割に注目し，道路行政庁設立などの改革を行った。
・1811 年ナポレオンによる道路立法では，軍隊輸送と従属国に対する権力誇示としての幹線道路が中心となって整備された。このためパリや国境周辺の県では整備が優先されたが，軍事的に優先度の低い国土の中央部の道路整備はなされなかった。
・17 世紀ごろのイギリスでは，ローマ街道をもとにした幹線道路ネットワーク，「キングス・ハイウェイ」が整備された。これは絶対王政や中央集権化を強める政治目的，徴税と幹線商業路の創出という経済目的，また治安・軍事目的によるものだった。
・アメリカでも幹線道路整備が「キングス・ハイウェイ」の延長部分として行われ，経済発展や開拓に貢献したとされる。1776 年の独立後には，産業革命と西部開拓のために必要なインフラとして道路ネットワークが整備された。

④ **現　代**

・1900年代になると，アメリカやイギリスで交通混雑が問題となり，道路混雑解消のための高速道路整備が議論されるようになった。

・1956年アメリカで成立した連邦補助道路法では，国家の経済・活動の一体化のためには道路整備によりモビリティを提供すべきという考え方のもと，インターステートが国防や災害時の代替手段としての期待のもと整備された。

・1982年，フランスでは国内交通基本法において「交通権」が明確に規定され，あらゆる国民が自由に移動する権利が保障されることとなった。また，国内交通基本法第14条では，大規模な高速道路整備では採算性や社会的便益を含めた10項目の指標による社会経済評価が義務付けられた。

2.2.4　日米欧の事例からの示唆

わが国および欧米の道路整備から道路の社会的役割を整理した結果からは，いずれも時代背景の変遷に伴って，道路に期待する役割も変化していることがわかる。一方で，欧米においては交通権，すなわち移動の自由が明示的に認められている国もあるなど[9)]，道路が社会活動に不可欠な人や物の「移動」を支えるという社会的役割を担っていることは，全時代共通の認識である。一方，わが国においては，道路に期待されている「移動」の役割が，欧米のように何らかの形で明示的に強調されているわけではないが，その歴史的変遷からは，それぞれの時代ごとに期待された当座の役割の根本にあるのが，人や物が，馬や自動車などの移動手段を用いて，容易に「移動」できることであったといえる[†]。

道路の社会的役割の根源に「移動の確保」があるとすれば，その道路に付帯

---

† 日本においても「交通権」の議論はなされている。例えば，福岡市では2010年3月，議員立法により「公共交通空白地等及び移動制約者に係る生活交通の確保に関する条例」を可決・施行している。「生活交通は市民の諸活動の基盤であり，日常生活において重要な役割を果たし，地域社会の形成を支えるだけでなく，社会経済を発展させるとともに，文化を創造するなど豊かな社会の実現のために不可欠なものである」として，「市民の生活交通を確保し，すべての市民に健康で文化的な最低限度の生活を営むために必要な移動を保障する」としている。

する構造物である道路橋についても，当然に「移動の確保」が求められる。ただ単に「移動の確保」といっても，その移動の主体・移動する時間・場所などさまざまな視点が存在するため，ここで「移動の目的」について考えてみる。

田内[10)]においては，以下のように整理された事例がある。

（移動の目的は何か）[10)]

人間の移動目的を考える場合，動物の移動の観点から考えてみるのも興味深いと思われる。それは，動物の生存に必要な幾つかのことが，移動を伴わなければ成立しないからである。その一つは食べ物を得るための移動である。動物が生きるためには食べ物を求めねばならず，そのために絶えず移動しなければならない。もう一つは配偶者を得ることである。動物は子孫を残すことを最大の生存目的にしており，積極的に移動して適切な相手を見つけようとするのである。

一方，人間はどうであろうか。歴史のなかで人間の移動目的と手段は多様化してきたが，食べ物を得ること，配偶者を得ることは形を変えつつも厳然と残っていると思われる。さらに人では，上の移動目的に加えて“好奇心（興味）”に基づく移動が大きな部分を占めるのが特徴である。動物も子どもの内は強い好奇心を示すが，成長に伴い痕跡化する。一方，人は年を取っても趣味や遊びは広がりを見せてゆく。人との出会い，もの，自然との遭遇への希求は止むことなく続き，その実現には移動が伴う。

上記を敷衍すると，移動の目的には，食を得たり，配偶者を得たりするための「低次の欲求」に基づくものと，好奇心（興味）のような「高次の欲求」に基づくものが存在することがわかる。また，人間の欲求を体系的に整理したものとしては，有名な「マズローの欲求仮説」がある。マズロー（1908～1970年）は，人間の欲求は5段階（高次の欲求である「自己実現欲求」，「尊厳欲求」と，低次の欲求である「社会的欲求」，「安全欲求」，「生理的欲求」）で定義され，低階層の欲求が満たされると，より高次の欲求を欲するとした。道路整備の歴史からみれば，道路の普遍的な社会的役割は「低次の欲求」に区分され，人間の「生理的欲求」および「安全欲求」を支えるものであると捉えることができる。マズローの欲求仮説によると，生理的欲求とは「生命を維持するための本能的な欲求」であり，安全欲求とは，「安全性，経済的安定性，よい健康状態の維持，よい暮らしの水準，事故の防止，保障の強固さなど，予測可能で秩序だった状態を得ようとする欲求」を指す。よりわかりやすくするために，安全欲求を，場所・時間・理由などの軸で具体的に整理した（**図 2.5**）。

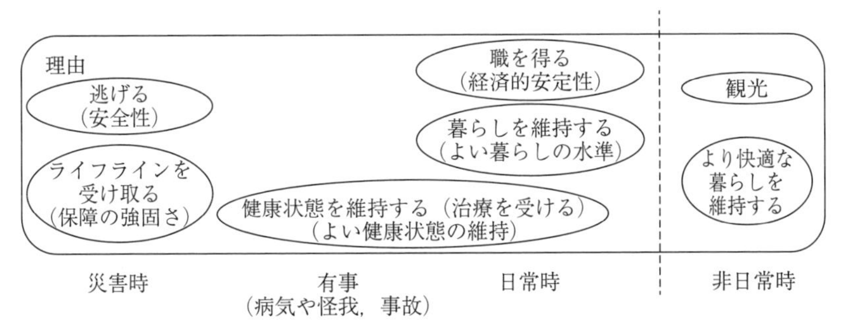

図 2.5　具体的な安全欲求の例

「安全欲求」を支える「移動」という観点で考えた場合，日常時だけでなく，災害時や有事（ここでは病気や怪我，事故などを想定）の際にも移動が確保されている必要がある。また，場所についても都市部や地方部を問わず移動が可能でなければならない。一方で，観光などのより快適な暮らしを維持したりするための移動（欲求）は，安全欲求とは異なる現在の社会的事情や時代背景のなかで求められる要求であり，道路の普遍的な役割とは区別して捉えるべきものといえる。

このように道路の社会的役割の歴史的な変遷を振り返ると，道路には，低次の欲求に強く結び付いた「移動の確保」のための普遍的な社会的役割である五つの要素（機能）の「恒常性」，「簡便性」，「安全性」，「速達性」，「確実性」と，時々の社会情勢や生活様式によっても内容や質が変化するさまざまな「当座の役割」を満足させることが求められており，道路について今後も変わることのない構図として，**図 2.6** および**図 2.7** のように整理することができる。ただし，低次の欲求である「移動の確保」については，前述のとおり，1995（平成 7）年の阪神・淡路大震災を受けて全国に緊急輸送道路が指定されたこ

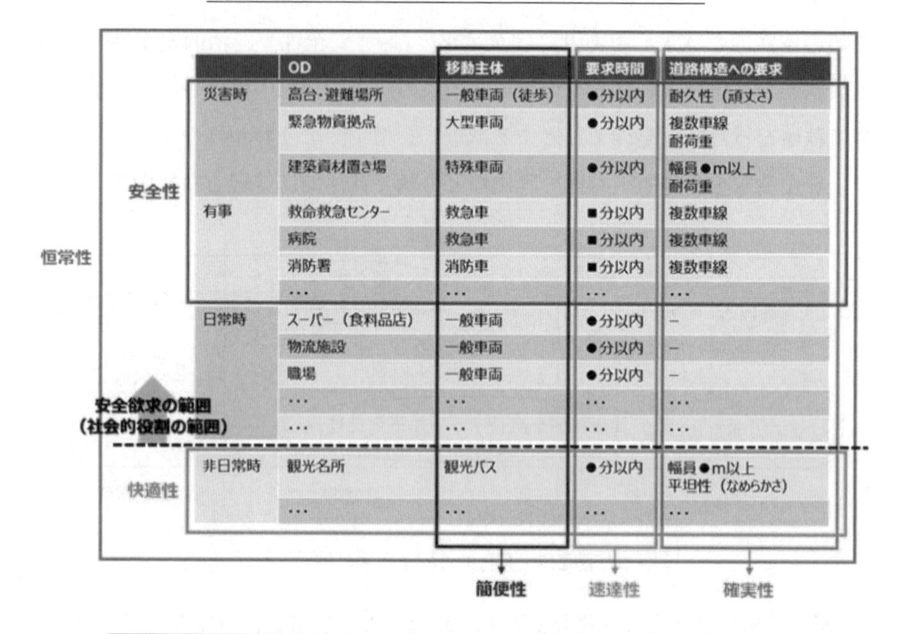

恒常性：いつでも，移動するために確保すべき機能
簡便性：誰でも，（特別な制御なく）移動するために確保すべき機能
安全性：人や車が災害や有事の際に安全に移動するために確保すべき機能
速達性：人や車が目的地まで所定の時間で移動するために確保すべき機能
確実性：人や車が，目的地まで確実に移動するために確保すべき機能

快適性：人や車が，目的地まで快適に移動するために確保すべき機能

図 2.6　普遍的役割の五つの要素

とや，それが熊本地震の際に機能しなかった事実などを踏まえると，普遍的な社会的役割を果たし続けていくために必要な道路の機能は絶えず見直し続けられなければならない。

そのため，道路のアセットマネジメントにあたっては，普遍的な役割に対する機能を経済的に安定して満足させ続けられることはもとより，同時に時々の最新の情勢・状況を踏まえて適時・的確にその当座の役割にも対応できなければならず，その実現には，道路の目的や目標すら最新の情勢・状況も踏まえて適切に見直しが継続的に柔軟に行えるアセットマネジメントの枠組みが不可欠となる。

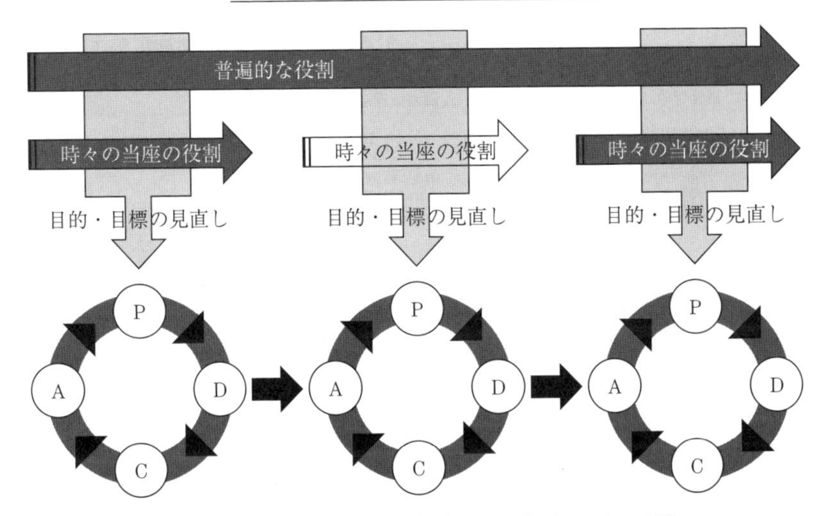

図 2.7　最新の情勢や状況に対応したマネジメントの実践

このような考察から，道路をアセットマネジメントの対象として捉える場合，その価値や期待される性能の視点は多岐にわたることがわかる。そのため，第一には，アセットマネジメントの目的そのものが何なのかを明確に意識し，かつ共通認識とする必要がある。そしてそのつぎに，目的に対するマネジメントの目標をどのように設定し，どのような目的関数（評価軸）によってそれを評価するかをマネジメントを実行するうえで明確にしなければならない重要な項目となる。

例えば，**図 2.8** はわが国の道路ネットワーク全体としての道路整備や管理のあり方についての方向性のイメージを示した国の委員会の資料の一部である[11]。ここでも，道路ネットワークの評価において防災機能に着目して，生活拠点の連結機能，集落の孤立回避の機能，緊急物資輸送機能など，従来の経済効果や交通手段としての平時の利便性だけではない価値の重要性が示されている。

また，**図 2.9** は，医療の機能を広域的に考え，これまで個別に最適化を図っていた施設を群として捉え，統合・集約・再編を図る考え方を示している。これも地域のニーズに基づいた医療施設整備戦略への転換の一例である[12]。

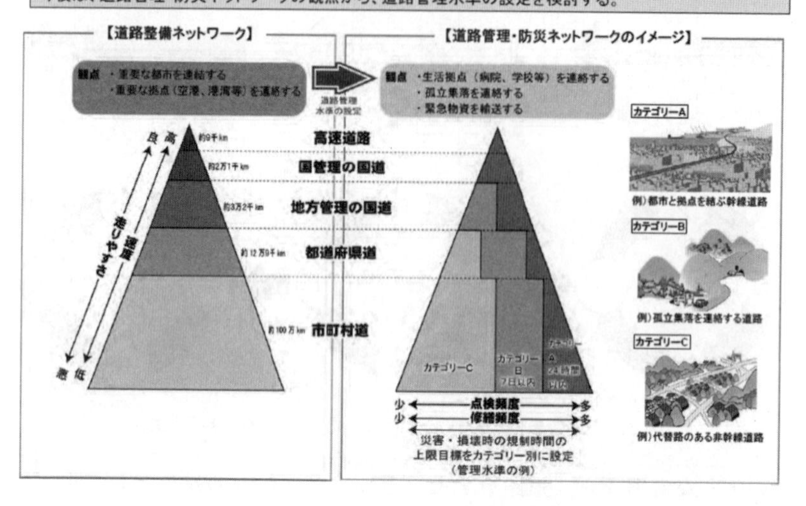

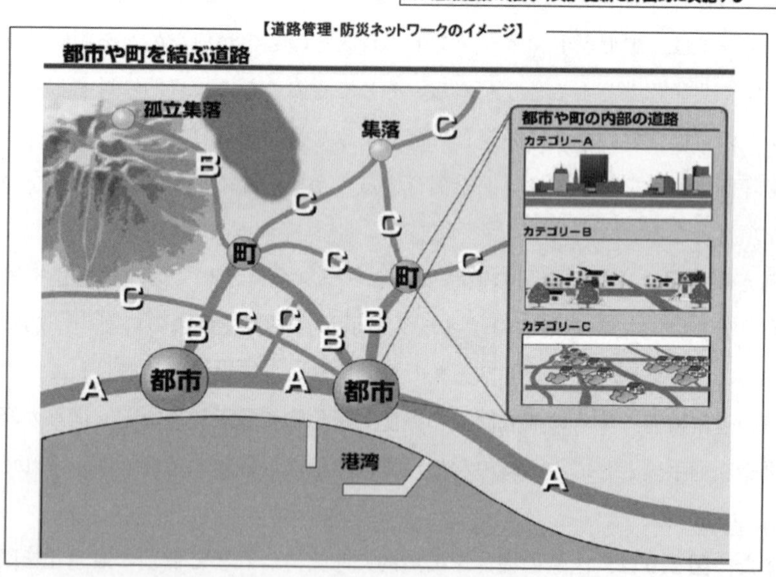

図 2.8　ネットワークの観点からの道路管理水準[11)]
〔http://www.mlit.go.jp/road/ir/kihon/siryo22/2.html〕

従来の考え方 面としてはバラバラの整備，独立した医療	新しい考え方 広域における機能の再編・統合の考え方

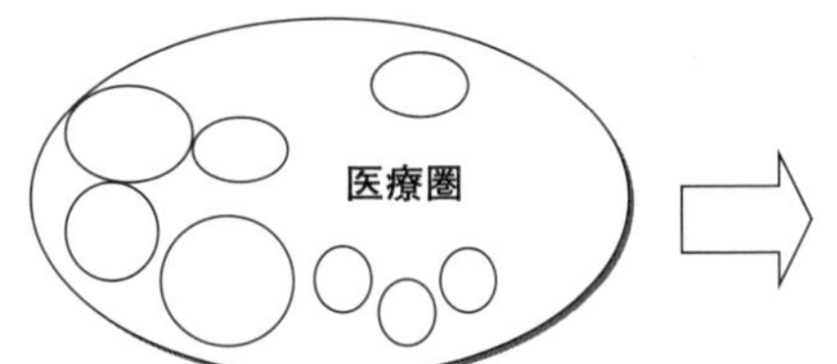

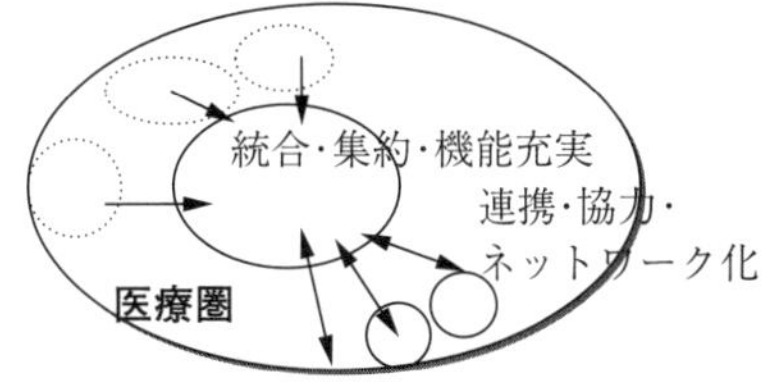

施設の整備や運営を個別に考える
部分のみを個別に考える

施設の整備や運営を面として考える
全体を考える

（a）伝統的な考え方（バラバラ）と新しい考え方（広域的に考える）

自治体ごとに独立した経営を担う伝統的な考え

① 同一地域に偏在する重複投資と不要な病床数（施設整備費と運営費の両側面に無駄が顕在化）。
② 地域全体からみると非効率な運営，個別の医療施設にとっても非効率な経営体制。
③ 個別地域の個別最適が優先する（医療圏全体からみると投資や機能の重複が起きやすい）。

新しい広域的再編の考え

① 医療圏全体の最適を優先し，機能・役割を地域間で分担しあう。
② 施設整備のあり方も選択と集中，明確な役割分担と重複機能の廃止が基本になる。
③ 既存施設を見直し，廃止，機能限定とともに，必要施設の集中的整備［メリハリをつけ地域全体の医療機能を充実］。

↓

① 地域全体のすべての自治体立病院が完璧な診療科を備え，類似的である必要性はない。
② 老朽化した個別の自治体立病院を個別に更新する場合，巨額の財政負担になり，財政逼迫のおり，なかなか実現できない。
③ 広域的に公共施設としての公立病院を統廃合，機能の再配分を行い合理化し，全体としての財政支出を下げることができる。
④ 広域的再編は国にとり地域にとり，確実に全体費用や医療の合理化による公的負担額を縮減化する。

↓

- ■ 地域が本当に必要とする医療提供のための再編。
- ■ 個別自治体を超えた面単位での施設統廃合と機能の再配置。
- ■ 医療圏全体の最適性を優先。一部事務組合にし，バラバラではなく，広域圏にまたがる一体的経営が効率化に資する。

（b）点で考えるアプローチと面で考えるアプローチの差異

図 2.9 医療施設の統合・集約・再編の考え方[12)]

このように，社会基盤施設に対しても，これまでのおもに量的な観点での需要追随から，多様化し高度化するニーズに対応したサービスの提供という質的な観点での充足を達成する整備，管理あるいは既存施設の再編等が求められている。

道路整備に関して敷衍すると，「これまでの役割」＝「これまでの道路整備の狙い」＝「量的充足の実現」という図式のなかで，おもに交通量に見合った交通容量（車線数）の確保を面的に整備することが高度成長期から近年に至るまでほぼ一貫して行われてきた。すなわち，道路ネットワークとして量的充足を進め，路線それぞれに対しても交通容量に重点を置いた整備が行われてきた。そのことは，これまでの法令や技術基準における道路の格付けが，いかに大量に大型の車両を円滑に処理できるかどうかという観点で，計画交通量を基本に，道路幅員，縦断勾配，平面線形など走行性や交通容量に直結した内容で差別化されてきたことからもうかがえる。また，道路橋や舗装の設計基準についても，交通特性による差別化なども多少行われてきたものの，基本的な耐荷性能や耐久性能については，ほぼ全国一律で規定され，個々の道路区間や路線が有する社会における位置付けや役割をきめ細かく配慮することは想定されてこなかった。

しかし，先に見てきたように，道路には多様な価値や役割が期待されており，整備にあたっては「これからの役割」＝「これからの道路整備の狙い」＝「質的充足の実現」という図式で行われなければ，社会のニーズに対応したサービスの提供ができないことは明らかである。

これまでにも，おもに地震災害を想定しての技術基準における耐荷性能（耐震性能）の差別化や緊急輸送道路の指定などが行われてきた。しかし，今後は「維持管理のしやすさ（耐久性能）の差別化」や「車両制限の差別化」など，その道路が物流幹線道路なのかどうか，あるいは都市社会活動優先の道路なのか，地域生活に密着したコミュニティ道路なのかといったさまざまな観点で，それぞれのニーズに応じて期待されるサービスを提供するために具備すべき整備水準や管理水準が設定され，道路ネットワークの質的な階層化が図られていくものと予想される。

2.3　道路の社会的役割と現行制度の整合性

2.3.1　道路の社会制度上の位置付け

前節までに，道路のアセットマネジメントを考える場合，その目的と目標の設定に不可欠な，道路の社会的役割の多面性について示した。

アセットマネジメントの全体像で述べたとおり，道路の社会的役割を維持するためには，適切な制度設計がなされている必要がある。ここでは道路の維持管理に着目して，わが国および欧米に着目してどのような制度設計がなされているのかについて紹介する。

2.3.2　日本の道路制度

わが国の場合，道路法では，**図 2.10**，**表 2.1** に示すとおり道路の種類に応じて国，高速道路会社，都道府県，市町村等を道路管理者として定めている。国家や政府レベルで捉えれば，どのような組織を道路管理者として定めるか，さらには道路の種類をどのように分類するかも，道路のマネジメントの目的・目標を達成するための対応の範疇であるが，各管理者や各企業にとってこれら法体系は所与の条件である。

【道路法】
第二条　この法律において「道路」とは，一般交通の用に供する道で次条各号に掲げるものをいう。
第三条　道路の種類
① 高速自動車国道
② 一般国道
③ 都道府県道
④ 市町村道

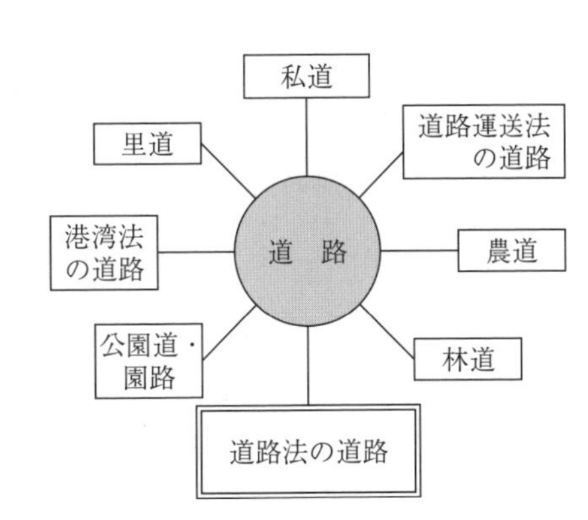

図 2.10　日本の道路制度[13)]

表 2.1　道路法で定める道路[13)]

<table>
<tr><th colspan="2">道路の種類</th><th>定　義</th><th>道路管理者</th><th>費用負担</th></tr>
<tr><td colspan="2">高速自動車国道</td><td>全国的な自動車交通網の枢要部分を構成し，かつ，政治・経済・文化上特に重要な地域を連絡する道路その他国の利害に特に重大な関係を有する道路
【高速自動車国道法第 4 条】</td><td>国土交通大臣</td><td>高速道路会社
（国，都道府県
（政令市））</td></tr>
<tr><td rowspan="2">一般国道</td><td>直轄国道
（指定区間）</td><td rowspan="2">高速自動車国道とあわせて全国的な幹線道路網を構成し，かつ一定の法定要件に該当する道路
【道路法第 5 条】</td><td>国土交通大臣</td><td>国
都道府県
（政令市）</td></tr>
<tr><td>補助国道
（指定区間外）</td><td>都府県
（政令市）</td><td>国
都府県
（政令市）</td></tr>
<tr><td colspan="2">都道府県道</td><td>地方的な幹線道路網を構成し，かつ一定の法定要件に該当する道路
【道路法第 7 条】</td><td>都道府県
（政令市）</td><td>道府県
（政令市）</td></tr>
<tr><td colspan="2">市町村道</td><td>市町村の区域内に存する道路
【道路法第 8 条】</td><td>市町村</td><td>市町村</td></tr>
</table>

道路を整備するにあたって，どのような性能を要求するのか，また，その一部をなす道路橋などの構造物にどのような性能を要求するのかについては，わが国の場合，道路法 29 条に，「道路の構造は，当該道路の存する地域の地形，地質，気象その他の状況及び当該道路の交通状況を考慮し，通常の衝撃に対して安全なものであるとともに，安全かつ円滑な交通を確保することができるものでなければならない。」と定められている。また同法第 30 条には，高速自動車国道および国道の構造の技術的基準は別途政令で定めるものとし，通行する自動車の種類に関する事項などの 13 項目が列挙されているものの，法のなかには構造物に対する具体的な性能の種類や水準などの規定はなされていない。都道府県道および市町村道の構造についても，通行する自動車の種類に関する事項や建築限界・橋その他政令で定める主要な工作物の自動車の荷重に対する必要な強度など基本的事項は国道などに準ずることが基本である。

道路構造物に関しては，道路法第30条に言及のある技術的基準として道路構造令が政令として定められており，道路橋の耐荷性能や耐久性能と直接構造に関わるものとしては以下のような基本的要求がなされている。

・橋，高架の道路その他これらに類する構造の道路は，鋼構造，コンクリート構造又はこれらに準ずる構造とするものとすること【35条】。

・橋，高架の道路その他これらに類する構造の普通道路は，その設計に用いる設計自動車荷重を二百四十五キロニュートンとし，当該橋，高架の道路その他これらに類する構造の普通道路における大型の自動車の交通の状況を勘案して，安全な交通を確保することができる構造とするものとすること【35条2】。

さらに，より具体的な要求については，同政令において，国土交通省令で定めることとされ，これが道路構造令施行規則と呼ばれる省令である。

省令では，「橋，高架の道路その他これらに類する構造の道路の構造は，当該橋等の構造形式及び交通の状況並びに当該橋等の存する地域の地形，地質，気象その他の状況を勘案し，死荷重，活荷重，風荷重，地震荷重その他の当該橋等に作用する荷重及びこれらの荷重の組合せに対して十分安全なものでなければならない」とされており，構造安全性などに対する基本的要求が定められているものの，実際に構造設計や性能照査を行うために必要な安全余裕や考慮すべき外力の大きさなどについては定められていない。

この整備水準に関わる詳細については，経験を踏まえた新たな知見や技術的な進歩によって適宜に改正されることが相当との配慮から，これらの法令とは別に，国土交通省の都市局長・道路局長が発出する通達として「橋，高架の道路等の技術基準（以下，道路橋示方書）」が定められている。道路ネットワークの連続性や一貫性などへの要請も背景に，道路法上の道路のほぼすべてが，道路橋の構造の要求性能を工学的に解釈した技術基準であるこの通達に則って整備されてきている。このような基準類の体系や運用の実態は，交通安全や車両構造の制限など他分野のさまざまな法制度との整合性や国全体としての行政システムなどとも密接に関連しており，わが国特有のものである。

道路の保全等に関しても，道路法に定められており，その第42条では，「道路管理者は，道路を常時良好な状態に保つように維持し，修繕し，もつて一般交通に支障を及ぼさないように努めなければならない」とされている。

また，整備水準と表裏一体の性質をもつ管理水準については，同法において，「道路の修繕を効率的に行うための点検に関する基準を含む，道路の維持又は修繕に関する技術的基準その他必要な事項」を政令で定めることとされ，その政令である道路法施行令において，以下のような事項が定められている。

・道路の構造，交通状況又は維持若しくは修繕の状況，道路の存する地域の地形，地質又は気象の状況その他の状況を勘案して，適切な時期に，道路の巡視を行い，及び清掃，除草，除雪その他の道路の機能を維持するために必要な措置を講ずること。

・道路の点検は，トンネル，橋その他の道路を構成する施設若しくは工作物又は道路の附属物について，道路構造等を勘案して，適切な時期に，目視その他適切な方法により行うこと。

・前号の点検その他の方法により道路の損傷，腐食その他の劣化その他の異状があることを把握したときは，道路の効率的な維持及び修繕が図られるよう，必要な措置を講ずること。

さらに，道路の維持または修繕に関する技術的基準その他必要な事項は，別途国土交通省令で定めることとされており，省令では以下のような内容が定められている。

・トンネル，橋その他道路を構成する施設若しくは工作物又は道路の附属物のうち，損傷，腐食その他の劣化その他の異状が生じた場合に道路の構造又は交通に大きな支障を及ぼすおそれがあるものの点検は，トンネル等の点検を適正に行うために必要な知識及び技能を有する者が行うこととし，近接目視により，五年に一回の頻度で行うことを基本とすること。

・前号の点検を行つたときは，当該トンネル等について健全性の診断を行い，その結果を国土交通大臣が定めるところにより分類すること。

・点検及び診断の結果並びにトンネル等について措置を講じたときは，その内容を記録し，当該トンネル等が利用されている期間中は，これを保存すること。

・トンネル等の健全性の診断結果の分類に関する告示では，トンネル等の健全性の診断結果について，トンネル等の状態に応じ，以下の**表 2.2** の区分に分類すること。

表 2.2 法定点検における健全性の診断結果の分類区分

区 分		状 態
Ⅰ	健 全	構造物の機能に支障が生じていない状態。
Ⅱ	予防保全段階	構造物の機能に支障が生じていないが，予防保全の観点から措置を講ずることが望ましい状態。
Ⅲ	早期措置段階	構造物の機能に支障が生じる可能性があり，早期に措置を講ずべき状態。
Ⅳ	緊急措置段階	構造物の機能に支障が生じている，又は生じる可能性が著しく高く，緊急に措置を講ずべき状態。

このように，わが国では新規整備にあたって適用される具体的な道路橋等の整備水準について，法令では詳細が規定されていないのと同様，既設道路橋の管理水準についても，法令には最低限の点検の方法や頻度のみしか規定されていない。劣化などで機能に支障が生じていると判断された場合について措置すべき状態であるかどうか判断することを道路管理者に求めていることからは，点検時点でどのような性能水準にあるのかを明確にすることが求められていると解釈できるものの，どのような性能に回復あるいは維持されるよう措置するのかについては法令などでは示されていない。また，詳細な定期点検の方法や残すべき記録内容についても技術的助言として点検要領が国から提示されているものの，あくまで技術的助言との位置付けであり，現時点では道路橋などの詳細な維持管理データが全国で蓄積される体制にはなっていない。なお，先に述べたように日本の場合，過去より現在に至るまで道路構造物の設計や施工に用いられた技術基準類は全国一律であり，道路の種別や管理者の違いによらずアセットマネジメントの対象である道路橋の構造特性や初期の目標性能が時代ごとに全国でほぼ統一されているという特徴がある。

2.3.3 欧米の道路制度

このようなわが国に対して，合衆国である米国では，連邦政府とは別に独自に憲法と政府をもつ州からなる。各州の下にさらに群（county），市（city），町（town），村（village）などの地方政府が存在する構図となっている。

わが国の国と都道府県の関係とは異なり，米国は各州の連邦政府からの独立性が強いことが特徴である。道路管理に着目すると連邦政府は基本的に道路を所有しておらず，州をまたいで全米を網羅している幹線道路ネットワークであるインターステート高速道路（inter states highway）を含むほぼすべての道路が州以下の地方自治体によって管理されている。

連邦道路局（Federal Highway Administration，FHWA）から出されている「道路の機能別分類」というガイドラインによると，道路は機能別に幹線道路，集散道路，域内道路に分けられ，幹線道路と集散道路はそれぞれさらに主要道路，補助道路に分けられる（**図 2.11**）。

この分類ではインターステート高速道路は，主要幹線道路に分類されてお

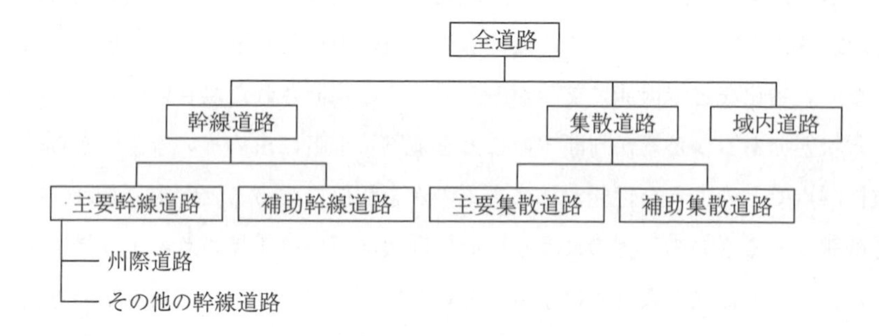

機能別分類	道路がもつ機能
幹線道路 (arteries)	最もレベルの高いサービス。すなわち，高速で連続走行できる距離が最も長い道路。多少のアクセスコントロールがある。
集散道路 (collectors)	中程度のレベルのサービス。すなわち，域内道路からの交通が集まってくる，または，幹線道路へ接続させたりする，低速で走行する短距離道路。
域内道路 (locals)	上記二つ以外の道路すべて。

図 2.11　米国の道路の機能別分類（文献 14)，15) より作成）

り，その管理が州に委ねられているものの，整備の経緯からも，国全体に関わる経済活動や物流機能，国防や災害時の緊急輸送機能などの役割を有することは確実である。

そのため，自らはこれを保有しない連邦政府では，道路橋などに対する法定点検制度，補助金の配分などの財政支援，法定点検に従事する点検員の国家資格制度，法定点検の対象となる橋梁などの道路構造物の基礎データや点検結果などを格納するデータベースの提供とそれへのデータ登録の義務付けなど，さまざまな制度によって国として道路ネットワークの状態の把握や整備水準・管理水準を制御できる機能を保有し統治している[14)]。

なお，米国の場合，連邦政府の補助対象となる道路橋については，連邦政府が取りまとめている設計基準[16)]に則って州ごとに定めた設計要領（例えば，文献 17)）によって設計が行われている。このとき連邦政府から出される設計基準に設計荷重や安全率などの基本的な要求性能の水準に関する規定がなされており，少なくとも州が管理する道路橋のほとんどすべてが連邦補助の対象と考えられることから[14)]，これらの整備水準は連邦政府が定めた設計要領に準拠したものに統一されているものと考えられる。

このように，国家として特に重要な道路の建設と管理に中央政府が責任をもつ構図自体は日米で共通しているが，行政制度や社会基盤施設の保有形態には大きな違いがあり，当然のことながら，それらの社会基盤施設のマネジメントのあり方にも違いが現れることとなる。

欧州では，1950 年代より，国の枠を越えて経済分野やエネルギー分野で域内統合・共同管理を図る動きが活発となり，1958 年には欧州経済共同体（European Economic Community，EEC）が設置された。その後，共同体は加盟国を増やしつつ，また加盟国間の貿易の自由化，人や物の域内移動の障害などさまざまな意味での国境の排除など域内の統合と単一市場化が進められてきた。1993 年には欧州連合条約に基づいて欧州連合（European Union，EU）が発足し，その後も度重なる条約の修正や制定によってその統合の強化が図られてきている。

欧州連合は，加盟国が参加する議会や理事会などの意思決定機関を有し，域内で統一を図るべき事項や制度について，加盟各国に対して，それぞれの国内法による手続きを経ることなく適用され強制力を有する「規則（regulation）」や，加盟国に一定の裁量はあるものの，原則として加盟各国がこれに基づいて国内法の制定・改正を行って実施しなければならない「指令（directive）」などが発出される。

そのため，道路についても例えば，通行可能な車両の重量や寸法の制限など欧州連合が必要と認めた要求水準に適合するように加盟国が整備を余儀なくされるなど，国を越えた制約や前提条件が課される構図となっている。

域内交通について例を挙げると，1990年に欧州委員会によって示された，交通以外にも通信やエネルギーなどの分野も含む欧州横断ネットワーク（Trans-European Networks，TEN）の構想を前身として，現在まで欧州連合がその権限に基づいて欧州横断交通ネットワーク（Trans-European Network-Transport，TEN-T）の整備を図ってきている。具体的には国を越えた欧州域内の交通の改善や環境負荷の軽減などの目的に照らして，道路だけでなく，鉄道や海運，航空などについて優先プロジェクトが定められるなどプログラムを策定して取組みが進められている[18)～20)]。

例えば，フランスで2004年に公布された地方分権法には，国が管理する道路として「高速道路並びに国および欧州の利益に合致する道路の整合的なネットワーク」（同法第18条第2項）との規定がされており，一国のインフラの目的や目標が，国を越えた共同体の利害や取決めに制約される構図であることが読み取れる[21)]。

さらに，イギリスでは2000年代以降，幹線道路の管理・運営を民間事業者に包括的に委託する取組みを進めてきた。その主目的はホールライフコストの削減であるが，2012年にはASC（asset support contract）と呼ばれる方式を採用し，従来の性能規定型契約をさらに発展させたフルアウトカム型の契約を民間事業者と締結している。ASCのコントラクターはエリア内の道路の維持管理に対する責任を負い，維持管理運営要求基準（Asset Maintenance and

Operational Requirements，AMOR）に基づいて，業務を行うこととなっている[22)]。

このように，独立したそれぞれの国とは別に，それらに対する強制力を発揮し得る行政組織が存在するという統治形態をとる場合，社会基盤施設の管理についても，各国単独で統治制度が完結しないこととなり，国単位でアセットマネジメントの全体像が完結できる多くの国とはマネジメントの姿も異なってくることが予想される。

例えば，達成度などの評価指標を考えても，マネジメント状態やマネジメント対象の管理水準などについて，誰から誰にどういった観点での説明性が求められるのかによって，評価軸（観点，項目，計測単位，…）などが必ずしも同じとならないことは容易に想像できる。なお，インフラアセットマネジメントの観点における内外の達成度評価については，別途3章で例を挙げて紹介する。

このように，同じインフラに対しても国によって取り巻く社会制度や行政の統治機構のあり様はさまざまである。

アセットマネジメントを行う場合，その社会的役割なども考慮して適切にその目的や目標を定めることに加えて，対象のインフラを取り巻く社会システム，行政の統治機構のあり様に適合したマネジメント体系を構築することは，マネジメントが有効かつ合理的に機能するためには不可欠である。このため，例えば，諸外国や他のインフラにおけるマネジメント手法を参考とし一部の移植を検討する場合には，その背景にある社会制度や行政の統治機構の違いにも注意を払うことが不可欠である。

2.4　道路橋のアセットマネジメント

2.4.1　目的に応じたマネジメントの目標設定

これまでに述べてきたように，社会基盤施設のアセットマネジメントを考える場合，それが供用する期間にわたって遭遇することが想定されるさまざまな状況に対して，① マネジメントの目的物である社会基盤施設の有するさまざまな価値を適正に反映したマネジメントの目的・目標が設定されていること，② それを実行するにふさわしい組織などの責任と権限の体制，③ 必要な行為や意思決定が可能なリソースの存在，が不可欠であることがわかる。

このとき，多様な価値を有する社会基盤施設に対して，その妥当性や合理性あるいは実施成果に説明性のあるアセットマネジメントを行うためには，検証性があり客観的な説明が可能で透明性のあるマネジメントの目標設定とその評価を行い継続的な改善に導く必要がある。

ここでは，要求される性能にさまざまな側面があり，これを同時に満足させるために複雑な構造特性を有する構造物でもある道路橋を例として，多様な性能や価値を有する社会基盤施設に対して説明性と透明性のある具体的なマネジメント目標が設定できるための条件について考えてみる。

例えば，わが国では，先に紹介したように道路法に，道路の構造は，当該道路の存する地域の地形，地質，気象，その他の状況および当該道路の交通状況を考慮し，通常の衝撃に対して安全なものであるとともに，安全かつ円滑な交通を確保することができるものでなければならないと規定（道路法 29 条）され，道路橋にもこの道路への要求が満足されるものであることが求められている。そして，実務における道路橋の設計では，唯一の統一的技術基準である国土交通省都市局長・道路局長が定めた道路橋示方書に従うことで所要の性能が満足されるものとされている。**図 2.12** に示すとおり，道路橋示方書は法律の趣旨に則り，時代とともに変遷を遂げてきた。

道路橋には，その目的である道路の一部として所要の機能を果たすことが求められるが，多様な条件下で必要な道路の一部としての機能を満足すると認められる性能について，最低限の要求水準を明確に規定することは容易ではない。

例えば，過去より道路橋の設計基準では，設計で見込むべき荷重などの作用や部材や材料に許容される発生応力の制限などが具体的に規定されてきたが，それが実際に橋の供用中に生じ得るどの程度稀な事象を想定したものなのか，

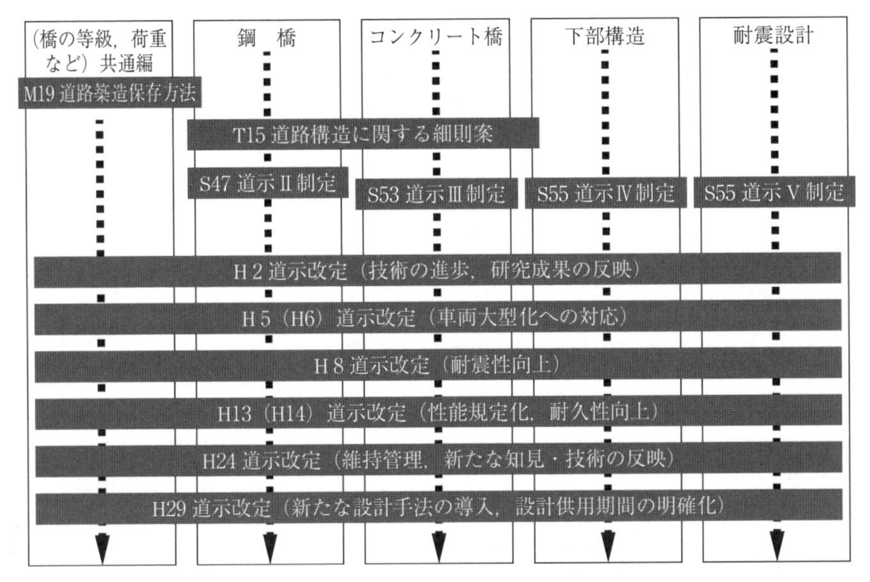

（M：明治，T：大正，S：昭和，H：平成）

図 2.12　道路橋の設計基準（道路橋示方書）の変遷（日本）

あるいは安全かつ円滑な交通の確保などの要請に対して橋全体としてどの程度の機能がどの程度の確実性で保証されているのかについては基準上必ずしも明確に規定されてこなかった。

このような基準に従って整備されてきた道路橋では，当然のことながら供用中に実際に遭遇するどのような作用に対して，構造安全性にどの程度の余裕が確保されているのかを正確に評価し，広く一般の人にも実現象になぞらえるなどして，容易に理解できるよう説明することは難しい。

さらに，その裏返しとして，劣化や損傷の状態に応じて，それが耐荷性能や耐久性能に具体的にどの程度影響しているのか，あるいはどのような補修や補強を行うことで，それらがどの程度回復するのかを実現象に照らして表現することも困難である。

このことは，供用後の道路橋に対するアセットマネジメントを考えたとき，マネジメント対象である道路橋についてその目的に即して状態の説明が困難であること，マネジメントの目標としての道路橋の状態を性能に照らして設定することも説明することも困難であることを意味する。

さらに，技術基準はその性格上，上位の関係法令の解釈としてそれが求める性能さえ満足されるのであれば，構造物の形式や使用材料などそれを実現するための手段については自由度を許容することが合理的である。しかし，使用目的との適合性の観点から，その性能要求について直接的かつ一般化された形で規定できていない技術基準では，そういった柔軟な対応を行うとしても，基準にない実現手段に対して基準への適合性の判断の拠り所がなく，採用が難しいものとなる。したがって，技術基準における性能規定に求められる要件は，**図 2.13** に示すとおり「厳密性」と「合理性」に加えて「柔軟性」となる。

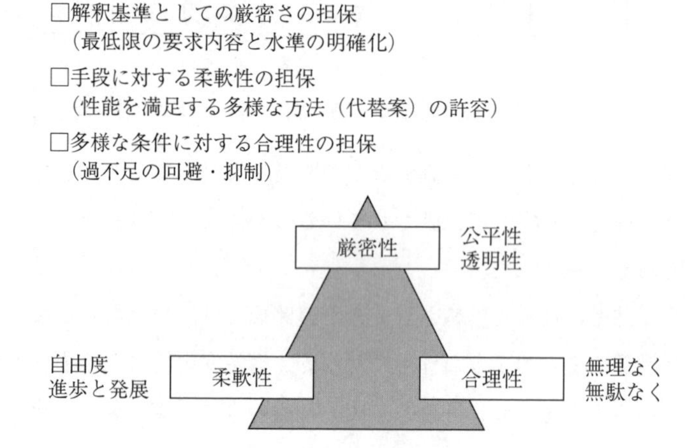

図 2.13　技術基準における性能規定に求められる要件

説明性のあるアセットマネジメントの実現のためには，アセットが有すべき性能が，その使用目的に応じた水準にあるかどうかを明らかな形で検証できることが重要となる。このため，アセットマネジメントの対象となるアセットに関しては，技術基準においてその要求性能が「検証可能な指標」と「達成されるべき水準」で規定されることが望ましい。

道路橋の場合も，維持管理段階における補修・補強時に設定する目標性能や新設時の目標性能は，道路の一部の機能を果たすという位置付けからはいずれも，その使用目的との適合性に対する充足の程度を，橋が遭遇する実際の状況とそのときの橋の状態との関係により，できるだけ直接的に説明できることが望ましい。道路橋示方書では2017（平成29）年にこのような点に配慮して抜本的な改定が行われた。

具体的には，安全率の根拠と内訳を明確化するための部分係数設計法の導入，安全余裕の拠り所となる想定している橋や部材の状態に関する照査ポイントの明確化，橋全体・橋を構成する構造部位・構造部位を構成する部材に対する要求性能の多段階設定および階層化規定などである。

構造物としての橋の性能は，**表2.3**に示すとおり，その時々に橋が遭遇しているさまざまな外力などの作用を受けているなか（＝橋が置かれる状況）で，それらの作用に対してどのように抵抗できているのか（＝橋の状態）の関係で表すことができる。このような関係そのものをできるだけ忠実に要求性能として規定することで，整備時の要求水準も供用後の状態がどの程度の性能を有しているのかについても実現象と対応付けて説明することが可能となる。

表2.3　2017（平成29）年道路橋示方書における性能の定義

性能マトリックス	
	橋の状態 （＝機能など）
橋が置かれる状況 （＝設計状況）	実現の確実性 （＝信頼性）

ちなみに，わが国の場合，過去から地震によって実際に道路橋に重大な被害を生じてきており，技術基準はこれらの被災を踏まえて継続的に改善されてきた経緯がある。そのため，技術基準が地震に対して何を保証しているのかに関する説明性の確保にはもともと強い要請があり，橋に対する要求性能の水準を明確にする基準体系への移行にあたっては，橋の耐荷性能に対する説明性の向上は重要な観点となった。

以上のような考え方で分離された「設計状況（荷重側）」と「橋の状態（抵

抗側)」については，技術基準として性能要求の最低限など具体的な整備水準を明確とするためには，定量化した表現によって設計計算が行えるように規定される必要がある。

そのため，考慮すべき設計状況については，設計供用期間中に想定される多種多様な橋が置かれる状況について，その出現頻度とその影響の大きさなどによって考慮すべき状況について定性的に規定される一方で，必要な状況を考慮したとみなしてよい条件との位置付けで，具体的に荷重の種類や大きさあるいは組合せなどが規定されている。

同様に，抵抗側についても，橋に求められる機能的な要求を満足できる状態としては，橋の機能に着目した定義で要求水準が規定される一方で，それを満足するとみなせる状態との位置付けで，具体的な部材や部位の設計応答値の算出方法や，これに対応した部材などの力学的挙動に着目した工学的な限界状態の定義と，それを満足するとみなせる条件としての位置付けの制限値が規定される。そして，性能の照査として，**図 2.14** に示すとおり，橋の種別などの橋の重要度に応じて，満足させる設計状況と橋の状態の組合せを適切に選択し，その実現の確からしさが部分係数を考慮した設計式など（照査基準）によって満足されることを検証することとなる。これによって，耐荷性能については，実現象との関係性の観点から設計基準としての整備水準の明確化と基準との適合性に対する検証性の両立が図られている。

なお，橋の耐荷性能は，橋を構成する部材などの状態の組合せによって決まることになるが，その組合せには多くの選択肢が考えられる。そのため，道路橋示方書では，橋の状態を，構造的に一般には大別できる上部構造，下部構造，上下部接続部，あるいはさらにそれを構成する部材などのそれぞれの状態の組合せによって代表してよいこととし，その場合に用いることができる上部構造，下部構造，上下部接続部および部材などの状態に対する照査基準が規定されている。

結果的に，道路橋の設計基準における規定内容は，**図 2.15** のように体系化されている。

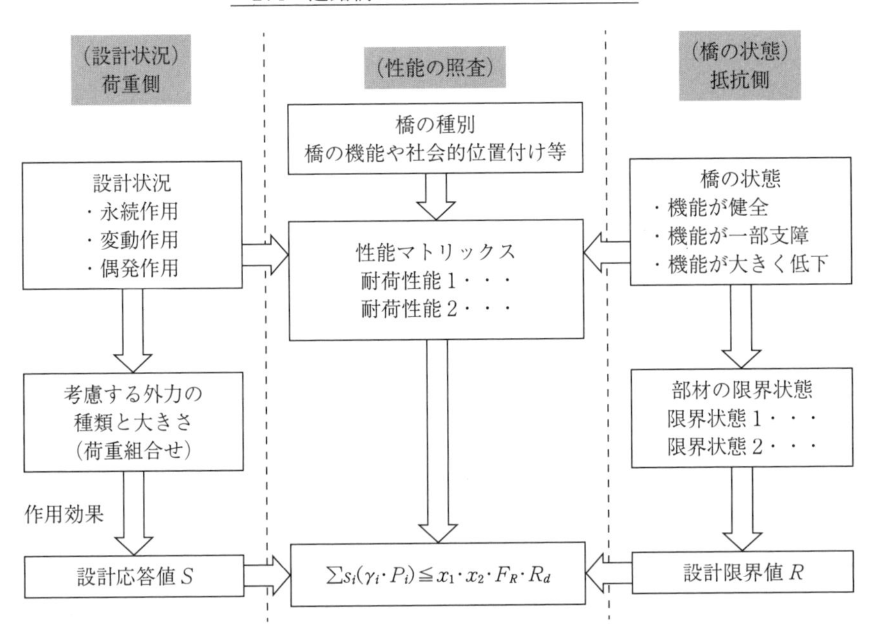

図 2.14　道路橋示方書における性能要求規定の構成

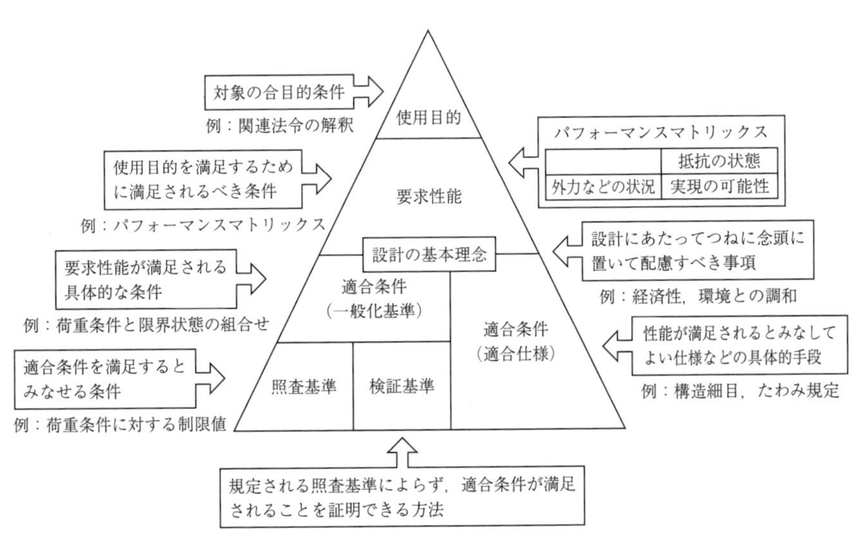

図 2.15　道路橋の設計基準における規定内容の体系

このように，アセットマネジメントの対象である社会基盤施設に対して，その目的やマネジメントの目標に説明性を担保するためには，それらに対する要求性能を規定する技術基準類の性能規定化は重要である。さらに，技術基準類における性能要求の内容が具体的で定量的であることは，アセットマネジメントのなかで行われる種々のプロファイリングによる対象の選定，対策の設定，さらには，一連の対策の評価に基づく継続的な改善策をより具体的で的確なものとすることを可能とし，これによりマネジメントの適切性やマネジメント結果として対象の社会基盤施設がどのような状態にあるのかも見える化することができる。

しかし，道路橋のようなインフラでは，複雑で大規模な構造となるにつれて求められる性能を単純かつ明解な形で規定することは難しくなり，過不足のない要求性能の提示はますます困難となる。また，新設時のみならず維持管理段階においても保有性能の要求や目標に対する充足度を評価するための確立した方法がないものも多く，長きにわたり検証を経てきた基準類を逸脱することには基本的に慎重にならざるを得ない。

すなわち，**図 2.16** に示すとおり，性能規定と基準適合性評価手法（あるいは基準）の存在はつねにセットで考えられなければならない。なぜならば，どちらか片方だけではインフラストラクチャーの性能は担保されず，結果的に担保されていたとしてもその説明ができず，これらがアセットマネジメントの最適化の観点からは障害となるためである。

ちなみに，このように少なくとも社会基盤施設に対する要求性能を規定する技術基準類の性能規定化については，道路橋だけでなく道路ネットワークを構成するすべての社会基盤施設についても必然である。すでに，道路土工構造物についても技術基準の性能規定化が進められており，連続または隣接する構造物などの要求性能も考慮して性能を設定し，道路ネットワークとして整合性のとれた道路整備を行うよう規定されている。

米国では，道路橋などの技術基準そのものは必ずしも性能規定化された体系とはなっていない。しかし，連邦道路局において各州に対して，Performance

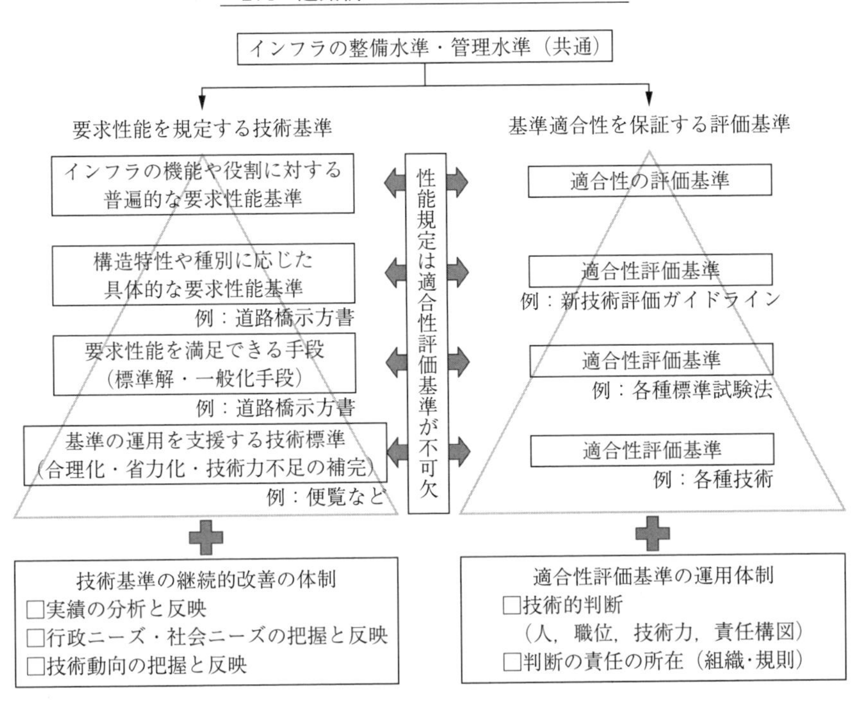

図 2.16　性能を規定する技術基準と基準適合性評価基準の関係

Based Practical Design（以下，PBPD）と呼ばれる手法が推奨されている[23]。

PBPD は，従来の Practical Design（定まった定義がないとされているものの，個々のプロジェクトのニーズや目的のみに合致するよう経済効率的にプロジェクトを推進することを目的とする考え方）とは異なり，パフォーマンスマネジメントの枠組みに意思決定の基礎を置くものである。PBPD は，単純には従来型の形式的あるいは経験的な仕様や手法による設計や計画の意思決定を行うのではなく，発揮されるべきパフォーマンスに照らして設計などを進める考え方であり方法論である。長期と短期のパフォーマンス目標を明確にするとともに，パフォーマンス分析ツールを使ってパフォーマンスの定量的評価を行って長期と短期のパフォーマンス目標に整合するようプロジェクトを推進することが目指されている。

連邦道路局では，地方部における車線拡幅事業において PBPD の考え方に基づき意思決定がなされた事例など，設計段階における適用事例を中心に紹介されているが[24)]，一方でPBPDはこうした設計のみに限定された概念ではないとされており，より上流の計画段階からすべての意思決定に取り込むことが推奨されている。

PBPDと似た概念に従来から提唱されているValue Engineering（以下，VE）の考え方があるが，これらは補完的な関係にあるとされている。VEは一般に個々のプロジェクトにおいて要求される性能，信頼性，維持管理性を最低限の費用で達成しようとする考え方であるのに対し，PBPDは個々のプロジェクトだけでなくシステム全体から得られる便益を改善することに焦点を当て，計画者から設計者までを包含する考え方である。

いずれにしても，これらの事業遂行手法は，目的や目標は前提として明確にしたうえでこれを達成するための手段に柔軟性をもたせ，企業や事業者のインセンティブを担保しながら必要な性能を有する目的物を合理的に実現しようとする取組みと捉えることができる。

わが国の道路橋の設計基準である道路橋示方書が2017（平成29）年の改定において，2001（平成13）年改定以降の性能規定化型への転換を継続し，社会ニーズ，政策ニーズに応じた設計が可能となるよう改定されたことは先に述べたとおりである。今後，米国においてもPBPDに基づく社会ニーズ，政策ニーズに応じた道路橋の実現のために技術基準の性能規定化に向けた動きも出てくることが予想される。

2.4.2　プロファイリングの必然性，合理性

適切なアセットマネジメントを行ううえでは，その目的に応じた適切な目標を設定することに併せて，さまざまな視点・観点でマネジメントそのものの状態やマネジメント対象の状態を的確に把握・評価できることが必要となる。

なぜならば，状態の把握結果やその分析結果などがさまざまな視点や観点で示されなければ，マネジメントの効果や問題を適切に認識することも，その改善に対する具体的な方法を合理的に見い出すことも難しいためである。また，

設定された目標に対する達成状況やそのために行われたさまざまな行為や意思決定の妥当性などを説明性のある形で示せなければ，マネジメントの適切性や必要性についての理解も得ることができない。

そのため，アセットマネジメントにおいては，「プロファイリング」と呼ばれる手法が不可欠であり，その内容やレベルがアセットマネジメントの成否や成熟度の鍵を握ることになる。

プロファイリングとは，心理学の分野で，行動などの分析結果からその人物の性格や特徴を推定することを指していたようである。そして，近年になって米国の連邦捜査局が犯罪捜査の手法の一つとして，残された痕跡や過去の犯罪データ，行動パターンなどに対する経験の蓄積などの分析から犯人像を推理する方法がプロファイリングとして紹介されたことを契機に，国内でも消費者行動の分析などさまざまな分野で，さまざまなデータ分析などから着目する対象の特徴を明らかにし，問題点や課題を絞り込む手法についてプロファイリングという用語が充てられることが増えてきている。

アセットマネジメントでは，そこで行われるさまざまな意思決定が適切に行われるためやそこでとられる行動様式の影響や結果の評価のために，さまざまな角度からマネジメント対象およびマネジメントそのものについて関連するデータの分析や評価が行われ，対象の特徴の分類や経時変化の特徴の定量化などの見える化や差別化，異常事象の有無の確認や洗い出しなどが行われる。

ここでは，こういった方法をプロファイリング手法，そこで用いられる分析などの手段をプロファイリング技術と呼ぶこととする。

アセットマネジメントは，マネジメント対象に対してさまざまな働きかけを行う行為であり，その中核を担うのは，その過程で行われるさまざまな評価行為である。例えば，① マネジメント対象の状態の評価，② マネジメントに関わる組織やシステムが適切に機能しているかどうかの評価，③ マネジメントの結果の評価などがマネジメント実施のさまざまな局面や段階で行われ，その結果を踏まえて行為やシステムの改善が安定して行われる仕組みであることが，アセットマネジメントの最低限の要件ともいえる。そして，これらのさまざまな評価の目的は，① マネジメントが個々人の知識や経験に依存することなくデータの蓄積による継続的改善が期待できること，② 個人の知見に左右されるような恣意的な要素が介在するリスクを回避し客観性を担保できること，③ 人事異動や組織改編などのマネジメントを取り巻く諸制度によってその信頼性が影響を受けることがない安定性を担保することなど，アセットマネジメントの合理性と安定性を保証することである。そこでは，個々のマネジメント対象やマネジメント対象の全集合体に対し，あらゆる種類・手法によって，絶対評価・相対評価・分類区分などの評価が行われ，その結果はマネジメントプロセスにフィードバックされることとなる。

一般に，データ分析などで行われる評価の多くは，着目している対象に関わる何らかの差別化や特徴付けの行為であるが，これはプロファイリングという概念で捉えられてきたものである。プロファイリングを行うことで，アセットマネジメントに関わるすべての対象物やシステムに関する情報が，具体的かつ明示的にその特徴や位置付けを定義することができることとなる。アセットマネジメントにおいて，どのようなプロファイリングが行われるのかは，アセットマネジメントの質や内容そのものと直接関わっている。プロファイリングによるアセットマネジメントの支援がどのような形で行われるのかについては，アセットマネジメントの対象や目的・目標によっても千差万別であるが，1 章で提案したアセットマネジメントの全体像と重ねて，プロファイリングによる支援とアセットマネジメントの領域の関係を模式的に表すと**図 2.17** のようになる。

すなわち，活用可能な情報をさまざまなプロファイリング技術で評価・分析した結果を，アセットマネジメントのさまざまなアクティビティに反映させることで，はじめて，より高度で適切なマネジメントを行うことが可能になる。

逆に，以下のことが行えなければ，アセットマネジメントそのものの有効性や必要性を証明することは困難であり，そこに投入されるリソースの妥当性についてステークホルダーの十分な理解を得ることは難しくなる。

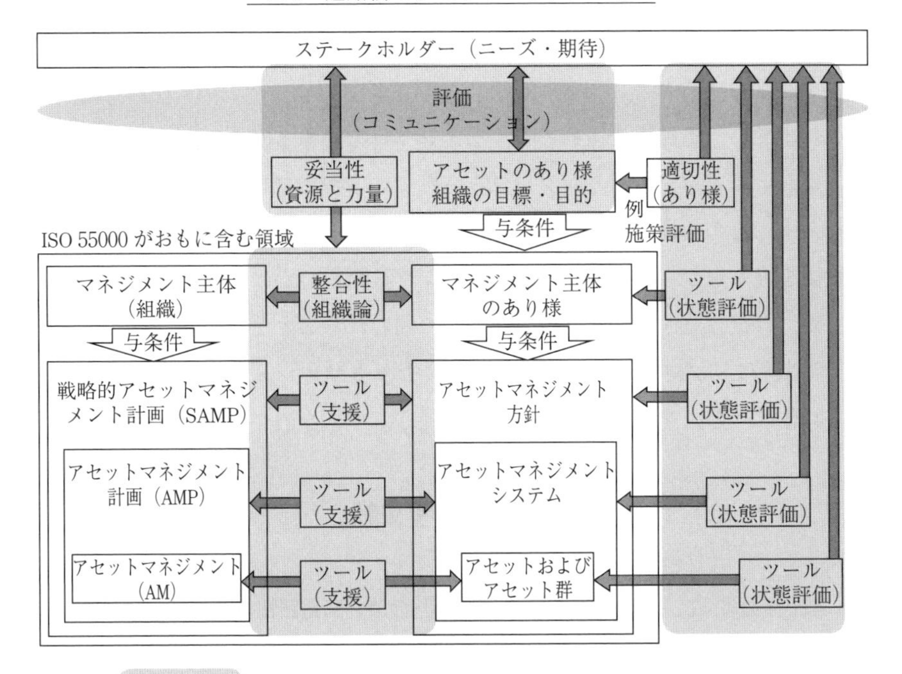

図 2.17　アセットマネジメントとプロファイリング技術の関係

・個人や組織の経験の蓄積だけでは不可能な，より高度で適切な意思決定

・ステークホルダーとのマネジメントの目的や目標に関するコミュニケーション

・マネジメントが適切に行えているかどうかの客観的評価とその見える化

さらに，このような科学的で客観性のある評価とその根拠となるデータなどの蓄積がなければ，現状のマネジメントの有効性や水準を評価することも難しく，その結果，これを継続的に改善することの必要性を認識することも，具体の改善目標を立ててその達成程度を把握して継続的に努力することも困難となるであろう。

このような観点からは，目標に対して適切なアセットマネジメントを行うためには，さまざまな視点・観点でマネジメントそのものの状態やマネジメント対象の状態を的確に把握・評価できるプロファイリングの実施が必然であり合理性を有している。

これまでにも道路橋資産群のようなインフラを対象としたアセットマネジメントにおいてプロファイリングは試みられているが，プロファイリング技術のみならず，その活用方法にも確立したものはなく試行錯誤の段階にある。適用と検証を通しながら各種のプロファイリング技術をいかに上手く使いこなしていくか，今後，施設管理者の資質が厳しく問われることとなる。

3章以降に，プロファイリング技術とアセットマネジメントの関わりについて，具体に「どれを」，「どこで」，「どう使う」べきなのかについて紹介する。

引用・参考文献

1）国土交通省：社会資本整備審議会道路分科会第5回道路技術小委員会 配付資料，http://www.mlit.go.jp/common/001136052.pdf†
2）国土交通省：社会資本整備審議会道路分科会第54回基本政策部会 配付資料，http://www.mlit.go.jp/common/001135911.pdf
3）日本創成会議 人口減少問題検討分科会：成長を続ける21世紀のために「ストップ少子化・地方元気戦略」提言（平成26年5月8日）
4）国土交通省：自動運転の実現に向けた今後の国土交通省の取り組み，http://www.mlit.go.jp/common/001227122.pdf
5）国土交通省：『「空の移動革命に向けた官民協議会」を設立します ～“空飛ぶクルマ”の実現に向け，共同でロードマップを作成～』，http://www.mlit.go.jp/common/001250233.pdf
6）国土交通省：「道の歴史」，http://www.mlit.go.jp/road/michi-re/index.htm
7）高速道路調査会：欧米の高速道路政策 新版（2018）
8）FHWA：National Highway System, June 1, 2018
9）西田 敬：フランスにおける交通法典の制定国内交通基本法の全面再編について，交通権学会2011年度研究大会シンポジウム（2011）

† 本書に記載するURLは，編集当時（2019年2月）のものであり，変更される場合がある。

10）田内雅規：人間の移動原理や生活空間を考えて創る道路環境，岡山県立大学，
http://tans.fhw.oka-pu.ac.jp/views/universaldesign-2.htm
11）国土交通省：社会資本整備審議会道路分科会第 22 回基本政策部会配付資料，
http://www.mlit.go.jp/road/ir/kihon/siryo22/2.html
12）三井物産戦略研究所：自治体立病院の再編成・統合に関し，PFI 事業を推進するための調査研究報告書，厚生労働省 平成 17 年度民間資金活用等経済政策推進事業（2006）
13）国土交通省道路局：道路行政の簡単解説，
http://www.mlit.go.jp/road/sisaku/dorogyousei/0.pdf
14）建設経済研究所：米国の道路システムとサービス事業（2005）
15）FHWA：2015 Status of the Nation's Highways, Bridges, and Transit：Conditions & Performance（2016）
16）FHWA：Load and Resistance Factor Design（LRFD）for Highway Bridge Superstructures REFERENCE MANUAL（2007）
17）California Department of Transportation：Bridge Design Specifications（2008）
18）日本高速道路保有・債務返済機構：欧州の有料道路等に関する調査報告書Ⅱ 4 章 EU の動向と加盟国の交通政策への影響（2008）
19）河野健一：統合前進に向けた EU による交通インフラ整備支援の実態と特質，運輸政策研究，Vol.4，No.3（2001）
20）鈴木賢一：交通インフラ政策―欧州横断運輸ネットワークの構築―，総合調査 拡大 EU―機構・政策・課題―，国立国会図書館 調査資料（2007）
21）石田三成：フランスにおける国と地方の役割分担，「主要諸外国における国と地方の財政役割の状況」報告書，財務省財務総合政策研究所（2006）
22）中村克彦：英国の道路と道路行政，英国道路庁派遣報告書（2012）
23）FHWA：START-UP GUIDE：Performance-Based Practical Design，Publication No. FHWA-HIF-17-026（2017）
24）FHWA：Performance-Based Practical Design Case Studies，
https://www.fhwa.dot.gov/design/pbpd/case_studies.cfm

3 道路橋のマネジメントの目標に応じた技術的対応

3.1 マネジメントの目標と行動様式の枠組み

3.1.1 アセットマネジメントの基本要素

前章までに示してきたように，社会基盤施設のアセットマネジメントは，マネジメント対象そのものの存在意義に照らしたマネジメントの目標の設定からマネジメントを行う主体の組織体系や技術力までも幅広く包含している。そして，マネジメントに関わるあらゆる要素について，さまざまな手法を用いてその内容や状態の見える化を行い，それらに付随するさまざまな評価や分析の結果を踏まえて，継続的に改善を行いながらマネジメントの目標を効率的・効果的に達成するためのシステマティックな取組みといえる。

本書は，現在のところその概念が共通認識となっていないインフラアセットマネジメントの枠組みについて一つの捉え方を提示するとともに，効果的なアセットマネジメントが持続的に発展できるための鍵となる，さまざまな技術的な支援ツールとマネジメントの適切な関係性の構築方法について示すこと，インフラアセットマネジメントが適切に実践されている状態とはどういう状態なのかについて一つの考え方を示すことを目的としている。

アセットマネジメントのどこにどのような課題や改善余地があるのかといった要因分析や原因究明は，複雑な要因が関わり合うインフラアセットマネジメントにおいては，機械的な定量評価や分析によることは困難である。そこで本書では，インフラアセットマネジメントに関わるすべての要素やそれらの関わりのなかで課題や問題の所在を明らかとする観点から，マネジメントの各要素を**図 3.1** に示すとおり，① マネジメント主体が行うあらゆる行為や意思決定である行動様式，② 行動様式を技術的に支援するツール，③ 行動様式をとる人材や組織が備えるべき技術力，④ マネジメントを実行する責任と権限を付与された組織という四つの基本要素に大別し，その間でのアンバランスとして課題や問題を捉えることを提案している。

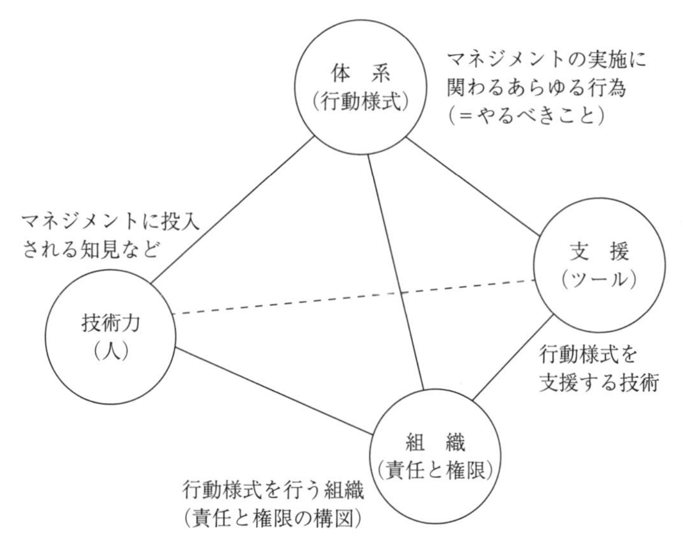

図 3.1　アセットマネジメントの実施に関わる基本要素

このような捉え方を提示するのは，アセットマネジメントに関わるすべての要素をそれぞれ異なる性質の重要な基本要素に分類し，① 個々の要素自体が適切なものであるかどうか，② 要素相互の関係性が適切に構築されているかどうかに着目すれば，問題の所在や改善の余地を漏れることなく把握しやすくできるためである。**表 3.1** は，大別した四つの基本要素間でアンバランスが生じ得る組合せを整理したものである。

表 3.1　基本要素のアンバランスと事故事例の関係

	体　系 （行動様式）	技術力 （人）	支　援 （ツール）	組　織 （責任と権限）
体　系 （行動様式）	それ自体の 欠如・不適切	関係の 不適・不整合	関係の 不適・不整合	関係の 不適・不整合
技術力 （人）	—	それ自体の 欠如・不適切	関係の 不適・不整合	関係の 不適・不整合
支　援 （ツール）	—	—	それ自体の 欠如・不適切	関係の 不適・不整合
組　織 （責任と権限）	—	—	—	それ自体の 欠如・不適切

※表中の事例 1 ～ 5 は，3.1.2 項の事例に対応する。

3.1.2　事故事例からみたマネジメント基本要素の重要性

ここで，社会基盤施設に関して海外で生じた代表的ないくつかの重大事故の事例を取り上げ，マネジメントにおける欠陥を四つの基本要素のアンバランスの関係性に着目して整理を行い，適切なアセットマネジメントが行われるためには，この四つの基本要素のそれぞれの適切性および要素相互の関係の適切性が重要であることを実証的に確認してみたい。

〔1〕　事例 1：シルバー橋の崩壊

1967 年に，米国のオハイオ州とウエストバージニア州間に流れるオハイオ川に架かる吊り橋が突然崩壊したものである。

事故は，道路橋の主たる構造である路面部分を吊っている鋼板チェーンの一部で腐食が進行して耐荷力余裕が失われていたことで，交通荷重に耐えられなくなり破壊したことが直接的な原因とされた。

米国ではこの事故を機に，1971 年に全国橋梁点検基準（National Bridge Inspection Standard，NBIS）[1)]が制定され，統一的な点検，現況把握が開始されたが，1967 年の事故当時は点検自体が統一的には行われていなかった。国家運輸安全委員会（National Transportation Safety Board，NTSB）の事故調査報告書では，この橋が設計された 1927 年には応力腐食や腐食疲労といった現象自体の知見が不足していたことも間接的な原因として指摘されており，運輸省長官（Secretary of Transportation）に亀裂による事故の再発を防ぐための知見の蓄積を求めた。また，NTSBの事故調査報告書では，当時の最新の点検技術を用いたとしても解体することなしには亀裂を発見することができなかったことも間接的な原因として指摘されており，運輸省長官には致命的な亀裂を発見することができる点検機器の開発も求められた[2)]。

アセットマネジメントの四つの基本要素に照らすと，経年的に劣化や損傷が不可避な道路橋に対して計画的に点検を行うという行動様式そのものが当時は必須の行動様式として制度化されていなかった（体系の欠如・不適切）。

また，道路管理者が必要に応じて点検は行っていたとされているが，事故の直接原因となった古い鋼材の応力と腐食の関係などについてそもそも広く知られておらず，少なくとも維持管理担当者には十分な知識や経験がなかったという問題が関わっている（技術力の欠如・不適切）。

さらに，外観目視困難な部位が破壊の起点となっており，そのような弱点に対する知識の欠如に加えて，そのような直接目視が困難な場所で生じる腐食や亀裂を点検員が認識するためのツールが用意されていなかったという点も大きい。すなわち，仮に事象に対する理解やその危険性の認識があったとしても，実際にそれを確認することはできなかった可能性があったことが指摘されている（支援の欠如・不適切）。

以下にNTSBの事故報告書[2)]からの要約を抜粋して紹介する。

【シルバー橋落橋事故調査報告書[2)]の概要】

＊　NTSBは，シルバー橋の崩壊の原因は，オハイオ側の径間で吊り橋を支えている鉄板チェーンのジョイントC13Nのアイバー330の鋼鉄板に亀裂が生じたことであったと結論付けた。損傷は40年にわたる供用期間での応力腐食と腐食疲労の連合作用の結果，亀裂が致命的な大きさに成長したことで引き起こされた。

その他間接的な原因として以下の点などが指摘された。

・この橋が設計された1927年当時は，応力腐食や腐食疲労といった現象が一般的な地方部の環境で起こることは知られていなかったこと。

・亀裂が生じた部位は目視点検ができない部位であったこと。

・当時の最新の点検技術を用いたとしてもアイバージョイントを解体することなしには亀裂を発見することができなかったこと。

*　運輸省長官は既存の研究プログラムを拡張するか，または新たな研究プログラムを立ち上げて，以下に取り組むことが求められた。

・さまざまな応力レベルの橋の材料において，致命的となる亀裂のサイズを決定すること。

・橋梁構造に発生する致命的な亀裂を発見することができる点検機器を開発すること。

・橋梁構造において致命的となり，詳細点検を必要とする部位を特定するための分析手順を確立すること。

（以上，執筆者にて抜粋，意訳）

〔2〕　事例2：マイアナス橋の落橋

1983年に，米国でコネチカット州マイアナス河に架かる道路橋が突如崩壊する事故が生じたものである。

この橋は，道路橋の路面となる桁の4隅を隣接する桁から鋼製の吊材で懸垂している構造であったが，懸垂に使われていた吊材が破断したことで落下したものである。吊材の破断原因は，雨水などの影響によって鋼製の吊材で腐食が進行していたことと報告されている。

当時，本橋に対しては，事例1を契機に米国で導入された法定点検制度に従って，法定の有資格者による外観目視が主体の定期点検が行われていたが，結果的には事故を防止できなかったものである。

NTSBの事故調査報告書[3)]によると，吊材のうち破断につながった両端のピン部分は，その細部まで直接視認することが困難な構造であったことに加えて，吊材そのものが足場もなく点検員が細部を確認するために近接することが困難な位置に設置されていたことで，結果的に充実した検査ができていなかった可能性も原因の一つとして指摘している。

すなわち，所定の品質の点検が行えるためには，実務の実態を考慮すると，過度な負担を強いることなく重要な点検箇所にアクセスできる手段，あるいは不十分なアクセスでも確実に異常が検知できる点検手段が用意されていれば，一定水準以上の技術力を有する法定資格をもつ点検員によって異常の検知やそれを疑った対処が可能であったと総括されている（技術力と支援との間での不適・不整合）。

そして，点検の重要な目的である安全性に関わる状態の確認を行おうにも，有資格者が近接できる状態ではなかったことだけでなく，直接確認できないリスク要因に対して，それに関する注意喚起や対処の方法が点検要領や点検員の教育に反映されていなかったことが問題とされた（体系と技術力との間での不適・不整合）。

アセットマネジメントの四つの基本要素に照らすと，一つには，点検という行動様式に対して定められた要領や教育が不十分であったこと，その結果，点検者が有効に機能できる環境が用意されなかったこと，また点検者が直接視認できない部位や事象に対して，その状態を確認するための点検機器などの必要な支援ツールが用意されていなかったために，その技術力が十分に発揮できなかった事例と捉えることができる。

以下に，NTSB の事故報告書での指摘事項について概略を引用して示す。

【マイアナス橋落橋事故調査報告書[3)]の概要】

* 調査の結果，ピンのキャップが吊材の表面や損傷状態を覆い隠すことで，簡易な観察や接合部へのアクセスも困難としており，このことが点検を困難にしていたことが明らかになった。
* NTSB は，マイアナス橋の落橋の推定原因は，コネチカット州の橋梁点検プログラムの欠陥に起因して，当該径間の南東の角に位置する吊材の，腐食により引き起こされた作用による水平変位に気づくことができなかったことであったと結論付けた。
* 連邦道路局（FHWA）には，ピンや吊材といった直接視認できない部材について，解体せずに点検できる手順を開発して普及することなどが求められた。

（以上，執筆者にて抜粋，意訳）

〔3〕 事例3：I-35W 橋の崩落

2007年に米国のミネソタ州ミネアポリス市のミシシッピ川に架かる大型の鋼製トラス橋（I-35W 橋）が突然崩壊し，多くの死傷者が発生する事故が発生した。

事故の直接的な原因は，事故後に行われたNTSBによる事故調査の結果，ガセットで結合されたトラス構造の格点部が破壊したことによるものと結論付けられている。

本橋は，事例1，2なども踏まえて充実されてきた点検要領に従って所定の法定点検が行われていた。例えば，その破壊が全橋の安全に致命的な影響を及ぼし得る部材は破壊危険性部材（fructure critical member，FCM）として，またそのような部材を有する橋は破壊危険性橋梁（fructure critical bridge，FCB）として，標準である2年よりも短い間隔での点検が行われることとされているが，本橋についても有資格者により1年という短い間隔で定期点検が行われていた。さらに，本橋は経年劣化によって局部的には著しい腐食が生じている箇所が確認されていたこともあり，定期点検とは別に健全性についての詳細な調査も事故前に行われていた。

このような橋が，突然崩壊を起こした原因については，事故後の調査でいくつかの要因が指摘されているが，トラス部材では重要な格点部の連結板であるガセットプレートと呼ばれる板に建設時に所要の半分程度の板厚のものが使われているところがあり，これが破壊したことが直接的な崩壊原因とされている。

さらに事故調査の結果，法定資格を有する点検者がトラス橋におけるガセットプレートの重要性を充分に認識していなかったことも事故を防げなかったことの一因として挙げられ，NTSBより法定点検要領を管轄する連邦道路局（FHWA）に対して，その重要性について点検員の教育に反映するべきであることが勧告された（体系と支援との間での不適・不整合）。

また，設計段階から建設段階，さらには度重なる点検が行われた維持管理段階においても所要の半分という大幅な部材の板厚不足が見逃されたことについては，少なくとも設計から建設に至るまでの過程でこのような不適切な結果が見過ごされることがないように業務プロセスにおける品質管理手法の改善を行うべきことも指摘された。業務プロセスにおけるエラーチェックの仕組みが問題であるとすれば，エラーを発見できるためのツールの導入や，段階的に行われる品質検査を行う担当者に，必要な技術力と責任・権限を適切に付与して配置することが一つの対策と考えられる。すなわち，担当者の技術力を補う支援ツールの不十分もあるが，設計成果などの照査や承認などの受け渡しを行う決裁手続きの体系における技術力に改善の余地のあったケースと見ることができる（体系と技術力との間での不適・不整合）。

以下に，NTSB の事故報告書[4)]での指摘事項について概略を引用して示す。

【I-35W 橋落橋事故調査報告書[4)]の概要】

＊ NTSB は，ミネソタ州ミネアポリス市の I-35W 橋の崩落の推定原因は，設計ミスに起因し耐荷力不足であった節点 U10 のガセットが，① 橋梁の変化に伴うわずかな橋梁の重量の増加，② 崩落当日の交通荷重と集中的な施工荷重により破壊したことであったと結論付けた。

＊ 連邦道路局（FHWA）には，以下に取り組むことが求められた。

・最低限設計計算が正しく行われ，耐荷部材が想定荷重に対して適切な諸元を有していることを確認できる手段を提供し，橋梁設計が完了する前に設計ミスを発見し訂正できる手順を含む橋梁設計の品質管理プログラムを AASHTO（American Association of State Highway and Transportation Officials）と連携して開発し，各州や橋梁管理者に使用されるよう導入すること。

・橋梁管理者に対して，自身の管理するトラス橋のどれが，目視点検ではガセットの腐食が見つけられないものか明らかにするとともに，そのガセットの状態を評価するためにどこに適切な非破壊検査技術が使われるべきなのかを検討することを求めること。

・承認されている橋梁点検者教育を以下のように修正すること。

NHI（National Highway Institute）の研修コースにおいて，ガセットに対して目視では評価困難な腐食には断面不足に対する非破壊検査の活用方法やガセットプレートの変形に関する事項を強調すること。また，ガセットプレートを点検要領などで重要着目部位として扱うこと。

（以上，執筆者にて抜粋，意訳）

〔4〕 事例 4：ウエスト・ゲート橋崩落事故

1970 年に，オーストラリアのビクトリア州メルボルンのヤラ川に架設中のウエスト・ゲート橋が突然崩落して死者 35 名を出した。

事故後にRoyal Commisionが行った調査の結果，事故の直接的な原因は，架設中に桁の上フランジに生じたひずみを改善するために，上フランジどうしを連結していた部材のボルトを一部取り外したことと結論付けられている。また，上フランジに過度なひずみが生じた原因は，工期短縮のために採用された，桁を左右に分割して半分ずつ架設したのちに両者をボルト接続するという特殊な工法に起因するものと考えられた。

当然ながら直接的な橋の崩壊原因は，不安定な上部構造がバランスを失ったことであるが，このような特殊で技術的にもきわめて難易度が高い工事において，技術的な検討の責任の所在など業務遂行体制についての問題点が大きな要因となっていることも指摘された。

すなわち，この架設方法を安全かつ適切に実施するには，全般にわたり，これを提案したコンサルタントの技術力や知見が不可欠と考えられるが，実際の架設工事においては必ずしも本工法に対する十分な技術力を有さない架設業者が主体となって工事が進められている。その結果，架設中に想定以上の架設誤差を生じて部材に過度のひずみを生じさせることとなり，さらにその是正にあたって危険で不適切な方法が採用されたため，事故に至ったとされる（組織の欠如・不適切）。

日本においても調達方法によっては，実際に施工を行う工事業者等の技術力に充分配慮することなく，施工段階できわめて特殊で高度な技術力が求められるような設計成果にもかかわらず，提案した設計者が介在し得ない形で施工される例もあり，このような責任と権限にふさわしい組織の欠如が業務プロセスのなかで生じることも一因と考えられる重大な不具合も実際に生じている。

これをアセットマネジメントの四つの基本要素に照らせば，責任と権限にふさわしい技術力を有する組織が不在であったことにあるが，単独の組織内ではないものの，責任と権限を明確にしなければならない関係者であった発注者・設計者・施工者間での責任と権限が不明確であったこと自体も事故の原因となった事例と捉えることができる。

以下に，事故報告書[5),6)]での指摘事項について概略を引用して示す。

【ウエスト・ゲート橋崩落事故調査報告書[5),6)]の概要】

＊ 施主の責任に関して以下が指摘された。

・緊急に代わりの請負者を選ぶ必要性に迫られた状態において，施主として架設工法に対する十分な技術力を有さない施工業者（JHC）を指名したのは無理なかったといえるが，JHC が鋼橋の建設の経験がなく，必要とされる特殊な専門知識に欠けているということは明白であったこと。

・そこでその経験不足を補うために施主は当該架設工法を提案したコンサルタント（FF&P）が JHC の指名に関して追加の責任と義務とをとるということで合意をしたが，この二つの会社の責任範囲と機能を区分することをしなかったという重大な誤りを犯したこと。

（以上，執筆者にて抜粋，意訳）

〔5〕 事例 5：米国の鉄道脱線事故

2015 年に，米国のペンシルベニア州フィラデルフィア付近で，全米鉄道旅客公社（Amtrak：National Railroad Passenger Corporation）が運行する列車が脱線する事故が生じた。

事故の直接的な原因は，事故後に NTSB が行った調査の結果，飛来物の衝突を受けそばで緊急停止していた他の列車に乗組員が気をとられており，自身の運転する列車の状況に気づかないまま，50 マイル/時の速度制限のカーブに 106 マイル/時の速度で加速しながら進入したことと結論付けられている。

この事故に関して，NTSB は

・注意をそらせるような状況への対処に焦点を当てた教育を乗組員に講じていれば防ぐことができたであろうこと。

・カーブで速度を強制的に制限速度に制限する車内信号（positive train control）のようなシステムが導入されていれば防ぐことができたであろうこと。

を指摘している（組織と技術力の間での不適・不整合）。

そして，Amtrak に対して，乗組員向けの初期および継続の訓練コースに，同時に複数のタスクが発生するなど，非常状態が続いたときにも注意を自身の運転する列車の運転に維持し続けるとともに，そのような判断基準を他の乗組員とも共有するような基準を開発することを求めた。また，連邦鉄道局（Federal Railroad Administration，FRA）には，乗組員が自身の運転する列車の現在位置を認識するとともに，車内信号の領域に近づいたことを知らせるような技術を導入することを求めた。

これをアセットマネジメントの四つの基本要素に照らせば，一つには，非常時の列車の安全を確保するという乗組員の責任に対して，この責任を果たすための乗組員の教育が不十分であった，すなわち責任・権限と技術力が整合していなかった事例と捉えることができる（組織と技術力の不適・不整合）。

もう一つには，乗組員の責任に対して，すでに存在していた車内信号のような支援ツールが適切に活用されなかった事例と捉えることもできる（組織と支援との間での不適・不整合）。

以下に，NTSB の事故報告書[7]での指摘事項について概略を引用して示す。

【米国の鉄道脱線事故調査報告書[7]の概要】

＊　調査の結果，以下が指摘された。

・Amtrak の乗組員は他の列車の緊急事態に注意をとられていた可能性が高く，そのため，カーブにおいて減速することなく 106 マイル/時まで列車を加速した可能性が高いこと。

・未来に実行するべきことの記憶を意味する展望的記憶（prospective memory）に焦点を当てた教育を行うことが，乗組員の注意をそらせるような非常状態が続く状況においても，乗組員の注意をそらさず，事故を防ぐための行動を忘れずにとることの助けになるかもしれないこと。

・カーブで速度を 50 マイル/時に抑えるようなシステムや車内信号があれば事故は防ぐことができたであろうこと。

＊　NTSB は，事故の推定原因は，乗組員が別の列車の緊急事態に気をとられていた可能性が高く，自身の状況に気づいていなかったため，制限速度 50 マイル/時のカーブに 106 マイル/時の速度まで加速したことであったと結論付けた。また，車内信号がなかったことも間接的な原因として指摘した。

＊　連邦鉄道局（FRA）には，乗組員が自身の運転する列車の現在位置を認識するとともに，車内信号の領域に近づいたことを知らせるような技術を導入するよう鉄道事業者を指導することが求められた。

＊　Amtrak は，乗組員向けの初期および継続の訓練コースに，同時に複数のタ

スクが発生したり非常状態が続いたときにも注意を自身の運転する列車の運転に維持し続けるとともに，そのような判断基準を他の乗組員とも共有するような基準を開発すること。

（以上，執筆者にて抜粋，意訳）

以上，既往の事故事例の要因について，大別したアセットマネジメントの実施に関わる，「体系」，「技術力」，「支援」，「組織」の四つの基本要素そのものがもつ課題およびそれぞれの間に生じるアンバランスに着目してレビューした。

いずれも，それぞれの要素そのものが適切なものでなかったり，あるいは必要な関与が欠如していたことが不具合や事故の要因となるケース，あるいは要素間の関係性が不適当であったり，内容や水準などで不整合があったことが要因の一端となった疑いがあるケースなどの例として捉えることができることがわかる。

ここで挙げた例はごく一部の事例に過ぎず，また，特に重大な結果を招いたものをあえて選んで紹介したが，インフラアセットマネジメントを考える場合，これらの要素のそれぞれが適切でなく，あるいは相互の関係性が不適当であると，そのアセットマネジメントの目的・目標に照らしてその取組みが十分な効果を上げないだけでなく，悪影響を及ぼし得ることは容易に推測できる。

すなわち，適切なアセットマネジメントを行うためには，**図 3.2** に示すとおり，これらの四つの基本要素のそれぞれを所定の水準で充足させ，かつ相互の関係性を調和の取れたものとできるかどうかが重要となる。適切なプロファイリングによってこれらの各要素の状態や充足の程度，相互の関係性についてさまざまな角度から的確に把握・評価し，これらの「見える化」によって各要素や相互の関係についての不足の充足や不適切の改善を行うこととなる。さらに，このようなアセットマネジメント全体の「見える化」は，顕在化している現段階での問題点の克服にとどまらず，将来にわたりアセットマネジメント全体を絶えずより適当なものへと改良していくという，継続的改善への道を開くことにもなる。

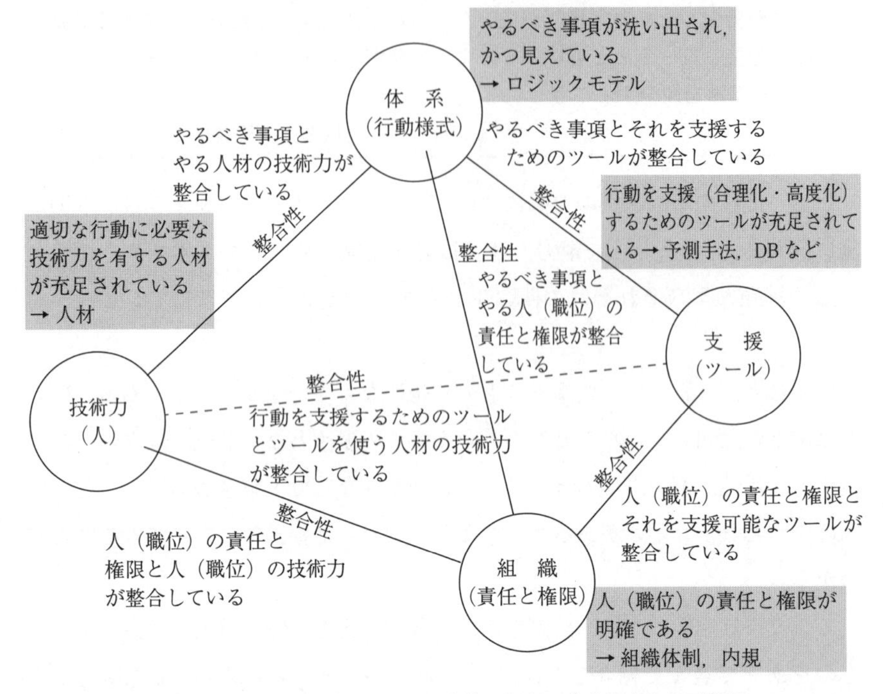

図 3.2　アセットマネジメントの実施に関わる基本要素と相互関係

3.2　アセットマネジメントに関わる行動様式

3.2.1　マネジメントの全体像と行動様式の関係

アセットマネジメントを行う場合，それに関わる業務で行われる作業や意思決定などの領域はきわめて多岐にわたり，それぞれがさまざまな形で関わりをもっている。したがって，アセットマネジメントを行うときには，すべての業務内容が個々に実施されるだけでなく，それぞれの部署や立場においても，相互の関係や全体に及ぼす影響について把握されていることが担当業務を適切に行うためには重要となる。

逆に，自らの業務や意思決定が，それと関わりをもって行われる他のさまざまな業務やアセットマネジメント全体に及ぼす影響が理解されていない場合，そのタイミングや精度などに関してアセットマネジメント全体に対して最適なものとするよう意図することは不可能なはずである。

そのため，アセットマネジメントを行う体制を構築しようとするとき，関わるすべての作業や意思決定などの行動様式が洗い出され，その内容や相互の関係性について組織や関係者が把握できている状態とすることが必要となる。

ここでは，アセットマネジメント全体の見える化を実現するための方法論として，道路橋の維持管理に主眼をおいたアセットマネジメントについて，行動様式の洗い出しを行った例を示す。なお，先に述べたようにアセットマネジメントの範囲については必ずしも確定した概念があるわけではなく，ここで例示した範囲も捉え方の例の一つに過ぎないことを断っておく。

ちなみに，ISO 55001 では，6.2.2「アセットマネジメントの目標を達成するための計画策定」にて，「アセットマネジメント計画，及びアセットマネジメントの目標を達成するための意思決定，並びに活動，及び資源の優先順位付けのための方法及び基準」，「アセットのライフサイクルに渡って，そのアセットを管理するために採用されるプロセス及び方法」，「実施事項」を決定しなければならないとしており，行動様式を定めることが求められている。また，同解説においては，とりわけ日本のアセットマネジメントの実状を踏まえ，システムの改善に向けたポイントが下記のとおり記載されている。

【日本のアセットマネジメントシステムの特徴[8)]】

〈参考〉ISO 55001 アセットマネジメントシステム要求事項の解説より

- 日本のように規格主義に基づく組織風土においては，緻密な技術的検討や，規格における経験や議論の積み重ねの結果として予算執行過程が形成されている場合が少なくなく，予算執行マネジメントを改善する上で，技術的対応を改善することは重要
- 我が国の組織マネジメントにおけるPDCAサイクルが機能しないのは，マネジメントサイクルの評価者と，マネジメント技術の管理者・運用者が乖離しており，マネジメントにかかわるモニタリング情報や改善方針に関するコミュニケーションが機能しないことに原因がある場合が多いことが指摘されており，技術的対応に関するマネジメントを明文化しておくことは重要

・我が国では劣化予測，ライフサイクル評価手法など要素技術の研究が重ねられてきており，これらの要素技術をその有用性や限界も考慮してアセットマネジメントに実装するためにも，技術的対応に関するマネジメントと各種要素技術の関係を明文化するための方法論を示すことは重要

アセットマネジメントの目的・目標を実現するために必要となる一連の行為が行動様式であることから，これをどのように体系的に適切に行うべきなのかについての羅針盤でありルールブックとなるものが，マネジメントの有り様そのものとなる。すなわち，それはアセットマネジメントに関わる組織の責任と権限の体系のなかで，それぞれの部署や職位に応じて行われる行為を，情報の伝達と意思決定の連鎖として時系列的に進められるプロセスとして位置付けることに相当することとなる。そして，アセットマネジメントの具体の方法を確定させるためには，それを行う主体である組織の構造・職位と職務の対応付けやそこで行われる行動様式とその支援に用いるさまざまなツールなどについて，それら相互の関係性が適切なものとなるように検討していくことが重要となる。

何らかの目的を達成するための方法を定めるにあたって，そこに関わる行動様式を洗い出すための方法やそれら相互の関連性を整理・確定させていくための方法については，過去よりさまざまな手法が開発されている。

例えば，ロジックモデルや戦略マップと呼ばれる手法は企業や行政が行うさまざまなプログラムの評価や事業手法の検討などにおいて実用されてきており，このような，ある目的を達成するための手段として必要となる行動様式を俯瞰し重複を避け不足を補うという手法はアセットマネジメントにおいても有効な手法と考えられる。

一方で，社会基盤施設の維持管理のような，きわめて多くの業務が複雑に関わり合い，その目的や目標もさまざまな視点から複数設定されるようなマネジメントの体系に対しては，これらのツールを用いたとしても機械的に最適解が得られるものではない。むしろ，重要となるのは，アセットマネジメントを実践するなかで，マネジメントの効果やマネジメントそのものの適切性をつねに

評価して，その結果を踏まえてマネジメント全体が最適なものに近づくよう継続的に改善し続けていくことである。

ここでは，アセットマネジメントの具体の方法を確定させる際の参考となるように，道路橋の維持管理の実施に必要な意思決定のプロセスとそれを行う一般的な組織の階層的構造を念頭において，行動様式を整理して提示する。

また，マネジメント全体が継続的に改善されていくためには，各行動様式にふさわしいプロファイリング技術などの支援ツールが適用されることも重要である。このため，階層的構造をとることが一般的な組織体制のなかで，その行動様式がとられる立場や職位のレベルごとに，既存の代表的な支援ツールがどのように対応付けられるのかについて例を紹介し，多くの選択肢のなかから適切な支援ツールが選択されることの重要性について説明する。

アセットマネジメントの体系は意思決定レベルに着目すると，現場における具体的な維持管理行為のような実施レベルから，マネジメント全体を見渡した包括的な長期計画を策定するような戦略レベルまで，異なるレベルの業務プロセスが階層的な構造をなして結びついていることが一般的である。

図 3.3 は，小林らが[9]土木施設の維持補修にかかるアセットマネジメントについて，その全体像が意思決定の時間的視野の違いに着目して階層的構造とな

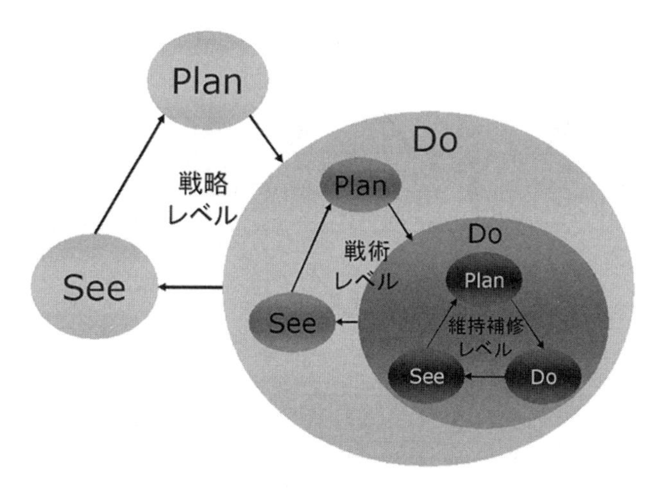

図 3.3 階層的マネジメントフロー[9]

ることを示したものである。

当然，実務的には，このような単純な定義ですべての行動様式が位置付けられるわけではなく，実際には複雑な業務が入り組んで構成される実務の業務体系においては，これらのレベルに分けて捉える場合におけるレベル間の相互の関係性についても，何に着眼するのかによっても同じとはならない。

しかしながら，階層数や階層構造あるいは階層相互の関係の詳細についてはさまざまな姿が考えられるものの，大略的には行動様式を**図 3.4** に示すとおり，マネジメント全体のリソースなどの制約条件や前提条件を決定付けることとなるレベル（ここでは，「戦略レベル」と呼ぶ），逆に，例えば維持管理であれば点検や補修補強などマネジメント対象に対する最終的な働きかけなどの実行プロセスが含まれるレベル（ここでは，「実施レベル」と呼ぶ），両者の中間に位置するレベル（ここでは，「戦術レベル」と呼ぶ）の三つのレベルに分けて考えると理解しやすい。

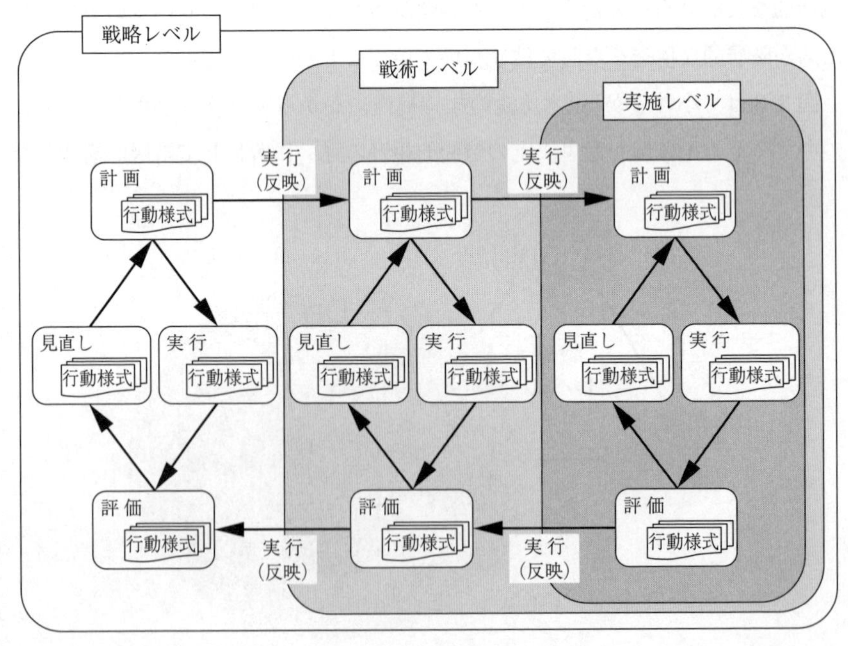

図 3.4 レベルごとの行動様式の関係性

図 3.5 は，道路行政を所掌する立場から，国レベルの中央行政府による行政の改善も含めた，社会基盤施設の維持管理マネジメントの全体構造を示したものである。ここでは，最終的に対象物に行われる働きかけに対してより総括的な意思決定が行われるレベルを国家・政府レベル，逆に個々の構造物に対する点検や措置などの直接的な働きかけや個別的な意思決定が行われるレベルを実施レベルとして，国家・政府，戦略，戦術，実施の四つのレベルに分けて整理を試みている[10)]。

いずれにしても，このような例からも理解されるように，インフラアセットマネジメントの実施にあたって，それに関わる膨大な業務あるいは行動様式のすべてを把握するだけでなく，それらの関係性を俯瞰的に捉えて，それぞれの位置付けやそこで行われる意思決定等の質を適正なものにすることはインフラアセットマネジメント全体の適正化には不可欠であり，このようなレベルを認識することが重要である。

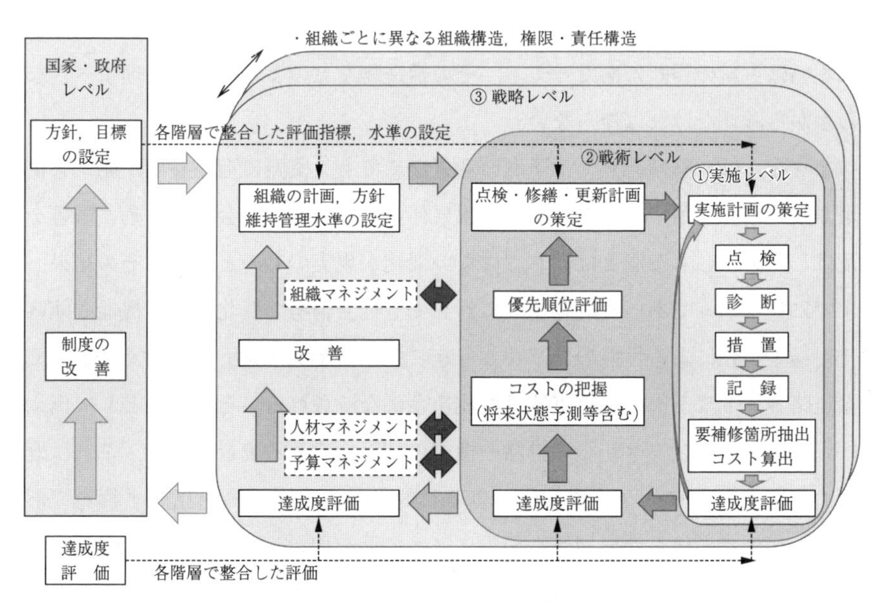

図 3.5 社会基盤施設の維持管理マネジメントの全体の構造性〔道路行政分野における今後のインフラマネジメントのあり方に関する一考察（森ら）[10)]図 18 を一部加工〕

また，後で紹介する行動様式を支援するツールとの対応を考えるとき，技術に求める条件や技術の使い方を考える場合にも，このような位置付けを意識し，それにふさわしい選択を行うことが重要であり，このような俯瞰的な全体の理解はそれを助けるものである。

3.2.2 階層的マネジメントと行動様式の関係

本項では，さまざまな道路構造物が含まれる複数の路線からなる道路ネットワークに対するマネジメントを想定して，アセットマネジメント体系に含まれるさまざまな行動様式を先に示した戦略レベル，戦術レベル，実施レベルの三つの異なるレベルに区別し，レベルごとに異なってくる行動様式の内容およびそれを支援するためのツールとの対応について整理した例を示す。

なお，道路ネットワークのアセットマネジメントを考える場合，既設道路や施設の維持管理のみに着目しようとしても，その目的は道路ネットワークの整備の目的と一体不可分である。既設構造物などの機能確保のための補修や補強あるいは更新の判断にあたっても，その構造物をどのように維持管理すべきなのかから考えなければならない。

なぜならば，整備時点では予測に過ぎなくても，実際に道路整備が完了し供用されれば，道路ネットワークの利用に伴いさまざまな社会経済活動に影響を及ぼし，必ずしも予測とは同じではない変化が現実のものとなる。その結果，すでに整備済みであった既存施設に対しても社会情勢の変化による機能的陳腐化や経年劣化による性能の低下なども起こり，マネジメントのいかんによっても道路ネットワークの利用実態は変化を余儀なくされる。その結果として例えば，道路ネットワークからの排除や機能の制限を考える場合もあり，これは既存の道路ネットワークの整備における目的や目標そのものを見直す行為である。既存施設に何らかの補修や補強によって手を加える場合にも，整備時点の性能から現時点での基準に照らしてどの程度まで回復することとするのかといった性能設定は，道路ネットワークの整備の目的・目標に直結した行動様式となり得る。

表 3.2 アセットマネジメントにおける意思決定レベルと行動様式の関係例（道路ネットワーク）

項目	行動様式（関連で行われる行為や意志決定）					
				戦略レベル	戦術レベル	実施レベル
目的, 目標	道路計画の策定					
		整備効果の目標設定		ネットワークなど全体	路線・区間	構造物・箇所
		防災機能の目標設定		ネットワークなど全体	路線・区間	構造物・箇所
		交通安全水準の目標設定		ネットワークなど全体	路線・区間	構造物・箇所
		：				
実施体制・組織	組織体系の策定					
		組織の構成と関係性の設定				
				職階制度等の実施体制整備	運用ルール等の策定	事務取扱の確立と遵守
				意思決定系統の設定	運用ルール等の策定	事務取扱の確立と遵守
				人事や給与等の制度設定	運用ルール等の策定	事務取扱の確立と遵守
				リソース配分（人員、予算）	運用ルール等の策定	事務取扱の確立と遵守
		：				
予算・資金	資金計画および運用体制の確立					
		計画の策定		主に長期計画の策定	中期・実施計画の策定	短期の計画と実施計画の策定
		契約方式と運用制度の策定		運営方法の確立	調達制度の運用管理	契約実務・執行管理
資産の形成	整備目標・方針の設定					
		整備計画の策定				
			整備の優先度づけ	ネットワークなど全体	路線・区間	構造物・箇所
			要求性能の決定	ネットワークなど全体	路線・区間	構造物・箇所
			規格・構造物等の配置	ネットワークなど全体	路線・区間	構造物・箇所
			：			
	整備効果の検証					
		進捗管理・結果の集約・評価		ネットワークなど全体	路線・区間	構造物・箇所
保有資産の管理	維持管理目標・方針の設定と管理					
		管理水準目標の決定		ネットワークなど全体	路線・区間	個別橋梁など構造物毎
		管理水準等の評価		ネットワークなど全体	路線・区間	個別橋梁など構造物毎
	維持管理計画の策定・実行					
		点検の方法				
			頻度	全体方針の決定	構造物や箇所毎の決定	個別橋梁など構造物毎、および部材・部位毎
			手段	全体方針の決定	構造物や箇所毎の方針決定	部材・部位毎
			診断・判定・記録	全体方針の決定	構造物や箇所毎の方針決定	個別橋梁など構造物毎、および部材・部位毎
		対象の選定				
			優先順位づけ	路線・区間相互	構造物・箇所相互	部材・部位
			実施時期の決定	路線・区間単位	構造物・箇所毎	部材・部位
		点検の実施		全体の進捗管理	路線や区間の進捗等管理	個別橋梁など構造物毎、および部材・部位毎
	補修・補強・更新計画の策定・実行					
		措置方針・目標の決定		ネットワークなど全体	路線・区間毎	個別橋梁など構造物毎、および部材・部位毎
		補修・補強・更新の実施計画の決定				
			実施箇所と優先順位づけ	路線・区間毎	構造物・箇所	部材・部位
			実施時期の決定	路線・区間毎	構造物・箇所	個別橋梁など構造物毎、および部材・部位毎
			実施内容（回復目標等）の決定	路線・区間毎	構造物・箇所	個別橋梁など構造物毎、および部材・部位毎
		補修・補強・更新の実施		適用基準の決定	設計方針、措置工法の決定	設計、施工、契約実務
	措置結果の評価			ネットワークなど全体	路線・区間および構造物・箇所	個別橋梁など構造物毎、および部材・部位毎

アセットマネジメントを行うとき，すべての行動様式の相互の関係性について組織や関係者が把握できることが必要である。そこでここでは，**表 3.2** に示すとおり各レベルの行動様式の種類を「目的・目標」，「実施体制・組織」，「予算・資金」，「資産の形成」，「保有資産の管理」に分類することで各レベルのなかでの業務のプロセスを把握しやすくするとともに，この分類方法を各レベルで統一することで，各レベル間での行動様式の相互の関係性が把握しやすいようにしている。

行動様式はアセットマネジメントの各段階で行われるすべての行為を指すことから，行動様式には意思決定行為もそれに至るまでの作業行為（代替案の立案，各代替案の具体化，各代替案の具体化に付随する整理・計算・作図等の作業，以上に必要な情報収集等）もすべてが含まれる。しかし，ここでは簡潔のため，戦略レベル・戦術レベル・実施レベルの各レベルでの最終意思決定（または，最終作業）に着目して行動様式の洗い出しを行っている。したがって，以下で整理する行動様式には，意思決定者でない職位にある下位の者が行うような作業等は明示的に登場しないが，実際にはここで示す行動様式に従属してさらに細分化して多くの行動様式が存在することに留意されたい。

次項の 3.2.3 項においては，同じく戦略レベル・戦術レベル・実施レベルの三つのレベルに区分しつつ，道路橋の維持管理に着目した行動様式を洗い出すとともに解説を加えることとする。

3.2.3 道路橋の維持管理における行動様式

〔1〕 戦 略 レ ベ ル

戦略レベルでは，マネジメントの目標を達成するための，全管理橋を対象とした長期的なアセットマネジメント計画の設定が行われる。

すなわち，マネジメント全体のリソースなどの制約条件や前提条件はこのレベルで設定や見直しが行われなければならない。

・戦略レベルは，時間軸の観点からは，その時点で想定される最終的な目標を達成するための長期的なアセットマネジメントの計画の設定を行うレベルであり，戦術レベルが最終的な目標を達成するまでの期間をいくつかの期間に区切った時間スケールであるのとは異なる。

・戦略レベルは対象橋数でいえば管理する全道路橋を対象としたアセットマネジメントの計画の策定を行うレベルであり，戦術レベルが全道路橋を合目的に管理するためにいくつかのグループに分けた道路橋群を対象にするのとは異なる。

・これらの役割分担が明確でないと，マネジメントの目標を達成するうえで，戦略レベルで設定される最上位のアセットマネジメント計画と，戦術レベルで設定されるアセットマネジメント計画の包含関係に不整合が生じるといった問題が生じることとなる。

道路構造物の維持管理において，ここで行われるおもな業務および意思決定には，例えば，**表 3.3** のようなものが挙げられる。

表 3.3　戦略レベルの行動様式の例

<table>
<tr><th colspan="4">行動様式</th></tr>
<tr><th colspan="3">維持管理関係の項目の例</th><th>備　考</th></tr>
<tr><td rowspan="2">維持管理目標・方針の設定と管理</td><td colspan="2">管理水準目標の決定</td><td>ネットワークなど全体</td></tr>
<tr><td colspan="2">管理水準等の評価</td><td>ネットワークなど全体</td></tr>
<tr><td rowspan="6">維持管理計画の策定・実行</td><td rowspan="3">点検の方法</td><td>頻度</td><td>全体方針の決定</td></tr>
<tr><td>手段</td><td>全体方針の決定</td></tr>
<tr><td>診断・判定・記録</td><td>全体方針の決定</td></tr>
<tr><td rowspan="2">対象の選定</td><td>優先順位付け</td><td>路線・区間相互</td></tr>
<tr><td>実施時期の決定</td><td>路線・区間単位</td></tr>
<tr><td colspan="2">点検の実施</td><td>全体の進捗管理</td></tr>
<tr><td rowspan="5">補修・補強・更新計画の策定・実行</td><td colspan="2">措置方針・目標の決定</td><td>ネットワークなど全体</td></tr>
<tr><td rowspan="3">補修・補強・更新実施計画の決定</td><td>実施箇所と優先順位付け</td><td>路線・区間ごと</td></tr>
<tr><td>実施時期の決定</td><td>路線・区間ごと</td></tr>
<tr><td>実施内容（回復目標等）の決定</td><td>路線・区間ごと</td></tr>
<tr><td colspan="2">補修・補強・更新の実施</td><td>適用基準の決定</td></tr>
<tr><td colspan="3">措置結果の評価</td><td>ネットワークなど全体</td></tr>
</table>

（1） 維持管理目標・方針の設定と管理

（a） 管理水準目標の設定　　道路ネットワークの維持管理を念頭におくと，戦略レベルにおける管理水準とは，例えば，個々の路線や区間に着目する前に，それぞれの路線や区間相互の関係性などを俯瞰して道路のネットワーク機能をどのようなレベルに設定し，機能し続けさせるのかについて，障害発生リスクや障害発生時に生じるネットワーク全体への波及効果なども考慮した最も包括的な計画などがこれに該当する。

そのため，ここで設定される管理水準の目標は，戦術レベルなどこれより下位に位置付けられるレベルでの目標設定とは異なり，アセットマネジメントの目的と直結して道路ネットワークの存在価値そのものをどのように捉えているのかを直接的に説明するような目標が設定されることとなる。

（b） 管理水準等の評価　　アセットマネジメントの目的と関係付けられる，対象とするアセット全体に対するマネジメントの目標としての管理水準に関する達成度などの評価が行われることとなる。そのため，道路ネットワークに対する場合には，貨幣換算可能ないわゆる経済的価値だけでなく，それが有する多様な価値についても評価される必要がある。

例えば，道路ネットワークの管理水準では，平常時の交通機能や物流を通じた経済活動への影響だけでなく，防災機能や災害時の避難や救命救急，あるいは復旧・復興などのための緊急輸送や避難手段としての期待値やリスクの程度などがネットワーク全体としてどの程度達成されるのかについても評価されることになる。

（2） 維持管理計画の策定・実行

（a） 点検の方法　　道路ネットワークの維持管理における戦略レベルでの維持管理計画とは，それぞれの道路管理者であれば，対象道路に対する点検全体に共通するような全体的な方針となるであろう。適用される法令に従って，構造物等種別や着目する内容に応じて，どのレベルの整備水準を目指した技術基準を適用するのか，あるいはそれらに対する運用方針なども戦術レベルや実施レベルで行われる具体の維持管理行為の前提として，それらより上位のレベルで方針が定められることが自然と考えられる。

例えば，道路橋の点検を考える場合，定期点検については法令によって頻度（5年に1度）や手法（技術者による近接目視が基本）が定められている。しかし，通常は定期点検以外にも日常点検や異常時点検，特定事象に対する特殊な点検や追跡調査なども必要となり，これらをどのように組み合わせて実施するのかといった基本的なルールなどは上位のレベルにおいて定められている必要がある。

（b）**対象の選定**　このレベルで設定される管理水準の目標を達成するための具体的な方法論として，戦術レベルで行われる予防保全や事後保全といった措置方針の決定が適切に行われるために必要な，選択可能な対策メニューの大枠，それらの適用の考え方や採択基準などは，上位のレベルで下位のレベルに対する前提条件として示されることが自然である。

そして，道路ネットワーク機能のような全体的な管理目標を達成するために，路線や区間といった大きな単位での点検や措置などの対象の選定，実施の優先順位，実施時期の考え方や制約条件なども上位のレベルで決定されることになる。

（c）**点検の実施**　点検等の具体的な措置や実施行為に着目した場合，戦略レベルでは，全体目標の達成度の見込みを把握し，達成のために戦略レベルで可能な措置が必要に応じて遅滞なく適切に行えるよう，戦術レベルや実施レベルでの予算などのリソースの管理状況や進捗状況を把握することとなる。

（3）補修・補強・更新計画の策定・実行

（a）**措置方針・目標の決定**　道路ネットワークの維持管理では，点検などで把握される最新情報を反映させて管理目標を達成するために，道路そのものや橋梁などの構造物などそれを構成する有形の資産に対して補修・補強や更新といった直接的な働きかけによる機能の回復や向上が行われることとなる。

意思決定レベルとして最上位となる戦略レベルでは，補修・補強・更新の選定の考え方や選定基準，あるいはそれらの措置によって各路線や区間の性能をどの水準となることを目指すのかについて道路ネットワーク全体への影響との関わりのなかで定めるなどの，全体的な方針や目標が設定されることとなる。

（b）**補修・補強・更新の実施計画の決定**　上記で設定される，措置方針や目標に適合する具体的な実施計画が，同じく道路ネットワーク全体への影響を考慮して，路線や区間といったある程度絞り込んだ形で示されることが，戦術レベルでの具体的な計画検討には有効かつ必要であると考えられる。

なお，戦略レベルでは，具体的な補修・補強・更新の工事等が行われる構造物等の条件などをすべて把握して詳細に反映することは，効率や精度の面で課題も多く，下位レベルからの情報は集約して反映されるものの，むしろ過去の実績や平均的な条件などを活用して，一般に生じ得るさまざまな不確定要素による実施レベルとの乖離を考慮して無理のない合理的な計画となることに配慮される必要がある。

（c）**補修・補強・更新の実施**　点検と同様に，戦略レベルでは，補修・補強・更新等の実施状況やそれによって意図した成果が得られそうかどうかの見込みについて把握し，目標達成のために戦略レベルで実施可能な措置が必要に応じて遅滞なく行えるよう進捗状況の監視や実績の分析などが行われることとなる。

（4）措置結果の評価

点検・補修・補強・更新といったさまざまな行為や措置が行われた結果について，必要に応じて戦術レベル・実施レベルにおいて把握される情報も反映して，維持管理目標の達成度の観点から分析と評価が行われる。このとき道路ネットワークの維持管理に着目すると，戦略レベルではハード面の評価よりは，道路ネットワークの機能などこのレベルでの目標に対する評価が最も重要であり，その結果は既存計画や目標の見直しや新たな目標の作成に反映されることとなる。その際，アセットマネジメントの対象である道路ネットワークそのものの状態のみならず，達成度にも影響しているはずのアセットマネジメントそのものが適切に機能したのかどうかなど，その結果に影響を及ぼした事象や原因なども適切に把握して，アセットマネジメント体系そのものの改善策の検討に反映させることが継続的なアセットマネジメントの改善には有効となる。

〔2〕 戦術レベル

戦術レベルでは，戦略レベルでいくつかのグループに分けられた道路橋群を対象とした中期的なアセットマネジメント計画の設定が行われる。

・戦術レベルは，時間軸の観点からは，全管理橋の最新の状態が詳細に把握できるレベル，すなわち定期点検間隔レベルであり，戦略レベルが最終的な目標を達成するための長期的な時間スケールであるのとは異なる。

・戦術レベルは対象橋数でいえば，全管理橋を合目的的に管理するためにいくつかのグループに分けた道路橋群を対象としたアセットマネジメント計画の設定を行うレベル（例えば，エリアごと，路線ごと）であり，戦略レベルが全道路橋を対象とするのとは異なる。

・これらの役割分担が明確でないと，マネジメントの目標を達成するうえで，戦略レベルで設定される最上位のアセットマネジメント計画と，戦術レベルで設定されるアセットマネジメント計画の包含関係に不整合が生じるといった問題が生じることとなる。

道路構造物の維持管理において，ここで行われるおもな業務および意思決定には，例えば，**表3.4**のようなものが挙げられる。

（1） 維持管理目標・方針の設定と管理

（a） 管理水準目標の設定　戦略レベルにおいて，供用中の道路ネットワークに求められる機能に着目して達成されるべき管理水準がネットワーク全体として設定されるとすると，戦術レベルでは，それを実現するために各路線や区間ごとに，平常時や異常時などさまざまな状況に対して具体的にどの程度の障害発生までを許容するのか，あるいはそういった機能障害の可能性をどの程度に抑えるのかなど，実施レベルで行われる点検・調査・補修・補強・更新等の措置に対して要求性能の設定が行える程度の具体的な目標設定が行われることとなる。ただし，この段階では，例えば個々の構造物に対する実施設計レベルの検討は行わず，実施レベルにおいて戦術レベルの目標が実現できるための詳細な設計や具体の工事の内容が決定されることとなる。

表3.4　戦術レベルの行動様式の例

<table>
<tr><th colspan="4">行動様式</th></tr>
<tr><th colspan="3">維持管理関係の項目の例</th><th>備　考</th></tr>
<tr><td rowspan="2">維持管理目標・方針の設定と管理</td><td colspan="2">管理水準目標の決定</td><td>路線・区間</td></tr>
<tr><td colspan="2">管理水準等の評価</td><td>路線・区間</td></tr>
<tr><td rowspan="6">維持管理計画の策定・実行</td><td rowspan="3">点検の方法</td><td>頻度</td><td>構造物や箇所ごとの決定</td></tr>
<tr><td>手段</td><td>構造物や箇所ごとの方針決定</td></tr>
<tr><td>診断・判定・記録</td><td>構造物や箇所ごとの方針決定</td></tr>
<tr><td rowspan="2">対象の選定</td><td>優先順位付け</td><td>構造物・箇所相互</td></tr>
<tr><td>実施時期の決定</td><td>構造物・箇所ごと</td></tr>
<tr><td colspan="2">点検の実施</td><td>路線や区間の進捗等管理</td></tr>
<tr><td rowspan="5">補修・補強・更新計画の策定・実行</td><td colspan="2">措置方針・目標の決定</td><td>路線・区間ごと</td></tr>
<tr><td rowspan="3">補修・補強・更新実施計画の決定</td><td>実施箇所と優先順位付け</td><td>構造物・箇所</td></tr>
<tr><td>実施時期の決定</td><td>構造物・箇所</td></tr>
<tr><td>実施内容（回復目標等）の決定</td><td>構造物・箇所</td></tr>
<tr><td colspan="2">補修・補強・更新の実施</td><td>設計方針，措置工法の決定</td></tr>
<tr><td colspan="3">措置結果の評価</td><td>路線・区間および構造物・箇所</td></tr>
</table>

（b）　管理水準等の評価　　目標の設定単位と連動して，同じレベルで路線や区間などの単位に着目して所定の水準が達成されたかどうかについて評価することとなる。

（2）　維持管理計画の策定・実行

（a）　点検の方法　　戦術レベルでは，戦略レベルで決定した適用法令や技術基準類を用いて行われる実施レベルでの具体の点検の方法について，法令や基準類だけでは確定しない点検の方法について必要に応じて決定することが考えられる。

例えば，定期点検の頻度や手段についても，法令では最低限の基本が規定されているだけであり，実際に対象となる個々の構造物の状態や形式，あるいは同じ構造物のなかの部位等によっても，非破壊検査機器を援用したり，近接目視を行うためのアクセス手段の計画，実際に管理者として残す点検記録の内容や記録方法などについては異なってくる。そのため戦術レベルでは，実施レベルで行われる発注実務等にも支障がないよう必要な資機材の見積りや配分などの措置とともに基本的な点検の方針や考え方を決定して提示する必要がある。

（b） **対象の選定**　戦略レベルからの要請およびこのレベルで行われる管理水準達成のための路線や区間ごとの計画に従って，具体的な点検対象構造物の選定や実施順序の考え方，あるいは実施時期に対する実施レベルに対する制約条件などを決定する。

なお，実際の点検計画は，例えば交通規制など具体の対象ごとに実施レベルではじめて確定する条件や現地踏査などで現地の最新情報なども踏まえて決定されることとなるため，戦術レベルでは実施レベルにおけるこれらの不確定要因と与条件である戦略レベルでの目標の両方を考慮して，計画全体が破綻しないことに配慮して実施対象の選定や時期について計画を策定しなければならない。

（c） **点検の実施**　戦術レベルでは実施レベルでの予算執行状況や点検の実施状況などについて集約して，このレベルで目標として設定される路線や区間の管理目標に照らして進捗状況や解決すべき問題の有無などの把握が行われる。また，必要に応じて追加の予算措置を行うなど，実施レベルの行為の制御が行われることとなる。

（3） **補修・補強・更新計画の策定・実行**

（a） **措置方針・目標の決定**　戦術レベルでは，戦略レベルなど上位レベルで決定された方針に則って，路線や区間ごとに，具体的に補修・補強・更新などの措置の具体的な内容や実施レベルで行われる構造物ごとの設計・施工における要求性能が可能な程度に機能の回復や向上の目標が設定されることとなる。

（b） **補修・補強・更新の実施計画の決定**　上記で設定される，路線や区間ごとの道路機能回復目標などに適合するように，具体的に補修・補強・更新などの措置を行う構造物や箇所の選定および実施優先順位付け，着手や完了などの実施時期の目標についても戦略レベルで設定される道路ネットワーク全体の計画に適合するように決定することとなる。

さらに，下位の実施レベル段階で，実際の現地の工事条件や措置対象の構造物等の詳細な状況を踏まえて実施設計が行われる場合には，このレベルでは未確定な条件もあることから，予算や実施完了時期などの目標についてはこれらを考慮した無理のないものとしておく必要がある。一方で，この段階での目標設定や対象の絞込みが適切に行われていないと，実施レベルでの補修・補強・更新等の措置内容が機能向上などの路線や区間の機能向上等の目標に対して過不足のあるものとなる可能性があり，実施レベルでの行動様式と調和したものとなっている必要がある。

（c）**補修・補強・更新の実施**　戦術レベルでは，実施レベルでの補修・補強・更新等の実際の設計や施工などの実施状況について把握し，路線や区間に対する目標が確実に達成されるよう，必要に応じてこのレベルで実施可能な措置を行うことが求められる。例えば，予算配分の見直しや追加配分，措置方針や実施箇所の見直しなどを戦略レベルからの要求に適合する範囲で判断することも考えられる。

（4）措置結果の評価

点検・補修・補強・更新といった実施レベルで行われた具体的な措置の結果に対して，路線や区間などこのレベルで設定した維持管理目標の達成度の観点から分析と評価を行うこととなる。評価結果は戦略レベルへ受け渡され，戦略レベルにおけるアセットマネジメント全体の目標達成度の評価の根拠ともなるため，その意味からは非常に重要な位置付けのものとなり得る。

また，実際の設計や施工などマネジメント対象物に直接働きかける実施レベルでは，現場条件の制約や構造物の詳細な条件が確定条件として影響するため戦術レベルからの目標要求に対して自由度が乏しく，そこで実際に要する費用や工期，工法などは戦術レベルで提示した実施計画とは乖離が避けられない。アセットマネジメントのサイクルを経てこの乖離をできるだけ小さくすることが合理的なマネジメントにつながることから，乖離原因の調査やそれを抑制・排除するための方策の検討にも評価結果は反映されることが重要である。

〔3〕 実施レベル

実施レベルでは，個々の管理道路橋を対象に，アセットマネジメント計画に基づく実際の整備行為，管理行為が行われる。戦略レベルや戦術レベルがこれらの整備や管理に関するアセットマネジメント計画を設定するレベルであるのに対して，実際の整備行為，管理行為が行われるレベルである。

・実施レベルは，時間軸の観点からは財政年度レベルである。

・実施レベルは対象橋数の観点からは個々の道路橋を対象としたレベルである。

・実施レベルは，アセットマネジメントの最終的な段階であり，実際に点検・補修・補強・更新などといったアセットへの直接的な働きかけを行うものであり，構造物を管理する以上はマネジメントの目的に照らして避けられない行為が含まれる。

道路構造物の維持管理において，ここで行われるおもな業務および意思決定には，例えば，**表 3.5** のようなものが挙げられる。

（1） 維持管理目標・方針の設定と管理

（a） 管理水準目標の設定　実施レベルでは，マネジメントの対象物である構造物等に直接働きかける行為が中心となるため，管理水準の目標設定ではそれぞれの構造物や部材などに対して点検や調査によってどこまで詳細に状態を把握するかとともに，それらに対する補修・補強・更新などの対策によって技術基準などに照らしてどのような性能を実現するのかの目標が設定される。戦術レベルと異なり，各部材や構造物ごとにリスク要因の洗い出しやリスクの程度の見積りとそれに対する目標も具体的に設定されなければならない。

例えば，道路橋の耐震補強などが必要と判断される場合には，地震時に実際に道路橋がどのような状態となり得るのか，その確実性に対する設計上の目標設定なども実施レベルで行われる管理水準の目標設定の一部と捉えることができる。

表3.5　実施レベルの行動様式の例

<table>
<tr><th colspan="4">行動様式</th></tr>
<tr><th colspan="3">維持管理関係の項目の例</th><th>備　考</th></tr>
<tr><td rowspan="2">維持管理目標・方針の設定と管理</td><td colspan="2">管理水準目標の決定</td><td>個別橋梁など構造物ごと</td></tr>
<tr><td colspan="2">管理水準等の評価</td><td>個別橋梁など構造物ごと</td></tr>
<tr><td rowspan="6">維持管理計画の策定・実行</td><td rowspan="3">点検の方法</td><td>頻度</td><td>個別橋梁など構造物ごと，および部材・部位ごと</td></tr>
<tr><td>手段</td><td>部材・部位ごと</td></tr>
<tr><td>診断・判定・記録</td><td>個別橋梁など構造物ごと，および部材・部位ごと</td></tr>
<tr><td rowspan="2">対象の選定</td><td>優先順位付け</td><td>部材・部位</td></tr>
<tr><td>実施時期の決定</td><td>部材・部位</td></tr>
<tr><td>点検の実施</td><td>診断・判定・記録</td><td>個別橋梁など構造物ごと，および部材・部位ごと</td></tr>
<tr><td rowspan="5">補修・補強・更新計画の策定・実行</td><td colspan="2">措置方針・目標の決定</td><td>個別橋梁など構造物ごと，および部材・部位ごと</td></tr>
<tr><td rowspan="3">補修・補強・更新実施計画の決定</td><td>実施箇所と優先順位付け</td><td>部材・部位</td></tr>
<tr><td>実施時期の決定</td><td>個別橋梁など構造物ごと，および部材・部位ごと</td></tr>
<tr><td>実施内容の決定</td><td>個別橋梁など構造物ごと，および部材・部位ごと</td></tr>
<tr><td colspan="2">補修・補強・更新の実施</td><td>設計，施工，契約実務</td></tr>
<tr><td colspan="3">措置結果の評価</td><td>個別橋梁など構造物ごと，および部材・部位ごと</td></tr>
</table>

あるいは，定期点検などの定型の点検体系のみでよいのか，別途モニタリングなども行って経過観察や突発的な異常の早期検知対策を講じるのかといったことも実施レベルでは管理水準の目標との関係で検討されることとなる。裏を返せば，そのような具体的な目標設定のないままいたずらに膨大な調査を行ったり，高度で精緻なモニタリングシステムを導入したりすることはアセットマネジメント全体との調和を考えた場合，維持管理水準の向上や経済性の観点からは不合理なものとなる。

（**b**）**管理水準等の評価**　実施レベルでは，実際に必要なレベルや内容で構造物の状態の把握や，補修・補強等の措置が行われ意図した機能が発揮される状態になったかどうかといった具体的な成果について，目標との関係で達成度が評価されることとなる。

（2）　維持管理計画の策定・実行

（a）　点検の方法・対象の選定・点検の実施　　実施レベルでは，点検対象の構造物や部材それぞれに対して，具体的な条件に応じて最適な点検手段や手順による点検が行われる必要がある。そのため対象に対する現地踏査や活用可能な過去の業務成果，各種の記録などの調査を行って詳細な点検計画を作成するとともに，これに基づいて実際の点検が行われることとなる。

（3）　補修・補強・更新計画の策定・実行

（a）　措置方針・目標の決定　　実施レベルでは，点検同様に各構造物や部材のそれぞれに対して戦術レベルで方針決定された目標性能を達成できるよう，補修・補強・更新等の具体的な設計方針，設計内容，適用する技術基準類およびその運用に関わる条件や例外等の扱いなど詳細が決定される。

このとき，例えば構造物の耐荷性能や耐久性能の目標設定にあたっては，おもに新設を念頭に規定されている技術基準類にも示されている一般的な方法を単純に踏襲するといった対応では，個々の構造物が置かれた環境条件や構造物の劣化や損傷などの影響に対して所要の性能が得られないことも多く，ここで決定する措置方針や目標設定には，設計・施工の各段階でこのような不適切な対応がなされないような配慮が不可欠である。

（b）　補修・補強・更新の実施計画の決定　　上記で設定される各構造物や部材ごとに対する具体的な補修・補強・更新といった措置によって達成すべき要求性能に適合するように，実施工事の順序や工期設定の調整，実施に必要となる具体的な一切の条件（用地・交通規制・工法・発注方式・発注ロット・契約条件など）を設定することとなる。

投入可能な予算や関係者の技術力などについては実施レベルでの自由度には限界があり，与条件を適切に考慮して制約や前提条件に適合する実施計画とすることが所要の成果を達成するためには特に重要となる。

（c） 補修・補強・更新の実施　実施レベルでは補修・補強・更新等の実際の設計や施工の実務と，これに関わる直接的な意思決定の大半が行われることとなる。

設計や施工に付随して，さまざまな技術的な判断や照査が適切に行われるとともに，必要に応じて修正設計や工事内容の見直しなども行われることとなり，各職位において必要な専門的な技術力が発揮されるとともに，発注手続きや組織内の意思決定手続きにおける関係者それぞれの責任と権限の構図が明確かつ適切なものであること，それらに対して認識が共有されていることも重要となる。

（4） 措置結果の評価

点検・補修・補強・更新といった実施レベルで行われた措置の結果について，構造物の耐荷性能や耐久性能の程度，施工品質の目標への適合の程度などマネジメント対象の構造物等に対する直接的で工学的な評価が中心となる。ここでの評価が戦術レベルや戦略レベルで行われる道路やネットワークといった構造物の目的である道路機能などの総括的な評価の根拠となること，またこのレベルでの構造物の状態に関する直接的で工学的な評価については，これらを戦術レベルや戦略レベルで再評価し妥当性の確認をすることは，それに必要な技術的専門性や扱える情報の質からも困難であることが一般的であることなどから，特に，このレベルにおいて正確を期しておくことが必要となる。

3.3 行動様式を支える技術的対応

3.3.1 技術的支援の有効性，必要性

3.1節で示したように，すべての行動様式で，その適切性や技術的な水準の高さなどがアセットマネジメントの成果とその品質全体に影響を及ぼすこととなる。そのため，アセットマネジメントの目的・目標に照らして各行動様式ができるだけ効率的・効果的なものであるように行われることが望ましい。

各行動様式の質に関わる要素として，特に重要となるものとして，インフラ

アセットマネジメントの場合には，意思決定に必要な知識の量と質，およびそれらに反映される情報の量と質を挙げることができる。

ある期間その意思決定に介在する個人の知識や技術力に依存することは，マネジメントの安定性の面や客観性などに大きな問題があることは明らかである。また，それとは別に，現代ではあらゆる分野で科学技術は発展しており，アセットマネジメントに関する意思決定を行うにあたっても多様な分野の高度な工学的な形式知はもちろんのこと，経験に裏打ちされた暗黙知を顕在化させ適切に反映することがよりよいマネジメントの実現には望ましい。そして国内にとどまらず，ITの発達により入手可能となっている世界中の多くの経験知についても適切に反映することが可能となっている。

さらに，例えば管理する構造物に関する点検データや架橋環境に関するデータなどに対して適切な統計処理等を行い，有益な情報に置換して活用することが可能となっている。これらの高度なデータ処理技術・統計分析手法なども適切に活用することが，マネジメントをより効率があがるものにすることに資することは当然のことである。

こういった新しい知識や知恵がつねに生み出され，技術も発展し続けることが期待される環境にあっては，インフラアセットマネジメントの高度化・最適化のために，行動様式を支援するツールに最新の知見や信頼性の高い技術を取り入れることが有効かつ重要になると考えられる。

以下に，行動様式の例として3.2節で整理を試みた道路ネットワークを対象としたマネジメントを取り上げ，主として道路橋などの構造物の維持管理に関係する判断や意思決定といった行動様式に対する技術的支援の有効性や必要性に関する着眼点について述べる。

〔1〕 実態の客観化・視覚化

維持管理の現場においても当てはまるが，人が把握できたさまざまな情報から何らかの技術的な判断や意思決定を行う場合，個々の技術者の経験や組織に継承されてきたルールあるいは明文化されていない経験則に基づく合意に従って行われることも少なくない。

しかし，これらのいわゆる暗黙知による行動様式は，個人の主観や経験の内容によっても左右される一方で，その根拠の客観的説明性に欠けることから，透明性が求められるアセットマネジメントの行動様式の拠り所としては課題もある。また，そこで考慮された情報ととられた行動の関係性を明確に示せなければ，それに基づいて行われた意思決定の妥当性の検証を十分に行うことができず，結果的にマネジメントの継続的改善を図ることに支障を来たすことにもなる。

このような課題に対しては，さまざまな情報をデータ化するとともに，経験則に沿った統計分析を行って客観的な数値情報とし，判断プロセスを視覚化することが有効である。さらに，経験則に科学的根拠を与えることによって経験則の修正や幅広い応用が行えるようにすることはマネジメントの最適化や高度化には特に有効であると考えられる。

なお，社会基盤施設の長期にわたる維持管理のように不確実な要素も多く，熟練技術者の経験知や組織に継承されてきた経験則は高い信頼性でもって妥当なものとなる可能性があり，統計分析やデータ化がこれを先験的に否定あるいは是正できると考えることは望ましくない。技術力を有する担当者が経験則も考慮して行う最終的な判断の際に，これらの客観的情報も考慮することにより，さらに適切な判断に結びつく可能性を高めることができると考えるのが適切であり，統計分析やデータ化は実態の客観化・視覚化に向けて，あくまでも支援ツールとなり得るものである。

〔2〕 暗黙知の形式知化

〔1〕で述べたように，インフラアセットマネジメントでは個々の技術者の経験や組織に継承されてきた明文化されていない暗黙のルールなどに従ってさまざまな行動様式がとられることも少なくない。

ただし，社会基盤施設を対象とする場合のように同じ対象・目的に対して数十年以上の長期間にわたって継続的かつ安定的にアセットマネジメントが行われる必要がある場合，それぞれの行動様式を行う担当者が一貫して同じであることはあり得ず，特に，道路管理者のような行政組織では高い頻度で人事異動による担当者の交代が生じ得る。このとき組織としてキャリアパスや教育訓練などの配慮を行ったとしても担当者の技術力を持続的に一定水準以上に維持することは困難であり，さらに主観的な判断にも個人差が避けられないことを前提としなければならない。

このとき，職位がその責任と権限で行う行動様式に対して，すべて担当者の個人の経験や主観に委ねることは，アセットマネジメントの最低限の質の担保やマネジメントレベルの安定性の観点からは大きなリスクを孕むこととなる。これを改善するためには，蓄積される経験則について一般化できるものや明文化できるものについては文書化するなど，共有の知見（形式知）として継承し改善していくことが有効である。

形式知化する方法については，その内容によって種々考えられるが，基準化や規則化，実施要領などマニュアル化，事例集や様式集といったカタログ化などが代表的な方法である。このほかにも便覧や教科書，研修テキストなどにとりまとめることも形式知化の一つといえる。そしてこのような形式知化されたナレッジや文書はマネジメントにおける各行動様式の支援ツールとしても捉えることができる。

〔3〕　未知の情報の抽出（潜在知の顕在知化）

暗黙知は，文書化やルール化がなされていないものの，担当者がその経験の蓄積のなかで見い出してきた法則性などの知識である。

一方で，経験的にも認識されていないさまざまな規則性や法則が，アセットマネジメントの各段階で活用可能な膨大な情報には潜んでいる可能性がある。

このようないまだ認識されていない潜在的な知識や法則性を，担当者の個人の経験の蓄積やすでに明らかな知識からの推測などから見い出すことは困難であるが，さまざまな統計分析手法などを用いることでこれらを膨大な情報のなかから発掘して利用可能な知識として顕在化させることが可能である。

例えば，古くからよく用いられてきた主成分分析もデータ群に潜むそれらの特徴をよく表すことができる未知の評価軸を見い出す手法である。また，近年急速に発達してきているAI（artificial intelligence，人工知能）技術も，膨大なデータ処理によって通常では認識し得ない特徴や法則性を顕在化させる手法として着目されている。なお，AIなどから見い出される法則性や因果関係に関しては，それを信頼性や原理が明らかな確実な知識として正しく活用していくためには，なぜそのような法則性が見い出されたのか，その原理や根拠について工学的に解明して理解することも重要となる。

〔4〕 **プロファイリング（特徴付け，差別化）**

統計分析ツールはマネジメントにとって強力な支援ツールであり，意思決定の合理化あるいは最適化に何らかのヒントを与えるものである。膨大な量の社会基盤施設を同時に管理する場面では，同時に膨大な情報を取り扱う。例えば，多様な自然環境や利用環境のなかで長期に供用される道路橋などの構造物の劣化には多大な不確実性を含んでいる。そのため，仮に豊富に点検データなどの情報があったとしても，個々の構造物の劣化特性を特定することも，あるいは対象に含めた多数の構造物の劣化等の特徴の類似性や異質性などを見い出すことも容易ではない。しかし，アセットマネジメントを行うにあたって劣化予測に基づき優先順位付けを行う場合に，参考となる構造物の特性は同じ特性を有するとみなせる類似構造物のみのデータから求められたものであることが望ましく，本質的に特性の異なる構造物のデータが混在したままのデータから求めた統計データを採用することは予測や評価の信頼性に重大な悪影響を及ぼし得る。

したがって，分析対象データとして収集された膨大なデータに対して適切な取捨選択により有効なデータを抽出したり，逆に明らかに異質なデータを排除したり，あるいは，同質性の程度に応じて母集団を分割するなどにより管理対象のパターン分類（グループ化）や特徴付けを行うことは，さまざまな行動様式に有効な支援ツールとなる。このようなアセットの状態の特徴などをさまざまな切り口で捉えて特徴や位置付けを明確化する技術としてプロファイリング技術は有効である。

このように，行動様式がとられる際には，有益で高度な技術的手法による情報提供等の支援が有益であることから，現時点でも活用可能な多くの技術的手法が開発されている。

一方で，さまざまな形でアセットマネジメントに関わる者が，どの行動様式に対してどのような支援ツールがすでに存在しているのか，あるいはそれらがどのような特徴を有するのかについて広く把握できる環境が必ずしも整っているわけではない。また，仮に活用候補足り得る支援ツールの存在を把握していても，その技術的な特徴や限界，活用できる前提条件などの留意点を正しく把握することは，これまでのようにインフラアセットマネジメントの全体像との関わりにおいて各行動様式の位置付けを正確かつ明示的に整理してこなかったこともあって，難しいのが実状であると考えられる。

その結果として，例えば，高度な統計処理手法やデータ処理プログラムなどを実務に取り入れていたとしても，量や質において適切なデータがそれらに対して使われていなかったり，アウトプット出力までの過程において不適切な仮定や処理が行われることとなったり，さらにはアウトプットされた結果の解釈において，さまざまな制約条件や仮定条件にも左右される信頼性や適用範囲に整合しない利用がなされるなどの問題が生じていることも危惧される。

ここでは，アセットマネジメント全体の見える化を実現するための方法論として，道路橋の維持管理を対象として，先に洗い出した行動様式のそれぞれに関連付ける形で，行動様式を支援するために活用が見込まれる支援ツールの例を紹介するとともに，その技術的特徴について整理することとする。

3.3.2 道路橋における技術的支援の例

〔1〕 行動様式の洗い出し

レベルによらず，適切なアセットマネジメントの実行システムを構築するためには，そこに含まれるすべての行動様式が漏れなく把握されていることが不可欠である。また，組織の各部署や担当者に対して行動様式の相互の関係性を十分に理解させたうえで，一連の職位や権限などに対応した行動様式を適切に割り振って，はじめて効果的にマネジメントサイクルが機能するようになる。

このように，すべての行動様式を洗い出し，それら相互の関係性を明示するためにもさまざまな技術的な支援ツールが有効となる。特に，重複する行動様式を整理し，かつそれらの関係性を明らかとするのに便利なツールとして，ロジックモデルがある。

ロジックモデルは，システムの構成要素となる利用可能な資源，行動様式，成果などの因果関係を体系的に可視化する手法である（**図 3.6**）。

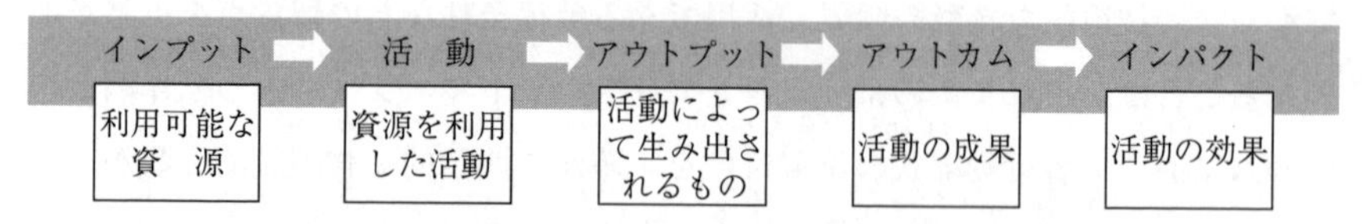

図 3.6　ロジックモデルによる構成要素の因果関係の可視化[11)]

例えば，道路構造物の維持管理であれば，日常的なパトロールの実施・定期点検の実施・維持補修の実施等の維持管理に関わる具体的なすべての活動（インプット）と，その活動が安全性や快適性の確保等で示される最終的な成果（アウトカム）の達成にどのように関係しているかを確認し体系的に整理するものである。この過程において，さまざまな組織においてどのような関連情報が眠っているのか，あるいはどのように関連する活動を重複して行っているか等が明らかとなり，行動様式の全体を俯瞰するなかでマネジメントの改善を行うことにつながっていく。さらには，長期的にも成果の達成状況を定期的にモニタリングし，システム全体の継続的な改善を行うためのインプットの見直しにも活用される。このようなロジックモデルは，階層的マネジメントサイクルの上位に位置する評価機能として，日常管理の Plan-Do-Check-Action のメンテナンスサイクルを監視する役割にも応用でき，メタ・マネジメントにも有効なツールとなり得る。

また，類似の手法として戦略マップ法と呼ばれる方法もある。これは，最終目標や成果に至るまでのさまざまな行為や要素を前後の因果関係に着目して関連付けて図式化する方法であり，相関関係として必要な行為や要素などが洗い出されるとともに，それらの戦略の全体像との関係性が明確となるため戦略の実行プロセスの構築が容易となるだけでなく，目標達成に対する各要素の貢献度や達成度を評価することも可能となるため，経営戦略の確立や特定の目標に対する業績評価にも活用されている[12]。

これらの方法は，母集団に含まれるデータ等に対して確率統計的な手法による分析からそれらの特性や傾向などを定量化し，それらの時間的変化などさまざまな仮定に基づいた推計・予測などを行うといった統計的手法とは性格を異にする工学的手法であるが，アセットマネジメントの体系構築を行ううえで不可欠な行動様式の洗い出しには，このような技術の支援も有効である。

〔2〕 レベルごとの支援ツール

（1） 概　　要

アセットマネジメント体系の構築においては，行動様式がすべて適切に洗い出され，さらにそれらの階層的構造を考慮して各レベルの職位と権限に対応付けて業務体系として整理される。その結果，各職位でその権限に基づいて行われるべき行動様式が確定し，実行に移されることとなる。

多くの行動様式は，それに関連するさまざまな情報を分析・評価して，検討に値する選択肢の抽出・絞り込みを行い，さらにはそれらから最適なものを選択するという行為である。

このとき，膨大な情報から有効なデータを抽出して分析し，それらが有する規則性や傾向・有意差・相関関係などさまざまな特徴を客観的に表現する潜在知の顕在知化が，そこでとられる行動様式の継続的な改善に有効に機能することが期待されている。なぜなら，行動様式の妥当性の説明性や透明性の確保のためにも，目標の達成度や行為の有効性を検証性の担保される手段によって定量的に評価することが前提となるからである。

そのため，社会基盤施設の維持管理業務においても，さまざまな統計的手法が行動様式の支援に活用されるようになってきている。その背景には，コンピュータの発展とともに統計処理が行えるソフトウェアの普及が進んでおり，実務においてそれらを活用することが容易となってきていることもある。

しかし，統計処理が日常的になったとはいえ，処理の過程で導出される数値の扱い，正しい処理プロセスの構築と実行，適当なデータの選択や利用するデータに対する正しい処理などがなされない限り，正しい意思決定に利用することはできない。

社会基盤施設の維持管理業務では，自然界の厳しい環境下において供用される構造物の劣化の状態とその推移を取り扱うことになるが，構造物の耐久性能に関するパフォーマンスは，実験室の理想的な環境下におけるものと実際の維持管理の現場でのものとは同じにはならない。例えば，実験室レベルでの理想的な環境下における再現や理論式による推定からは10年の耐久性が予測される構造物であっても，実際の供用下における暴露環境においては10年よりはるかに長く健全である場合もある一方で，10年よりも大幅に短い期間で劣化が進行することもある。

このような，パフォーマンスの変化が環境に左右される社会基盤施設の特性から，社会基盤施設の維持管理業務においては，理論に基づく確定論的なアプローチからではなく，実際の施設の状態を記録した点検データに基づく統計的手法による状態予測が重要な役割を担うことが多い。詳しくは4章で紹介するが，このための統計的手法としてさまざまな支援ツールが提案されてきており，以下に例を挙げるような，点検データそのものに起因する課題や分析上の仮定などの課題を克服しようとする工夫も提案されてきている。

【点検データの量に関する課題】

・分析に用いる点検データの量が少ない場合の分析結果の信頼性低下

【点検データの質に関する課題】

・間歇的に行われる点検と点検の間の補修によるデータ欠損

・点検データの測定誤差

・異なる方法で記録された点検データの混在

・点検データが間歇的かつ離散的であることによる不確実性

【劣化特性の分析上の仮定に関する課題】

・劣化特性の時間依存性

・劣化特性に個体差があること

・点検間隔が一様でないこと

以上のような課題を克服しようとする手法に加え，例えば漏水と腐食などデータ上はたがいに独立して記録されている異なる劣化現象について相互の強い相関性を明らかとし，工学的な因果関係を示唆する潜在知として扱えるようにするなど，さらなる行動様式の改善を目指した手法も検討・提案されている。

なお，統計的な手法だけでなく，各レベルの行動様式に対して，担当者の知識や経験を効果的に補う情報の提供のような支援も考えられる。例えば，個人や個々の企業や役所の体験だけでは十分な経験を積んだり，十分な教育訓練を受けることは期待できないが，不具合・失敗などの事例，多様な構造物等の劣化や損傷の実例などについては，それらが網羅された事例集が提供されるだけでも行動様式の質の向上が図られることは明らかである。このほかにも，実務の現場では担当者の技術力や理解力の差が大きく，自ずから獲得するには限界もある工学的専門分野の知見については，教科書や便覧・技術基準の解説書などの技術資料が提供されるとともに，それらを用いた研修や資格者制度が用意されることも有効である。

本書ではここまでに，アセットの目的に応じたマネジメントの目標の達成に向けて，性能規定化の進展などの検証性の重要性に言及してきたが，すべての行動様式に関わる担当者の信頼性の高い行動がその前提にある。調査・設計・施工等のいずれの段階にあっても，一定の研鑽を積んだ技術者がその能力を認知され，自らも矜持をもって確実に業務を遂行することが基本であり，しかるべき資格の付与やそのための日々新たな情報の提供などはきわめて重要な支援ツールである。

このように行動様式を支援する技術ツールは多岐にわたるが，ここでは，おもに統計的手法に着目して，それらの適切な活用に資することを目的に，先に整理した戦略レベル・戦術レベル・実施レベルに分けて有効な手法やレベル相互の異同などについて解説することとする。

（2） 戦略レベルの行動様式と支援ツール

戦略レベルでは，戦術レベルの与条件ともなるような，より包括的で影響の波及がアセットマネジメントの全体に支配的な影響を及ぼすような意思決定などが行われる。

それらのさまざまな意思決定の行動様式には，個々の施設間の優先順位付けや実務における発注単位のような個別の予算などではなく，戦術レベルや実施レベルの予算の全体枠を評価するようなマクロな経済評価，あるいはアセットマネジメント全体の成果目標に対する達成度の評価にそのまま使われるようなアセットの状態評価の分析などが行われる。

そのため，戦略レベルの行動様式に対して用いられる支援ツールは，統計分析手法についても，マネジメント全体への投資戦略の違いの影響の分析を行うなどの，戦術レベルや実施レベルにおける同種の行動様式に対する場合に対して，よりマクロな評価が必要な精度や信頼性で行える手法が適当となることが多い。

以下に，先に整理した戦略レベルにおける道路ネットワークとそれらに含まれるおもに道路構造物の維持管理を想定した場合の行動様式に対して，参考とされることの多い情報とその特徴，他のレベルとの対比から一般的に有効性が高いと考えられる支援ツールの特徴について述べる。

（a）　維持管理目標・方針の設定と管理　　戦略レベルでの管理目標は，道路ネットワークの有効性や機能状態などとなるため，その決定や評価では個々の路線や構造物の状態の評価ではなく，ネットワーク全体の状態を総合的に評価したものとなる。例えば，渋滞や交通事故による物流障害の発生状況やその社会的影響の程度，地震や洪水などの自然災害や沿道での大規模火災等の想定事象に対するリスクアセスメントの結果などが，現況の評価とともに新たなマネジメント目標の設定の意思決定には反映されることとなる。

そのため，第一には，道路管理者が期待する多様な道路の価値を総合的に評価でき，優先度付けや効果の計測が可能な手法による支援が有効となる。現時点ではこれらに用いることが可能な統一的な手法は確立していないが，後述するようにさまざまな行政機関等で検討が進められている達成度評価の方法は，このレベルの評価には参考となる情報の提供が期待される。

なお，評価の方法が決まれば，将来の状態予測を行う統計的手法を併用することは，その評価水準の将来の推移を評価することを可能とし，管理目標のマネジメントには有効である。

その場合，道路ネットワークとしての全体の点検データを用いることになるため，用いるデータの量は大量となるのが一般的である。このため，点検データの量に起因する予測結果の信頼性低下に関する課題は戦術レベルなどと比較して顕在化しにくい。

また，データ欠損，データの測定誤差といった点検データの質に関する課題や，劣化特性の時間依存性，劣化特性の個体差，厳密には点検間隔が一様ではないデータの取扱いといった劣化特性の分析上の仮定に関する課題は用いるデータ量の多寡によらず存在はするものの，道路ネットワークとしての機能状態を俯瞰するという大局的な目的からは，これらの課題の克服に対してこのレベルにふさわしい適当な手法を特定することの意義は大きくない。むしろ，さまざまなモデルを用いた場合には，それらの結果を総合的に評価し全体を俯瞰するのがよい。

（b）　維持管理計画の策定・実行　　戦略レベルでの維持管理計画の策定は，目標とするリスクレベルなどの管理水準を達成するために，具体的な点検間隔や基本とする点検手法などを定めるものとなる。そのため，アセットマネジメント全体の予算制約を踏まえたうえで事故等の発生リスクを目標水準以下に低減でき，かつこれが安定して継続実施できるかどうかについて費用対効果などの見積り，戦略の違いによる優劣の相対比較などの情報による検討の支援が考えられる。

例えば，国による道路橋の定期点検の法制化にあたっては，全国の道路橋の既存の点検データに対して遷移確率分布などの劣化特性の推計が行われ，それらも参考として，急速な劣化によって点検間隔とその間に重大事故に至る可能性などについても検討が行われた。

条件がきわめて多岐にわたり，母集団に含まれるそれぞれの特徴には大きなばらつきが避けられない不確実性の高い対象について，共通的な点検頻度や手法などの基本方針を定めるような場合には，それらの要因が反映されている実績データを用いて不確実性の情報も失わないような統計的手法による分析結果は意思決定の支援に有効となる。例えば，蓄積された点検データをさまざまな条件で分類区分を行って，それぞれあるいはそれらを統合したデータなどさまざまな観点や括りでの状態遷移確率分布の算出を行って全体的な劣化特性を評価したり，重大事故につながるような急速な劣化が生じる可能性を見積もった情報は参考となる。

このような分析を行うとき，母集団となる点検データが十分大量であれば，さまざまな条件で分類区分を行ったとしても，データの量に起因する予測結果の信頼性低下に関する課題が顕在化する可能性は低い。一方，点検データが十分大量とはいえない場合は，データ量の不足の影響が緩和可能な手法が有効となる場合も想定される。

また，データ欠損，データの測定誤差といった点検データの質に関する課題や，劣化特性の時間依存性，劣化特性の個体差，厳密には点検間隔が一様ではないデータの取扱いといった劣化特性の分析上の仮定に関する課題は用いるデータ量の多寡によらず存在するものの，あくまでネットワークとして基本とする点検間隔や点検手法などを定めるための参考とすることが目的であり，個々の施設に対して最終的に採用される点検間隔や点検手法は戦術レベルや実施レベルで定めることを考慮すると，これらの課題の克服に対しこのレベルにふさわしい適当な手法を特定することの意義は大きくない。むしろ，さまざまなモデルを用いた場合には，それらの結果を総合的に評価したうえで判断するのがよい。

ただし，劣化特性の不確実性やさまざまな条件で分類された構造物群の特性を反映しがたい理論的手法による将来状態予測は参考にすることが難しい。

（c）　補修・補強・更新計画の策定・実行，措置結果の評価　　戦略レベルでは，個々の施設の補修・補強等の措置内容については，戦術レベルや実施レベルに委ねる一方で，管理目標の達成をより確実に，さらにはできるだけ高い水準で達成できるよう，ネットワーク全体のなかでどの路線や区間に予算を配分するのか，そのとき予防保全か事後保全かあるいは更新なのか，現状維持なのか機能回復なのか，さらには機能強化なのか，といった措置方針の全体的な方針を決定する必要がある。

そのため，戦術レベルや実施レベルといった実際の施設や区間の状態を反映してそれぞれの対象ごとに推計される措置方針ごとのライフサイクルコストやリスク評価の結果を統合して，全体としての計画の最適化を図れるよう内容や予算の調整を行うことなどが求められる。

このような膨大な組合せとなる措置シナリオの試算を行うためには，膨大な情報を効率よく処理して演算できるコンピュータシミュレーションと必要な情報を格納したデータベースの存在が不可欠である。

また，ライフサイクルコストなど費用を指標とする場合には，試算に用いる措置シナリオごとの費用の見積り方法が施設ごとにばらばらであったり，その精度や概算の程度に大きな違いがあると，予算配分が実態と合わなくなって必要な措置が実施レベルでは不可能となったり，無駄な予算配分が行われるなど全体の最適化が行えない。

そのため，下位のレベルに提示するための積算標準や共通データ仕様，必要費用の算出方法の提示なども重要となる。そして戦略レベルの検討では集約される情報を統合して，膨大なシミュレーションを行うこととなるが，その結果の評価は，管理目標の達成度と対比することとなるためそこで採用される支援ツールが基本となる。さらに，当然のことながら措置結果の評価についても同様である。

（3）　戦術レベルの行動様式と支援ツール

戦術レベルでは，戦略レベルでの行動様式による結果を前提条件や制約として考慮したうえで，このレベルの行動様式の結果を受けて，構造物等のマネジメント対象物に対する直接的な措置や細部の意思決定などを行う実施レベルが適切に行われるために必要な意思決定や選択が行われる。

そのため，例えば，道路ネットワーク上の構造物の維持管理計画を念頭におくと，予防保全なのか事後保全なのか，あるいはどの路線にどのような機能や性能を期待するのかといった戦略レベルの決定を受けて，路線間や区間の措置の優先度などをこのレベルで決定することとなる。それと同時に，例えば，点検の場合には対象ごとの具体的な手段や用いる機器等の選択，補修や補強の場合には具体的な工法や対象部材の選択，あるいはそれらに対する補修・補強設計計算や工事等の調達の実務については実施レベルで行われる行動様式となるため，戦術レベルでは，これらの実施レベルの行動様式で手戻りが生じるなどの不合理や実施困難な事態に陥ったりすることのないよう，実施箇所や具体的な措置方針，発注レベルの優先順位の考え方，工期や工程の前提となる基本計画などが決定あるいは方向付けされる。

このような戦術レベルにおいて，支援ツールとして用いられる統計分析手法などには，戦略レベルからの制約条件等を反映できることに加えて，戦略レベルの場合よりもよりミクロ的で具体的あるいは精度の高い比較検討が行えるアウトプットが求められることとなる。

補修・補強などにかかる予算の見積りや，優先順位付けの場合には，対象となる構造物種別や材料や構造的特徴の違いが結果に反映されることや，補修・補強工法などの措置内容ごとに実施レベルで採用可能性のある選択肢に対する費用の条件なども，戦術レベルでの方針決定や方向付けが実施レベルで逆転するなど大きく乖離し矛盾することのない精度が求められる。

逆に，いかに高度で精緻な評価が可能な統計分析手法を戦術レベルで用いたとしても，データの不足やデータの信頼性の乏しさなどから，そのアウトプットに従うと実施レベルで無理や矛盾に陥るリスクが無視できないほど大きくなるようであれば，それを用いることは意味がないばかりかアセットマネジメントの質を低下させる原因ともなり得る。

このように，同じ統計分析手法が使える場合にも，そのレベルに応じてそれに用いるデータの質や量に求められる内容や水準は異なってくる。そのため活用目的とデータの量や質が調和していることに十分注意を払わなければならない。特に，戦術レベルは，上位の戦略レベルと下位の実施レベルの間を取りもって双方が整合して矛盾なく合理的なものとする重要な役割を担うこととなるため，つねに戦略レベル，実施レベルとの関係を見極めながら，支援ツールの選択とその活用方法，さらには結果の扱いを決めていくことが重要である。

以下に，先に整理・抽出した道路ネットワークとそれらに含まれるおもに道路構造物の維持管理を想定した場合を例に，戦術レベルでの行動様式で参考とされることの多い情報とその性格，他のレベルとの対比から一般的に活用性の面で有効性が高いと考えられる支援ツールの特徴について述べる。

（a） 維持管理目標・方針の設定と管理　戦術レベルでの管理目標は，戦略レベルでの対象のネットワークや施設群全体の方針を前提として，例えば路線単位や出先機関の所掌範囲といった全体を構成する一部の集合に対するものとなる。その場合，例えば，渋滞や交通事故による物流障害の発生状況やその社会的影響の程度，地震や洪水などの自然災害や沿道での大規模火災等の想定事象に対するリスクアセスメントなど戦略レベルと同様の観点の評価も行われることが考えられるが，その内容は施設の状態や沿道や地域の状況についてより具体的かつ詳細に考慮したものとなる。

そのため，優先度付けや措置効果の計測にも用いる目標設定のための道路等の価値の総合的評価においても，その評価内容は実施レベルにおける具体的な点検や工事等の対策行為の内容の検討に反映できる具体性が求められる。具体的には，交通規制や工事に係る騒音や渋滞などの影響範囲やその程度や評価指標，関連する対象に対する点検や補修・補強等の工事の手順や工程の調整，あるいは迂回路や代替手段による機能保証の計画なども大枠はこのレベルで検討される必要がある。

このとき，戦略レベルからの要求や制約を条件として，具体的な機能障害や社会影響を評価して対策を検討する事業継続計画（business continuity planning，BCP）の検討なども参考となる。また，戦略レベルと同様に，行政機関が模索している達成度評価手法も戦術レベルにおける目標設定や措置結果の評価には参考となる。例えば，後述する米国の例では，渋滞時間・迂回路の延長・交通事故率なども州や連邦のマネジメント状態や維持管理状態の評価に用いられている。

なお，評価の方法が決まれば，統計的手法による将来状態予測を併用することは，その評価水準の将来の推移を評価することを可能とし，管理目標の管理には有効である。

このような分析を行うとき，維持管理計画の策定・実行と同様に，母集団となる点検データが十分大量であれば，路線や区分に分割したとしても，データの量に起因する予測結果の信頼性低下に関する課題が顕在化する可能性は低い。一方，点検データが十分大量とはいえない場合は，データ量の不足の影響を緩和可能な手法が有効となる場合も想定される。

また，ここでの分析結果やそれを踏まえた決定は，実施レベルにおける具体的な点検や工事等の対策行為の内容に検討に反映できる具体性が求められることを考慮すると，データ欠損，データの測定誤差といった点検データの質や，劣化特性の時間依存性，劣化特性の個体差，厳密には点検間隔が一様ではないデータの取扱いといった，劣化特性の分析上の仮定が分析結果に無視できない程度の影響を与える場合も想定される。

このため，対象となるデータの量や質に応じて適切な手法を選定することの意義は戦略レベルと比較して相対的に大きい。

（b） 維持管理計画の策定・実行　戦術レベルでの維持管理計画の策定は，例えば，点検頻度や主体とする点検手法などの基本的事項は戦略レベルで予算の見積りとともに提示されるものが前提となる。一方で，例えば，仮に全体方針としては点検頻度が5年ごとが基本であると提示されても，実際には契約手続きや現場条件の制約などによってもある程度のズレは避けられない。また，点検の方法も個々の構造物に対して近接目視を基本とすることが与条件であっても，施設の立地条件や地域の自然環境などによって，自然環境や地形地質の調査あるいは交通量や荷重実態の把握なども別途必要となることがある。

戦術レベルでは，このように対象となる母集団全体に対して実施レベルで行われる具体的な行為の計画全体が洗い出される必要がある。膨大な対象業務の洗い出しとその実施手順やそこでの行動様式の関連性を俯瞰して，実施可能な目標を実施レベルに提示するためには，ロジックモデルなども有力な支援ツールとなり得る。

一方で，戦術レベルでは対象となる施設の数も戦略レベルに比べて小さくなることが一般的であり，そこで対象とする施設群の点検データから点検・措置の優先順位付けや何らかの観点で分類区分したものの劣化特性等を見積もるために統計的手法を用いようとする場合，母集団とするデータの数が少なくなることによる推計の信頼性の低下の問題が生じることがある。

例えば，小さな母集団で遷移確率分布を求めたり，期待値としての劣化曲線なども求めても，推計結果と母集団全体の実績との間には結果的に大きな乖離が生じる危険性がある。

そのような場合にも，例えば対象に含まれる個々の施設や属性に対して独立に将来推計を行いつつ，それら全体を俯瞰して異質な施設や属性の存在を抽出することができる手法も開発されており，このような高度なプロファイリング技術は，母集団データに制約がある場合の将来推計にも有効な情報を提供できることがある。

（c） **補修・補強・更新計画の策定・実行，措置結果の評価**　戦術レベルの補修・補強計画では，維持管理計画同様に，実施レベルでの実際の工事内容は手順などもある程度の精度で考慮して最適化を目指す必要がある。そのため，戦略レベルで決定された補修・補強・更新にかかる条件を踏まえて，対象全体の管理水準およびその前提として個々の施設の健全性などの機能状態を合理的に満足できるように計画されなければならず，不確実性を考慮しつつ施設ごとの補修・補強・更新の内容や手順をさまざまな組み合わせをして，経済性，社会的影響，将来の事故や再劣化等のリスクの評価を具体的に比較検討することとなる。

このような将来予測には，道路橋ではその規模や構造形式，立地条件をある程度具体的に反映できる手法が有効である。そのとき施設それぞれの具体的な損傷の状態や劣化部位の安全余裕などは，実施レベルで設計計算レベルの検討を行わなければ精度よく見積もることは困難であるが，類似性のある橋梁から得られた劣化特性などの分析データを用いることで，予測や評価の信頼性はある程度向上が期待できるはずである。そのため，多数の信頼性のあるデータの統計分析結果も参考とするのがよい。このときデータ相互の特性の類似性の判断が重要となるが，これについても統計的手法によることで，異質性・同質性の評価を行ったり，推計の信頼性を具体的に検定できるなど，計画の妥当性や確からしさの説明性も確保されやすい。

維持管理計画の策定と同様，戦術レベルでは対象となる施設の数も戦略レベルに比べて小さくなることが一般的であり，母集団とするデータの量に起因する予測結果の信頼性低下の問題が生じることがある。

また，ここでの分析結果やそれを踏まえた決定は，実施レベルにおける具体の補修・補強・更新時期や優先順位などの検討の前提条件となることを考慮すると，データ欠損，データの測定誤差といった点検データの質や，劣化特性の時間依存性，劣化特性の個体差，厳密には点検間隔が一様ではないデータの取扱いといった，劣化特性の分析上の仮定が分析結果に無視できない程度の影響を与える場合も想定される。

このため，維持管理計画の策定と同様，データ量の不足の影響やデータの質，劣化特性の分析上の仮定が分析結果に与える影響を把握し，それらに応じた適切な手法を選定しなければ，実施レベルでの検討に手戻りが生じたり，誤った意思決定を引き起こしたりする可能性も否定できない。

また，維持管理計画の策定と同様，個々の構造物や箇所ごとの劣化特性の個体差を適切に評価可能な手法も用いれば，実施レベルでは異質な劣化特性をもつ構造物や箇所に当初から着目して補修の優先順位を高めたり，措置を検討するための調査における着眼の参考とすることができ，実施レベルでの検討や意思決定の合理化に資する。

（4） 実施レベルの行動様式と支援ツール

実施レベルは，戦術レベルで方向付けされるアセットマネジメントの全体方針や達成目標を踏まえつつ，具体的には戦術レベルでの意思決定の結果や，与条件として課される予算の制約，投資箇所の考え方や投資内容を踏まえて，個別施設に対する具体的な措置内容や個々の契約手続きに直接関わるような具体的な検討が行われる。

また，実際のアセットの状態や投資金額などは実施レベルでの行動様式の結果で最終的に確定するため，アセットマネジメントの全体方針や達成目標を最終的には直接左右することとなる。

このような位置付けから，実施レベルの行動様式には，個々の施設の条件を反映した具体的で工学的専門知識が要求されるような意思決定が含まれる。また，補修・補強等の実施行為にかかる設計・施工などの技術的検討や調達を適切にマネジメントできるだけの技術的に高度な専門的知見を要する作業も行われる。

以上のことから，実施レベルの行動様式に対して用いられる支援ツールには，点検結果の分析や，構造力学的な評価，構造物や材料の劣化や損傷に関する情報の処理や評価を伴うような，よりミクロで具体性のある検討が行える技術による支援が特に期待されることが多い。

また，施設そのものの情報を入手するための点検や各種の現地調査，蓄積されてきた施設に関する情報の処理など，対象資産の実態に関するより直接的な情報を扱うことも他のレベルと異なる点といえる。

以下に，先に整理した実施レベルにおける道路ネットワークとそれらに含まれるおもに道路構造物の維持管理を想定した場合の行動様式に対して，参考とされることの多い情報とその特徴，他のレベルとの対比から一般的に有効性が高いと考えられる支援ツールの特徴について述べる。

（a） 維持管理目標・方針の設定と管理 実施レベルでは，それぞれの道路橋等の施設に対して，それが機能の一部を担うこととなる路線や区間に対して戦術レベルで求められる性能等を満足させることが具体的に求められる。

そのため，個々の施設ごとに劣化や損傷の状態とそれによる構造安全性や耐久性能などへの影響を具体的に見積もるとともに，それに対する目標を設定する必要がある。このとき，どのような措置によるのか，どこまでの性能を目標とするのかは，経済性やそれが含まれる路線や区間の他の施設との目標性能の整合性にも関わることから，さまざまな価値を総合的に評価するのではなく，着目するすべての機能や価値について，それぞれ具体的に達成すべき目標水準を設定しなければならない。構造安全性や耐久性能については設計基準などとの対比が相対的には一つの目安となるが，絶対的評価を行うためには，具体的に構造設計を行うなども必要となることがある。このとき対象構造物の性能を規定した技術基準が性能規定化されており，かつさまざまな劣化や損傷の影響が含まれる既設橋の保有する性能水準を推計できるような具体的で定量的な性能照査基準がこれと整合して用意されている場合には，ある程度高い信頼性で耐荷力状態の推定が可能となり，補修・補強の必要性やその内容についての意思決定が合理的に行える。ただし，現在のところ既設構造物の性能水準を簡便かつ精度よく絶対評価できる技術については確立しておらず，その確立が急がれる。

（b） 維持管理計画の策定・実行　管理水準の設定と同様に，施設ごとにその構造や材料，立地条件なども踏まえて，点検の方法，詳細調査等の対象部位・部材の選定と手法などを決定する必要がある。道路橋のような社会基盤施設では詳細には個々の施設の構造や条件はまちまちであり，実施レベルの検討では，安易に類似施設や既往の実績からの推測だけでは正確な評価ができないことが一般的であり，個別の診断や評価が不可欠である。このとき必ずしも一般化されていない事例や知識も含めて，蓄積された経験知ができるだけ反映されることが対応の質の確保につながるため，損傷事例集や過去の設計基準などの技術資料なども適切な意思決定の支援となる。

次回点検までの措置として監視が必要とされる対象部材や監視する方法，追跡的な詳細調査の必要性や実施する場合の内容の決定などには，道路橋なら橋の構造や劣化現象などに対する知見を有する技術者の判断が必要となる。そのときにも橋の各部材の特徴や劣化状態，発生している損傷の種類などできるだけ具体的な条件を踏まえて，部材単位に着目する損傷種類ごとに将来予測を行ってリスクの評価や重点的に監視すべき部位や内容を検討することが有効である。このような特定された具体的な条件下での将来予測では，確定的な劣化期待値による推定や，一般に信頼性がある程度明らかな理論に基づく劣化予測なども有効となる場合がある。

また，着目している個々の構造物に対するライフサイクルコストの評価など将来予測結果を参考とする場合には，当該構造物の過去の経緯や構造特性，その構造物を形成する部材などの構成要素の劣化や損傷が構造物の性能の及ぼす影響などをできるだけ正確に反映することが予測精度の向上には重要となる。そのため同種同形式等の条件から類似性のあるものの平均的な傾向などによる予測ではなく，個別条件をできるだけ正確に反映できる予測手法による高度な支援がより有効となる。

（c）　**補修・補強・更新計画の策定・実行**　　維持管理計画の検討同様に，実施レベルでは実際の構造や損傷の状態に即して，構造力学的な評価を適切に行って所要の構造安全性や耐久性能などの目標性能を達成できるように措置方針（補修・補強・更新の別やその内容，手順など）を決定しなければならない。

このような検討にあたっては設計手法に準じた手段がとられることとなるが，補修・補強の効果，それらの再劣化の予測については，技術基準やデータの蓄積が十分でないことがほとんどである。そのため，手段によらず結果の信頼性や推計の限界をつねに念頭においたマネジメントが行われなければならない。

3.4　マネジメントの目標および行動様式の継続的改善方法

3.4.1　マネジメントの対象とマネジメントそのものの評価

ここまで見てきたように，アセットマネジメントを行うにあたっては，さまざまな支援ツールが活用可能となりつつあり，これらを活用することがそこで行われる行動様式のそれぞれの最適化に資することは確実である。

一方，アセットマネジメント全体の最適化のためには，それぞれの行動様式の結果として，対象としているインフラアセットの状態が目標とした水準に達したのかどうかというマネジメント対象の評価，およびアセットマネジメントそのものが無駄もなく最も効率的・効果的なものとなっているのかどうかというマネジメントそのものの評価を行って，アセットマネジメント全体の評価を行い継続的に改善することが不可欠である。

そして，これを行うにあたっては，1章で述べたようにアセットマネジメントの全体像のなかで，アセットマネジャーであるインフラ管理者のみならず，アセットマネジメントのステークホルダーである納税者にも理解できる説明性・透明性のある形で評価結果を表現することも重要となる。そのため，アセットマネジメントの目標に照らして，さまざまな観点から客観的でかつ妥当性のある方法による評価を行ってこれを「見える化」することとなり，ここでも統計的手法を含むさまざまな技術的な支援ツールの活用が期待される。

ここで，そもそもなぜアセットマネジメント全体の最適化を指向することになるのか？ 例えば，安定して継続的にマネジメントができていれば，それをさらに高度化し最適化する必然性はないのではないか？との疑問が生じるかもしれない。

しかし，アセットマネジメントの成果やマネジメントそのものの状態について「見える化」が進むと，おそらく完璧であることはあり得ず，何らかの課題が「見える」あるいは「見つかる」こととなる。そのときインフラアセットマネジメントでは，その課題がマネジメント委託者である納税者や社会からも「見えている」ことになるため，当然課題の解決やマネジメントの改善が求められることとなる。さらに，改善のための投資をするにも，納税者や社会に対する「見える化」（＝コミュニケーション）が不可欠であることは予算制度を考えても自明である。

このようにマネジメントの見える化と課題の解決によるマネジメントの改善にも支援ツールの活用は有効と考えられる。さらに，支援に用いるツールも，複雑な課題に対して合理的で信頼性の高い解決策を提示できる，より技術的に高度なものであるほど効果的であるとすれば，より高度な支援ツールの活用を指向することとなる。

このようなことから，インフラアセットマネジメントにおいてはその実践にあたって最適化を目指した支援ツールの積極的な活用は，より高度で充実したツールの活用による，よりレベルの高い技術支援導入というモチベーションを喚起し，その結果，さらにより充実した技術支援の導入を指向するという「アセットマネジメント全体が継続的に発展できる」環境が作り上げられることにもつながる。そして，当然のことながらこのような継続的改善がマネジメントを最適な状態に早く確実に近づくための唯一の方法論である（**図 3.7**）。

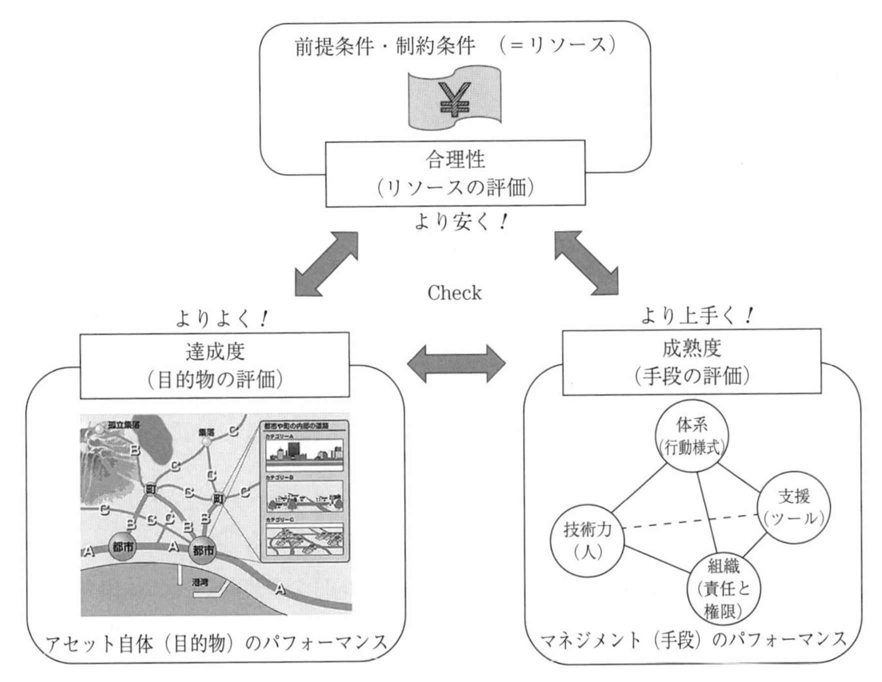

図 3.7　アセットマネジメントにおけるマネジメントの継続的改善の必然性

以上より，アセットマネジメントが継続的に改善されるためには，あらゆるプロファイリング結果が見える形で示されることが重要であることは明らかであり，プロファイリング結果をさまざまな視点・観点で見える形に示すための「コミュニケーションツール」としての「評価手法」の確立・充実もまた不可欠であるといえる。

以下に，継続的改善の鍵の一つである，アセットマネジメントの対象の評価として達成度評価を，アセットマネジメントそのものの評価として成熟度評価をそれぞれ取り上げ，それぞれ参考となる事例を紹介するとともに，その意義と必要性について述べる。

3.4.2 達成度評価

おもにマネジメント対象の状態やコスト縮減効果など特定の観点における設定目標に対する充足度に着目してそれらを達成度評価として適切な指標などで「見える化」することは，ステークホルダーに対してもアセットマネジメントの目標の達成の程度を比較的かつ直接的に説明できるコミュニケーションツールとして有効である。

このようなインフラアセットマネジメントにおける達成度の評価手法については，現在のところ必ずしも統一的な手法が確立しているわけではないが，ここでは，内外の行政機関等が公表している事例のいくつかを紹介する。

〔1〕 米国の例

米国では，各州は連邦政府が定めた全国橋梁点検基準（NBIS）に基づいて点検結果を連邦に報告することとされている。その際，橋ごとに点検結果に加えてさまざまな条件が組み合わされて求めることができる総合的な評価指標であるSR（sufficiency rating）を算出することとされている[13]。

指標は，構造・機能・重要性・交通安全という四つの着眼ごとに算出される評価値と，それらをさらに合成した総合評価値から構成されている（**表3.6**）。

例えば，S1については部材などの損傷や劣化の状態に応じて付与されるランク値や耐荷力の大小ともいえる荷重レベルに応じて点数化された数値の合成値であり，維持管理において健全性を回復し，補強などにより耐荷力が向上することで点数は上昇するものであることから，これらに対する目標に対する達成度評価としての側面を有している。

その他のS2～S4も同様に，供用中の道路橋に求められる性能として評価することができる，それぞれ異なる観点での維持管理の総合評価値となっており，対応する観点での目標に対する達成度評価に使えるツールと捉えることができる。

なお，この指標は，連邦道路局（FHWA）によって公表されているだけでな

表 3.6　SR の評価方法[13)]

SR（満足度）＝S1（構造）＋S2（機能）＋S3（重要性）－S4（交通安全等）

SR の構成要素		評価項目	最大値
S1	構造的適正・安全性	・上部構造の NBI[注1)]点検ランク ・下部構造の NBI 点検ランク ・安全に使用可能な荷重レベル	55 %
S2	使用性・機能的陳腐化	・構造的評価（日平均交通量と安全に使用可能な荷重レベルとの関係） ・道路幅の不十分度（車線当りの日平均交通量，車線当りの幅員） ・桁下クリアランス・進入路の線形 ・水路の適正 ・床版の NBI 点検ランク ・進入路の幅 ・縁石から縁石までの幅 ・車線数 ・日平均交通量 ・床版上の最小鉛直クリアランス ・Strategic Highway Network かどうか	30 %
S3	公共的重要性	・迂回路の延長 ・日平均交通量 ・Strategic Highway Network かどうか	15 %
S4	特別減点	・迂回路の延長 ・主スパンの構造形式：ラーメン，トラス等 ・交通安全性：ガードレール等	13 %

注 1）NBI：National Bridge Inventory；全国橋梁目録

く，連邦政府から各州に対する補助金の配分などの財政支援措置に対しても活用されている。

例えば，SR をもとに，架け替えまたは補修の優先順位を決定し，連邦補助プログラム HBRRP（Highway Bridge Replacement and Rehabilitation Program）による連邦補助金の各州への配分を行っている[14),15)]。

これは，SR を HBRRP の対象となる全米幹線道路ネットワーク（National Highway System，NHS）や州際道路の維持管理水準を間接的に表す達成度評価指標と捉え，SR をもとに予算の配分を行うことで HBRRP の目的が合理的に達成されることを見える化しようとしているものと捉えることができる。

また，連邦政府では，道路橋の総合的な評価として，NBIS に基づく点検結果をもとに構造的欠陥（structurally deficient, SD），機能的陳腐化（functionally obsolete, FO）などと定義付けを行い，定期的にこれらの集計を行って公表しており，アセットマネジメントの達成度評価の一つとして扱われているものと考えられる（**図 3.8**）。

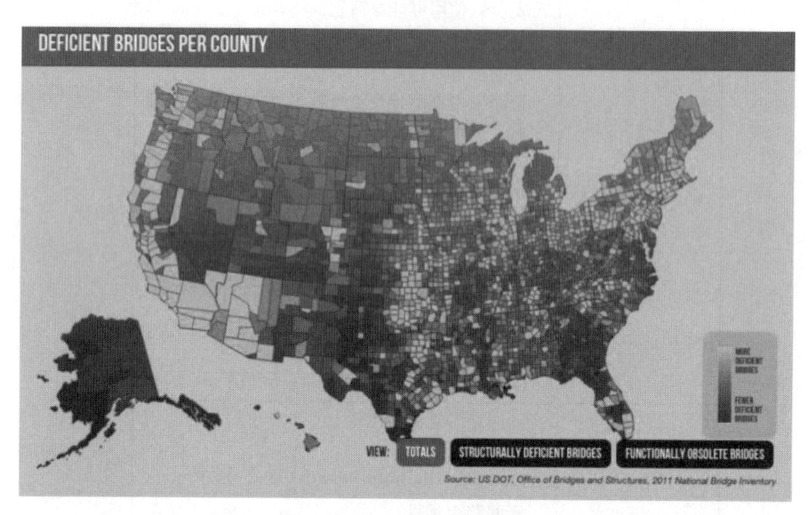

図 3.8　橋梁数および構造的欠陥 / 機能的陳腐橋梁数（郡ごとの集計）[16]

米国では，2012 年 7 月に施行された陸上交通授権法（Moving Ahead for Progress in 21th Century Act，MAP-21）において，各州は実施目標に対するパフォーマンス指標およびアウトカム指標と，そのターゲットと進捗を連邦政府に報告することが定められている[17]。

そして米国の各州では，現在道路橋などのインフラについて Performance measure report（状態の評価報告書）が作成され公表されていることがホームページなどで確認できる。例えば，**図 3.9**，**図 3.10** はアイダホ州における橋梁の状態の公表例である[18),19]。点検結果で付与される部材ごとの評価値（0～9 点）を活用して，部材の健全度を定量的に表現して，それを用いた維持管理水準の目標設定とその管理が行われていることが伺える。そして，同様の Performance measure report が他の多くの州で公表されている。

また，カリフォルニア州では，州独自に BHI（Bridge's Health Index）とい

Idaho Transportation Department Performance Measurement Report

Part II – Performance Measures and Benchmarks

Performance Measure	2009	2010	2011	2012	Goal
The Transportation System is Safe					
Reduce the Five-Year Annual Fatality Rate Per 100 Million Miles Traveled (CY)	1.63	1.53	1.39	1.30	1.34 for 2012
The Transportation System is in Good Condition and Unrestricted					
Maintain the Percent of Pavement in Good or Fair Condition (CY)	82%	84%	87%	86%	82%
Maintain the Percent of Bridges in Good or Fair Condition (CY)	70%	73%	74%	73%	80%
Services are Timely and Cost-Effective					
Maintain Administration and Planning Expenditures as a Percent of Total Expenditures	4.8%	4.5%	4.7%	5.6%	4.5% to 5.5%
Increase the Percent of Highway Projects Developed on Time (FFY)	87%	87%	91%	91%	100%
Maintain Construction Cost at Award as a Percent of the Programmed Budget (FFY)	76%	79%	86%	81%	90% to 110%
Maintain Construction Cost as a Percent of Contract Award (CY)	106%	112%	86%	81%	95% to 105%
Customers are Satisfied with ITD Services					
Maintain the Average 7-Day Processing Time for Vehicle Titles (CY)	7 days	7 days	6 days	8 days	7 days
Increase the Number of Motor Vehicle Transactions Processed Online (CY)	167.3 thsd.	191.8 thsd.	210.9 thsd.	245.1 thsd.	225 thsd.
Increase the Percent of Time Mobility Unimpeded during Winter Storms (Year of Season Start)	NA	28%	47%	54%	55%

図 3.9 アイダホ州における議会報告（Performance measurement report）[18]

う道路橋の健全度を表す指標を用いて，将来推計結果などの公表が行われている[20]（**図 3.11**）。

このように，米国ではインフラアセットマネジメントに関連してさまざまな達成度評価およびマネジメント成果の公表が広く浸透していることが伺える。

〔2〕 英 国 の 例

英国では 1997 年に公共サービス合意（Public Service Agreements，PSA）と

Percent of Bridges in Good Condition

Goal: Maintain at least 80% of all bridges in the State Highway System in good condition.

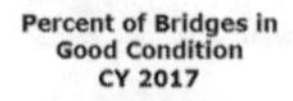

Why This Is Important

Ensuring that Idaho's bridges are in good condition protects transportation investments and lowers repair costs while maintaining connectivity and commerce. Commerce depends on the carrying capacity and reliability of roads and bridges.

How We Measure It

The measurement is the ratio of deck area (or plan dimension) of bridges in good condition to the deck area of the entire inventory of state bridges stated as a percentage.

What We're Doing About It

Idaho strategically schedules preservation and restoration projects to improve deteriorating bridges across the state. Over time, increased investments will be needed to achieve this goal.

図 3.10　アイダホ州におけるインフラ状態の公表の取組み[19]

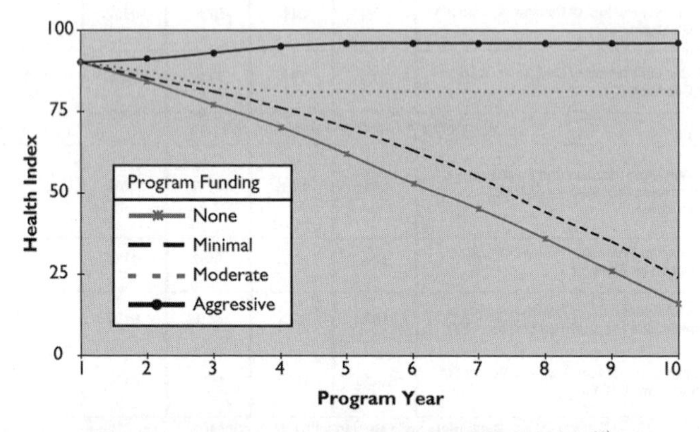

図 3.11　カリフォルニア州における BHI の算出事例[20]

して業績評価指標が導入された。2010 年からは PSA に代わり，公的資金の効率性や有効性を国民自らが判断できるように必要な業績情報や財務情報を提供することを目的に公的サービス透明性フレームワーク（Public Services Transparency Framework）が導入され，主要 17 府省に対し，投入された公的資金の効率性と有効性を評価するインプット指標とインパクト指標を含む事業計画の作成が義務付けられた。さらに，2016 年からは，公的サービス透明性フレームワークの枠組みは維持しつつ，業績評価指標が単独府省計画のなかでアウトカム指標へと変更されている[21]。

2016 年まで行われていた公的サービス透明性フレームワークのもとでの道路関係の業績評価指標には，**図 3.12** に示すようなさまざまな観点からのもの

Impact indicators	Current	Previous
Reliability of journeys on the Highways Agency's motorway and A-road network, England (%, current data = 2014-15, previous = 2013-14)[33]	78.7	78.1
Proportion of trains running on time, GB (% current data = 2014-2015, previous = 2013-2014)[34]	89.7	90.0
Proportion of bus services running on time, England (%, current data = 2013-14, previous = 2012-13)	83.4	83.1
Proportion of urban trips under 5 miles taken by (i) walking or cycling (ii) public transport, England (%, current data = 2013, previous = 2012)	(i) 36 (ii) 10	(i) 38 (ii) 8
Total greenhouse gas emissions from transport, UK (MtCO2e, current data = 2013, previous = 2012)	157.7	159.4
Annual road fatalities, GB (current data = 2013, previous = 2012)	1,713	1,754
Households with good transport access to key services or work, England (index, current data = 2013, previous = 2011)[35]	106	100
Numbers of newly registered ultra-low emission vehicles, UK (current data = 2014-15, previous = 2013-14)	22,974	5,463

Input indicators[29]	Current	Previous
Rail subsidy per DfT franchised operator passenger mile, GB (pence, current data = 2013-14, previous = 2012-13)	6.8	7.3
Bus subsidy per passenger journey, England (pence, at 2013-14 prices, adjusted for inflation using GDP deflator, current data = 2013-14, previous = 2012-13)	6.3	7.6
Cost of maintaining the Highways Agency's motorway and A-road network per lane mile, England (£, current data = 2014-2015, previous = 2013-2014)	51,000[30]	44,000
Cost of operating the Highways Agency's motorway and A-road network per vehicle mile, England (pence, current data = 2014-2015, previous = 2013-2014)	0.3	0.3
Cost of running the rail network[31], GB (£billion, current = 2013-14, previous = 2012-13)	10.3	10.1
Percentage of DfT's approved project spending that is assessed as high or very high value for money[32], UK (%, current data = 2014, previous data = 2013)	90	94

図 3.12 英国における業績評価指標の公表例[22)]

があるが，いずれも公的資金による事業の効率性や有効性を，納税者である一般国民がインフラアセットマネジメントに求める効果やマネジメントの適切性の観点から判断できることに目的を置いたものであることが伺え，アセットマネジメントの成果を評価する取組みと捉えることができる。なお，これらの業績評価指標の達成状況は，各府省によって年度報告・決算書（Annual Report and Accounts）にて公表されている[22]。

〔3〕 **EU の 例**

2.3.3項で述べたように，EUでは国を超えて欧州域内の交通の改善や環境負荷の軽減などの目的に照らして，道路だけではなく，鉄道・海運・航空などについて優先プロジェクトが定められるなどプログラムを策定して取組みが進められている。そのようななか，2011年に欧州委員会が発表したEU交通白書[23]においては，道路に関するEUとしてのおもな将来目標の一つに「エネルギー効率のよい交通モードを優先的に用いながら，交通モードを組み合わせて最適な物流体系を実現すること」が掲げられており，具体的には「2030年までに，EU全体に及ぶ複数の交通モードによる欧州横断交通ネットワークの中核ネットワークを整備してその機能を完全なものとし，2050年までに質・量ともによりレベルの高いネットワークとするほか，これに対応した情報サービスを行う」ことが目標として挙げられている。これらの目標は，当然加盟各国が協調して行われなければ達成することは不可能である一方で，各国それぞれの利害とは必ずしも一致しない状況が不可避であると考えられる。そのため各国が協力してこれに取り組めるようになるためには，それぞれの国での合意形成を可能とする達成度評価が行われ，それが共有されることが必要と考えられ，動向が注目される。

〔4〕 **日 本 の 例**

日本においても，道路行政に関連して，交通事故死者数や道路構造物の法定点検結果の公表などさまざまな形で，道路に関する国の取組みの成果や道路インフラの状態に関するデータ等は公開されてきている。

道路構造物の管理水準に着目すると，舗装分野では日本独自の状態評価指標であるMCIという指標が全国的に用いられ，管理水準の目安としても参考とされてきた。MCIは，「ひび割れ率」，「わだち掘れ量」および「平たん性」という路面性状値から算出される舗装の維持管理指数（maintenance control index）であり，舗装の管理水準を定量的に評価する総合的な指標といえる。

また，道路橋に関しては，過去に国土交通省によって構造物保全率という維持管理状況を評価する指標が公表されたこともある。例えば，橋梁に関する構造物保全率は，国管理の国道における橋梁のうち，今後5年間程度は通行規制や重量制限の必要がない段階で，予防的修繕が行われている延長の割合であり，その内容からも維持管理施策における管理水準の説明性確保と目標設定および達成度評価のための指標としての性格を有していた[24)]。

さらに，個別橋梁の維持管理状態あるいは性能水準を評価できるための指標も全国で統一的に使われているものは見当たらないものの，多くの研究者や自治体等により提案がなされてきている。例えば，横浜市では定期点検の結果などから道路橋の状態を総合的に評価しようとする独自の指標 YBHI（Yokohama Bridge Health Index）の算出を行っている[25),26)]。

また，国の研究機関である国土技術政策総合研究所（国総研）では，道路橋の性能状態を表現するための総合評価指標の提案を行った[27)]。この総合評価指標は，定期点検で部材や部位ごとに得られる損傷程度のデータに，橋梁構造の特徴を踏まえて橋の性能に対して各部材がどの程度支配的な影響を及ぼすのかを加味して定量化を行い，異なる三つの観点から性能を評価しようとするものである。この方法の特徴は，着目によって多くの性能を有する道路橋の状態を無理に一つの指標値に集約することはせず，耐荷性・災害抵抗性・走行安全性という三つの指標値のセットとして表現される点である。これは，どの指標がどのような値になっているのか，さらにその値がどの部材の状態に左右されているのかの内訳から，道路橋の具体的な状態や有効な対策の方向性を指標値の改善効果と関連付けて具体的に検討しやすくなること，対策を行った結果が，対策目的に対応する指標値の改善となって表現されやすいという効果を期待したものである（**図 3.13**）。

以上のように，比較的アセットマネジメントの取組みが他分野より先行して拡がりつつある国内の道路橋の維持管理に対しても，その状態を総合的に評価できる指標や維持管理行為の達成度を評価するための指標については試行錯誤が行われている段階にある。

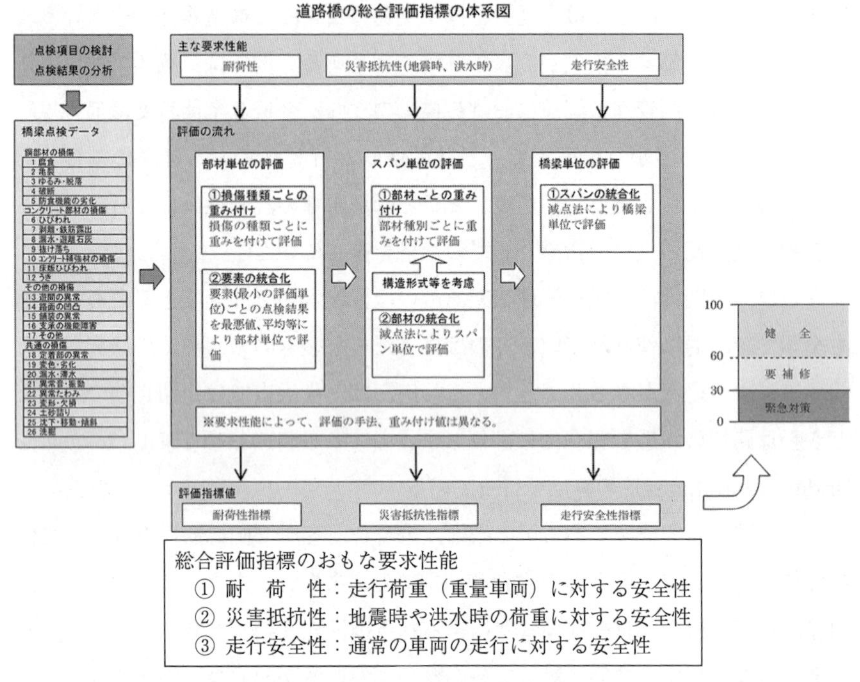

図 3.13　国総研提案の総合評価指標の概要[27)]

アセットマネジメントにおいて，ステークホルダーを含むすべての関係者とのコミュニケーションが円滑に行われ，その実施に対する合意が形成されるためには，マネジメント対象の維持管理状態やマネジメントそのものが合理的・効果的に行われているのかをわかりやすく説明することが不可欠である。客観的で説明性・透明性のある達成度評価技術の確立が望まれる所以である。

3.4.3　成 熟 度 評 価

アセットマネジメントにおいて，その対象となる構造物の状態そのものや，それを達成するうえで設定されるライフサイクルコスト縮減効果などのマネジメントの目的とその目標に照らした成果を評価する達成度評価とは別に，アセットマネジメントの実施体系そのものの適切性や目指すべき最適な体系に対してどの程度近づいているのかを評価しようとするものが成熟度評価と呼ばれ

表 3.7 IAM による要求事項の 6 分野 39 項目[28)]

分　野	39 項目
Strategy & Planning（戦略および計画策定）	Asset Management Policy（アセットマネジメントの方針）
	Asset Management Strategy & Objectives（アセットマネジメントの戦略および目標）
	Demand Analysis（需要の分析）
	Strategic Planning（戦略的な計画策定）
	Asset Management Planning（アセットマネジメント計画の策定）
Asset Management Decision Making（アセットマネジメントの意思決定）	Capital Investment Decision Making（資本的投資の意思決定）
	Operations & Maintenance Decision Making（運営および維持の意思決定）
	Lifecycle Value Realization（ライフサイクル価値の実現）
	Resourcing Strategy（資源化の戦略）
	Shutdown & Outage Strategy（操業および供給停止の戦略）
Lifecycle Delivery（ライフサイクルの提供）	Technical Standards & Legislation（技術基準および法制度）
	Asset Creation & Acquisition（アセットの構築および取得）
	Systems Engineering（システムエンジニアリング）
	Configuration Management（構成のマネジメント）
	Maintenance Delivery（維持の提供）
	Reliability Engineering（信頼性エンジニアリング）
	Asset Operations（アセットの運営）
	Resource Management（資源のマネジメント）
	Shutdown & Outage Management（操業および供給停止のマネジメント）
	Fault & Incident Response（欠陥および事故への対応）
	Asset Decommissioning & Disposal（アセットの停止および廃棄）

表 3.7　IAM による要求事項の 6 分野 39 項目（続き）[28]

Asset Information（アセットの情報）	Asset Information Strategy（アセット情報の戦略）
	Asset Information Standards（アセット情報の基準）
	Asset Information Systems（アセット情報のシステム）
	Data & Information Management（データおよび情報のマネジメント）
Organization & People（組織および人員）	Procurement & Supply Chain Management（調達およびサプライチェーンのマネジメント）
	Asset Management Leadership（アセットマネジメントのリーダーシップ）
	Organizational Structure（組織の構造）
	Organizational Culture（組織の文化）
	Competence Management（力量のマネジメント）
Risk & Review（リスクおよび評価）	Risk Assessment & Management（リスクの評価およびマネジメント）
	Contingency Planning & Resilience Analysis（不測事態の計画およびレジリエンスの分析）
	Sustainable Development（持続可能な開発）
	Management Change（変更のマネジメント）
	Asset Performance & Health Monitoring（アセットパフォーマンスおよび健全性の監視）
	Asset Management System Monitoring（アセットマネジメントシステムの監視）
	Management Review Audit & Assurance（マネジメントレビュー，監査および保証）
	Asset Costing & Valuation（アセットの費用化および価値化）
	Stakeholder Engagement（ステークホルダーとの約束）

るものである。

アセットマネジメントシステムの成熟度を評価する方法は，例えば，英国のアセットマネジメント研究所（Institute of Asset Management，IAM）が作成している「39 項目×6 段階」の手法が有名である[28]（**表 3.7**，**表 3.8**）。この手法

表 3.8 IAM の成熟度評価（6 段階）のフレーム[28]

成熟度	名　称 （括弧内は参考邦訳）	定　義
0	Innocent （無知）	組織は，この要求事項の必要性を知らない，かつ／または，これを導入するとコミットメントした証拠がない。
1	Aware （認知）	組織は，この要求事項の必要性を認知している，または，これを導入する意図をもっている証拠がある。
2	Developing （開発）	組織は，要求事項を系統的に，また，一貫して達成する手段を特定しており，信頼でき予算化された計画が実行されつつあることが実証可能である。
3	Competent （適格）	組織は，ISO 55001 で設定された重要な要求事項を系統的に，また，一貫して達成していることを実証可能である。
4	Optimizing （最適化）	組織は，組織の目的と運用の状況を勘案して，アセットマネジメントの実行を系統的に，また，一貫して最適化していることが実証可能である。
5	Excellent （優秀）	組織は，先導的なプラクティスを採用しており，組織の目的と運用の状況を勘案して，アセットマネジメントから最大の価値を実現化していることが実証可能である。

は，アセットマネジメントの国際規格（ISO 55000 シリーズ）の内の要求事項文書（ISO 55001）を 6 分野 39 項目に再整理し，各項目について 6 段階の水準を定性的に設定したものである。アセットマネジメント研究所では，ISO 55000 シリーズの前身である英国のアセットマネジメントの国内規格（PAS55）を踏まえた成熟度自己評価のシステムを開発していたが，国際規格が発行されたことを受け，その要求事項に対応した成熟度評価の仕組みを再構築した。なお，この 6 分野 39 項目は世界の主要なアセットマネジメントおよびメンテナンスの推進団体である GFMAM（Global Forum for Maintenance & Asset Management）でもオーソライズがなされている。

また，IAM は 39 項目のおのおのについて 6 段階の成熟度の内容を整理している。**表 3.9** は，Asset Management Policy（アセットマネジメント方針）に

表 3.9　成熟度評価の基準（例：アセットマネジメント方針）

	成熟度基準
0	✓組織は「アセットマネジメント方針」を認識していない。 ✓組織は「アセットマネジメント方針」の作成に取り組んでいる形跡がない。
1	✓組織は「アセットマネジメント方針」に取り組む必要性を認識し，実行しようとしている形跡がある。 ✓構築プロセスが調整されておらず，受身的で，そのパフォーマンスも予測できない。案を作成中で，いくつかの要求事項は存在している。
2	✓組織は「アセットマネジメント方針」における力量を体系的かつ一貫して達成する手段を認識しており，信頼でき資源も確保された計画によって進捗中であることを示すことができる。 ✓プロセスが局所的または部門内で計画され，文書化され，適用され，管理されている。しばしば受動的であるが，予想した結果を繰り返し達成することができる。このプロセスは，組織横断的には限られた一貫性と調整でもって十分に統合はされていない。
3	✓アセットマネジメント方針がトップマネジメントにより承認されている。 ✓アセットマネジメント方針が組織の目的，規模，性質に合っている。 ✓アセットマネジメント方針が原則，意図，組織の要求事項，約束を提供している。 ✓アセットマネジメント方針が戦略的アセットマネジメント計画の策定と実施の枠組みを提供している。 ✓アセットマネジメント方針が組織の計画，目標，ステークホルダーの要求，制限，組織内の他の関連する方針と一致している。 ✓アセットマネジメント方針によって，組織が適用可能な法制度面の要求事項を満たし，継続的改善に取り組み始めている。 ✓アセットマネジメント方針が必要に応じて従業員やステークホルダーに効果的に伝えられている。 ✓アセットマネジメント方針は継続的改善をサポートするために，定期的に見直され，更新されている。
4	✓組織の目標や運用状況に合わせて，「アセットマネジメント方針」の実施内容を最適化する方法を導入していることを示すことができる。 ✓「アセットマネジメント方針」の数値化，最適化，統合化に用いられる方法がバランスよく適用され，ISO 55001 の要求より明らかに精巧である。 ✓イノベーションや継続的改善活動が一つの文化として根付き，通常の方法となっており，その結果とともに広く示すことができる。
5	✓アセットマネジメント方針は，イノベーションによって優秀なレベルに達し，それをベンチマークで示す取組みを含んでいる。 ✓組織全体および外注先の組織において，アセットマネジメント方針が適用されていることを証明できる。 ✓アセットマネジメント方針は，絶対的制約の範囲内でアセットのライフサイクルを最適化する取組みを含んでいる。 ✓アセットマネジメント方針は，組織の目標達成において最高の価値を追求する際，分野横断的な協調への取組みを含んでいる。

ついて示したものである[29]。

これらの39項目の6分野〔Strategy & Planning（戦略および計画策定），Asset Management Decision Making（アセットマネジメントの意思決定），Lifecycle Delivery（ライフサイクルの提供），Asset Information（アセットの情報），Organization & People（組織および人員），Risk & Review（リスクおよび評価）〕は，**表3.10**のとおり，本書で整理してきた四つの基本要素〔体系（行動様式），技術力（人），組織（責任と権限），支援（ツール）〕と符合していることがわかる。本書における継続的改善に際して着目している四つの基本要素は，アセットマネジメントの成熟度を評価する仕組みとして世界が議論されている内容とも整合している。

表3.10 アセットマネジメントの成熟度評価の分野比較

IAM（GFMAM）	本　書
Strategy & Planning （戦略および計画策定）	組織（責任と権限）
Asset Management Decision Making （アセットマネジメントの意思決定）	体系（行動様式）
Lifecycle Delivery （ライフサイクルの提供）	技術力（人） 支援（ツール）
Asset Information （アセットの情報）	技術力（人） 支援（ツール）
Organization & People （組織および人員）	組織（責任と権限）
Risk & Review （リスクおよび評価）	技術力（人） 支援（ツール）

本書で見てきたアセットマネジメントの仕組みの根幹は，3.1.2項で述べたように，体系・技術力・支援・組織の四つの基本要素が相互に整合して，バランスよくそのレベルを保っていることである。また，そのレベルはマネジメントシステムの「継続的改善」によって向上していき成熟化していく。その成熟度を評価する方法は，四つの基本要素のおのおののレベルとともに，それに合わせた形で相互の関係のレベルを評価することにほかならない。

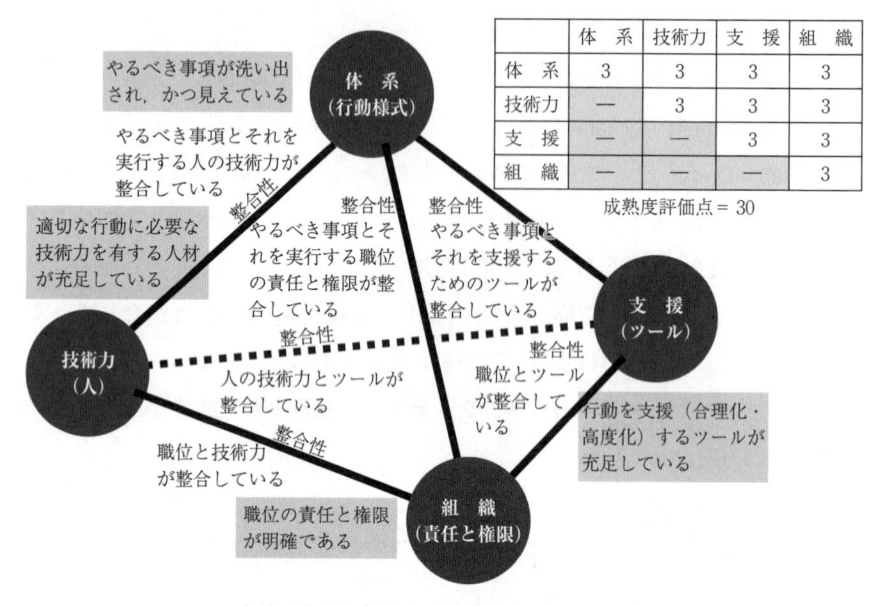

	体　系	技術力	支　援	組　織
体　系	3	3	3	3
技術力	—	3	3	3
支　援	—	—	3	3
組　織	—	—	—	3

成熟度評価点＝30

（a）　各要素と要素間関係の成熟度評価例 ①

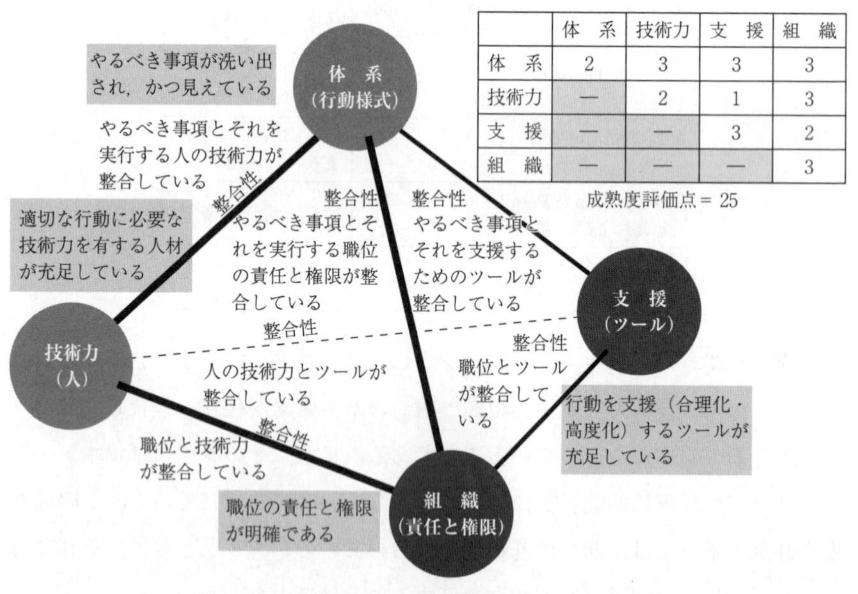

	体　系	技術力	支　援	組　織
体　系	2	3	3	3
技術力	—	2	1	3
支　援	—	—	3	2
組　織	—	—	—	3

成熟度評価点＝25

（b）　各要素と要素間関係の成熟度評価例 ②

図 3.14　アセットマネジメントの成熟化のイメージ

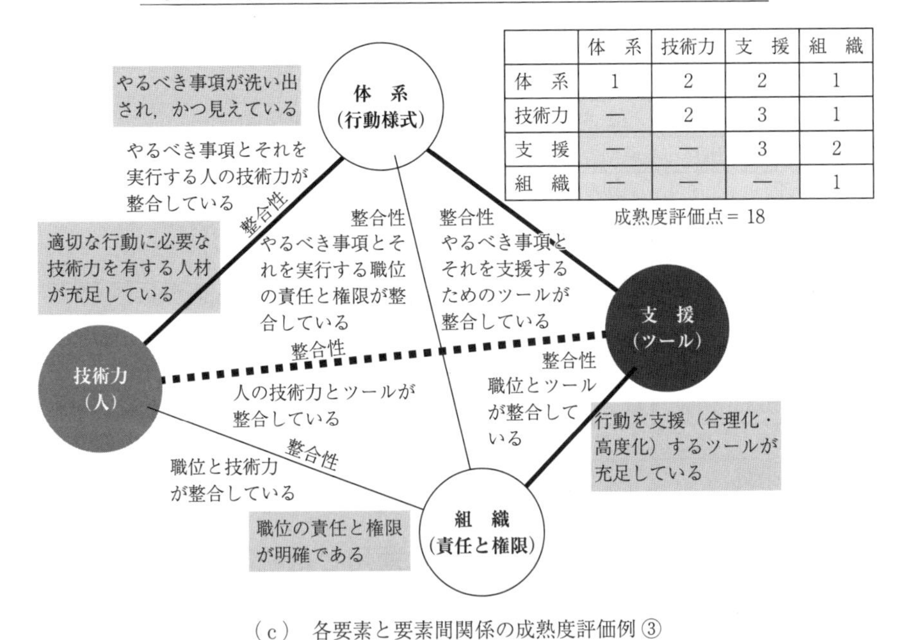

	体　系	技術力	支　援	組　織
体　系	1	2	2	1
技術力	—	2	3	1
支　援	—	—	3	2
組　織	—	—	—	1

成熟度評価点＝18

（c）　各要素と要素間関係の成熟度評価例③

図 3.14　アセットマネジメントの成熟度のイメージ（続き）

図 3.14 に，アセットマネジメントの成熟度をイメージとして表現した図を示す。また，このような形で成熟の程度が測ることができると仮定した場合の例として，四つの基本要素と各要素間の成熟度を 3 段階で評価して，成熟度評価値という総合評価指標を算出した例を示した。図中の各要素は黒，灰，白の 3 段階でレベルを表現し，要素間整合性のレベルは太，中，細の 3 段階で表現してみた。

図 3.14 では各要素と要素間の関係を 3 段階で評価したが，評価の段階数は特に定めがない。IAM のように 6 段階で行うことも可能であるし，4 段階や 5 段階でも可能である。**表 3.11** に示したように各要素と要素間関係の計 10 項目について成熟度評価を測る内容を決めたうえで，それを基準に測定する段階の数と内容を決定すればよい。

表 3.11　アセットマネジメントの成熟度評価の枠組み・方法

項　目	内　容
体系（行動様式）	やるべき事項が洗い出され，かつ見えている。
組織（責任と権限）	職位の責任と権限が明確である。
技術力（人）	適切な行動に必要な技術力を有する人材が充足している。
支援（ツール）	行動を支援（合理化・高度化）するツールが充足している。
整合性（体系と組織）	やるべき事項とそれを実行する職位の責任と権限が整合している。
整合性（体系と技術力）	やるべき事項とそれを実行する人の技術力が整合している。
整合性（体系と支援）	やるべき事項とそれを支援するツールが整合している。
整合性（組織と技術力）	職位と技術力が整合している。
整合性（組織と支援）	職位とツールが整合している。
整合性（技術力と支援）	人の技術力とツールが整合している。

3.5　支援ツールの適切な運用と継続的改善

以上のように，適切なアセットマネジメントの実践には，これを構成する基礎的な四つの要素である，「体系」，「技術力」，「支援」，「組織」が調和していることがきわめて重要であり，いずれかの欠如や相互関係の不適切はアセットマネジメントの最適化を妨げるだけでなく，マネジメント対象に起因する大事故が生じるリスクが高まるなど，アセットマネジメントそのものを破綻させかねない。

これを防止するためには，「体系」，「技術力」，「支援」，「組織」それぞれ，および相互の関係について，少なくとも最新の情報を把握し，バランスの取れたマネジメントに向けた対策がなされなければならない。

そのためには，その内容が多岐にわたり量的にも膨大なものとなる関連の情報を分析し，あらゆる面でアセットマネジメントの状態についての見える化を行い，適時・的確な改善の判断と措置が行われる必要がある。このために不可欠とされ大きな威力を発揮するのが支援ツールである。本章で整理を試みたように，あらゆる行動様式に対してさまざまな支援ツールが存在しており，これを適切に活用することによって，行動様式は確実により適切なものになることが期待できる。特に，四つの構成要素の一つである支援ツールについては，将来にわたって技術革新が繰り返され，より高度でより有効なものの開発が期待される。

以上のことから，アセットマネジメントの安定的で継続的発展にあたっては，他の要素とのバランスに留意しつつも，可能な限り充実した支援が期待できるように，より高度で合理的な支援ツールの導入を図るDNAをマネジメントサイクルに組み込むことが，鍵であるといえる。

そして，四つの要素が調和しつつ発展を指向することによってマネジメントの合理化・最適化が図られる構図は，管理する施設の量や現状の技術力によらない基本的な原理といえ，それぞれの管理者等のアセットマネジメントを行う主体の現状と目標に応じてこの原理を基本として着実にマネジメントが実践されることが望まれる。

引用・参考文献

1）FHWA：National Bridge Inspection Standard（2009）
2）National Transportation Safety Board：Collapse of U.S. 35 Highway Bridge, Point Pleasant, West Virginia, December 15, 1967（1970）
3）National Transportation Safety Board：Collapse of a Suspended Span of Inter-state Route 95 Highway Bridge over the Mianus River Greenwich, Connticut, June 28, 1983（1984）
4）National Transportation Safety Board：Collapse of I-35W Highway Bridge, Minneapolis, Minnesota, August 1, 2007（2008）
5）Report of royal commission into the failure of west gate bridge（1971）
6）調査報告書抄訳グループ：West Gate Bridge 落橋事故調査報告書（その1）～（その4），道路（1972年4月～9月）（1972）
7）National Transportation Safety Board：Deraiment of Amtrak passenger train 188, Philadelphia, PA, May 12, 2015（2016）
8）ISO 55001 要求事項の解説編集委員会：ISO 55001：2014 アセットマネジメントシステム—要求事項の解説，日本規格協会（2014）
9）貝戸清之，青木一也，小林潔司：実践的アセットマネジメントと第2世代研究

への展望，土木技術者実践論文集，vol.1（2010）
10）森 芳徳，秋葉正一，関健太郎：道路行政分野における今後のインフラマネジメントのあり方に関する一考察，土木学会論文集F4（建設マネジメント），Vol.73，No.4，I_120-I_129（2017）
11）青木一也，小田宏一，児玉英二，貝戸清之，小林潔司：ロジックモデルを用いた舗装長寿命化のベンチマーキング評価，土木技術者実践論文集，Vol.1，pp.40-52（2010）
12）櫻井通晴：BSCによる経営戦略の実行と評価，UNISYS TECHNOLOGY REVIEW，第82号（2004）
13）U.S. Department of Transportation Federal Highway Administration：Recording and Coding Guide for the Structure Inventory and Appraisal of the Nation's Bridge（1995）
14）FHWA：Code of Federal Regulations Title 23 - Highways PART 650—BRIDGES, STRUCTURES, AND HYDRAULICS（2012）
15）国土交通省道路局：道路橋の予防保全に向けた有識者会議 配布資料，http://www.mlit.go.jp/road/ir/ir-council/maintenance/2pdf/2.pdf
16）AMERCAN SOCIETY OF CIVIL ENGINEERS：2013 Report Card for America's Infrastructure（2013）
17）FHWA：Moving Ahead for Progress in the 21st Century Act（MAP-21）A Summary of Highway Provisions（2012）
18）Idaho Transportation Department：Performance Measurement Report（2015）
19）Idaho Transportation Department：DASH BOARD Performance Measures, https://apps.itd.idaho.gov/apps/Dashboard/
20）TRANSPORTATION RESEARCH BOARD NATIONAL RESEARCH COUNCIL：Evaluating Bridge Health, TR NEWS JULY-AUGUST 2001 NUMBER215（2001）
21）三菱UFJリサーチ＆コンサルティング：欧米主要国における業績評価指標の開発状況とそれに対応した会計検査に関する調査研究—イギリスの取組を中心として—，平成28年度会計検査院委託業務報告書（2017）
22）Department for Transport：Department for Transport Annual Report and Accounts 2014-15（2015）
23）日本高速道路保有・債務返済機構 訳：EU交通白書（2011年），欧州単一交通区域に向けてのロードマップ 競争力があり，資源効率的な交通システムを目指して（2011）
24）国土交通省道路局：平成15年度道路行政の達成度報告書／平成16年度道路行政

の業績計画書（2004）

25）横浜市道路局建設部橋梁課：横浜市橋梁長寿命化修繕計画（2018）

26）横浜市道路局建設部橋梁課：「横浜市橋梁長期保全更新計画」検討委員会 取りまとめ結果のポイント，
http://www.city.yokohama.lg.jp/doro/kyouryou/asset-management/download/bessi-1.pdf

27）玉越隆史，大久保雅憲，横井芳輝：平成24年度道路構造物に関する基本データ集，国土技術政策総合研究所資料第776号（2014）

28）小林潔司，田村敬一，藤木 修 編著：国際標準型アセットマネジメントの方法，日刊建設工業新聞社（2016）

29）Institute of Asset Management：Asset Management Maturity Scale and Guidance Version 1.1（2016）

4 アセットマネジメントの実践のための支援ツール

4.1 アセットマネジメントに有効な要素技術

4.1.1 データ分析技術の有用性

個人や組織の暗黙知の形式知化やデータなどに潜在した法則性や特性などをさまざまな形で顕在化させるいわゆるプロファイリングを行って，アセットマネジメントにおける意思決定の支援ツールに活用しようとする試みはこれまでも多く行われてきている。

一方で，アセットマネジメントで活用可能な情報の質や量は施設管理者によって千差万別であり，例えば統計的手法を用いるにしても技術の内容やレベルとデータの質や量との適合性によっては，推計や予測の結果の信頼性が大きく左右されてしまうなど注意すべき点が多くある。すなわち，データ分析手法の活用にあたっては，それらの技術の特徴を正確に知ったうえで適切な使い方で用いるとともに，それらの技術の適用限界や得られる結果の信頼性なども踏まえ，正確な理解のもとで成果を活用する必要がある。

裏を返せば，ここで紹介するような支援ツールは，それが正確な理解のもとで適切に活用されることで，その規模や現状の技術力によらず社会基盤施設などのアセットマネジメントを行うあらゆる主体に対して，有益なものとなり得る。

本章では，適切に用いるときわめて有効な支援ツールとなり得る代表的なデータ分析手法について，その原理や特徴から実際に行動様式の支援ツールとして用いる場合の留意点まで，実務の参考となるように基礎的な事項から紹介する。

さまざまな行動様式の参考とするためにデータを統計的に処理することで有益な情報が得られるおもな観点としては，つぎのような点が挙げられる。

〔1〕 **事象の傾向を把握する**

アセットマネジメントの現場では，膨大な量に及ぶ構造物を同時に管理する。そして，さらに個々の構造物からは属性，特徴，現況などのさまざまな情報を含むさらに膨大な量のデータがもたらされることとなる。

これらのデータに対して適切な統計的処理を行うことで，データ群が示す時間的な状態の変化など，さまざまな観点から見た対象の特徴や変化の傾向を明らかにすることができる。

いわゆる劣化予測などの時間的な状態の変化の傾向を推測することは，アセットマネジメントにおける行動様式に対して特に重要な参考情報を提供するものであり，統計的手法のきわめて一般的な活用場面といえる。例えば，散布図に描かれるようなデータ群に対して最小二乗法を適用して回帰曲線を求めることなどは，データ群の示す全体的な傾向を把握する手段として一般的によく用いられる統計的手法の代表的な例として挙げることができる。

図 4.1（a）は，国が管理する鋼道路橋の主桁の腐食に着目して，定期点検

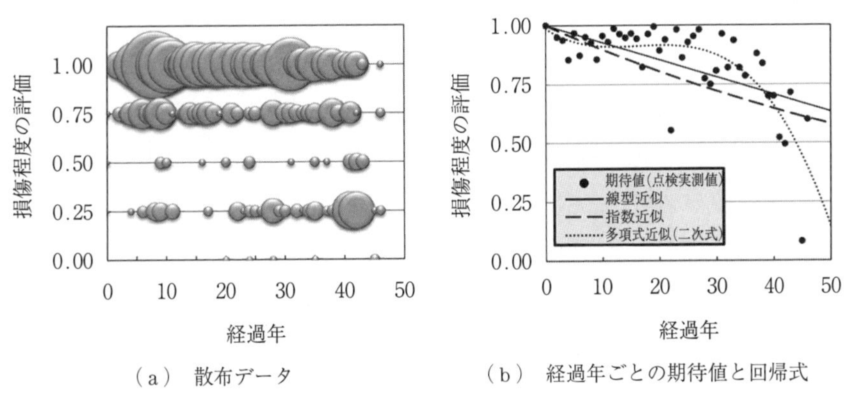

（a） 散布データ　　（b） 経過年ごとの期待値と回帰式

図 4.1　散布データに対する回帰式の例[1)]

データから得られた経過年数ごとの損傷程度の評価（1が最良～0が最悪）である。丸の大きさはデータ数の大小に対応している。図（b）は，このデータに対して経過年ごとの期待値（図中，●）を求めたうえで，異なる関数型の回帰式を試算したものである。このように，散布データのままでは意思決定根拠として扱いにくい情報も，回帰式に当てはめるなどの統計的処理を施して定式化することで傾向が明確化でき，期待値の算出や優劣の比較など意思決定の根拠の一部とするなど説明性のある情報とすることができる。

社会基盤施設の維持管理の場合には，管理施設の量によらずマネジメントに活用可能な情報は多岐にわたり膨大な量となる。そのため合理的なアセットマネジメントの実践には，マネジメント対象に関連して得られる膨大な情報をできるだけ有効活用して，さまざまな観点で事象の傾向を把握することが不可欠であるが，このように統計的手法を活用して事象の特性を明らかにすることが効果的である。

〔2〕 対象のアセットを分類する

データを用いたさまざまな分析を行うにあたって，取得されたデータから同じ母集団として統計処理で一体に扱えるデータ群を特定したり，同類として扱えるいくつかのデータ群にデータを分割したりすることが必要となることがある。例えば，鋼橋の主桁の腐食の場合，大気中に含まれる塩分の量は腐食を著しく促進させる要因となるため，年間を通じてほとんど飛来塩分の影響がない地域と確実に一定量以上の飛来塩分が来襲する地域では鋼材腐食の進行速度は大きく異なる。このため信頼性の高い劣化予測のための推計では，**図 4.2** に示すように塩害地域と一般地域のそれぞれのデータで独立した母集団として扱うなどの配慮が必要となる。

図 4.3 は，国内の鋼橋の主桁の腐食について点検データから遷移確率分布を推計した例である。塩害地域とそれ以外の一般地域でデータを分けて推計すると両者には明らかな差がみられ，データを分割しないで得られた遷移確率分布による将来予測では，データを分割した場合に対して予測の信頼性が劣ることになることがわかる。

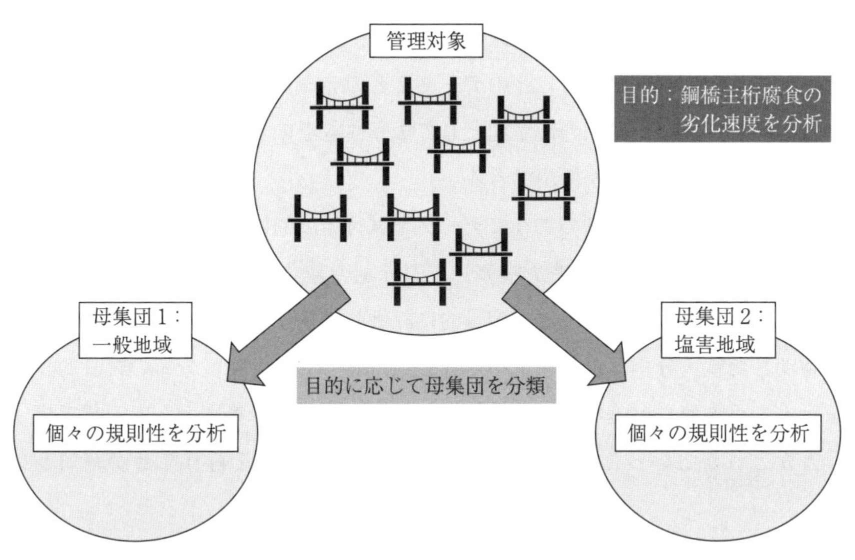

図 4.2 鋼橋の腐食の劣化速度の分析におけるデータ分割の例

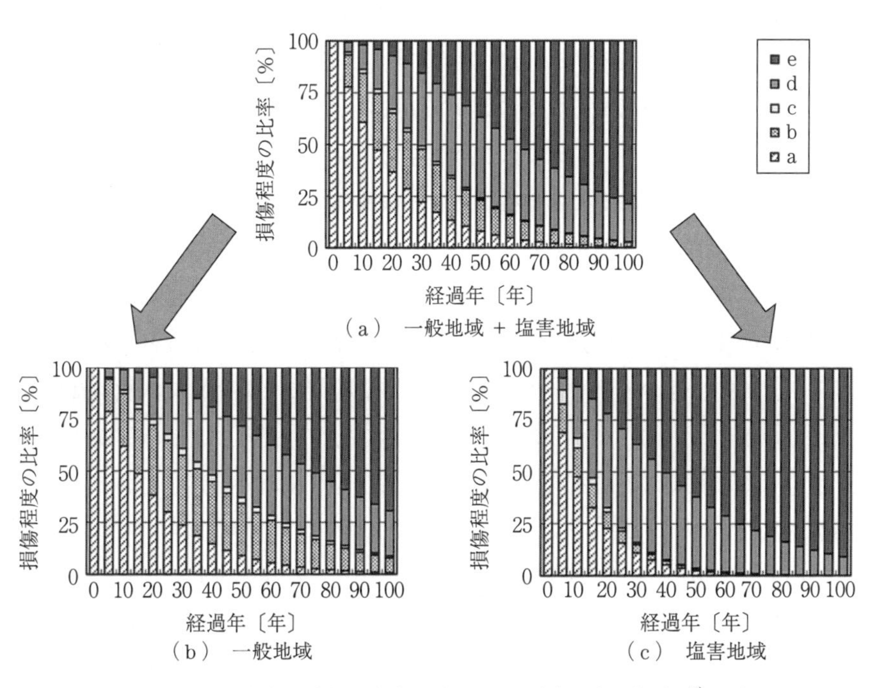

図 4.3 鋼橋の主桁の腐食に対する遷移確率分布の推計例[2)]

このように，着目している事象に関連して，多様な属性の影響を受けているデータの特徴を明らかにし，どのデータとどのデータを同じ母集団として扱うべきなのか，あるいは別の母集団として扱うべきなのかといった判断を行うためにも，統計的な手法が活用できる。

単純には，図4.3の例のようにデータを試行錯誤的にさまざまな属性で分割して統計処理を行った結果からデータの分割の是非を判断することもできるが，平均劣化曲線からの乖離を定量的に評価して個々のデータが特異かどうかを判別したり，分割したデータ群それぞれに対して確率頻度分布の統計的評価を行って平均値や偏差などの特性値を比較するなど，母集団として一体で扱うべきかどうかといった評価にもさまざまな統計的処理を行うことが有効となる。

〔3〕 データの同質，異質を見分ける

ある着目する観点に対して多数のデータを収集し，それに統計処理を行って母集団の特徴や傾向を明らかにしようとするとき，その母集団データのなかに，特殊な条件に該当するなどによって，明らかにしようとしている母集団の特徴や傾向の観点からは同列では扱うべきでないデータが含まれていると，それらの特徴に影響されることで推計される母集団の特徴や傾向などの推計結果の信頼性が低下することがある。

例えば，蓄積された点検データを用いて，純粋に経年的な要因だけに着目して鋼橋の塗装の劣化や腐食といった劣化の進行傾向を推計しようとする場合を考える。前後2回の点検結果のペアを用いて点検間でどのように状態の遷移が生じたのかについてパターンごとに集計することで，経年による状態遷移確率を推定することが可能である。具体的な方法は4.3.1項に詳述しているので，参照されたい。

このとき，仮にデータのなかに点検と点検の間に補修が行われて状態が人為的に回復した橋のデータが混在しており，これを排除せずに推計を行ってしまうと，実際には補修せざるを得なくなった橋が示す早い劣化速度が推計に考慮されないだけでなく，前後2回の点検時点で劣化していないか，劣化速度がきわめて遅い橋があるといった，事実と異なった情報が反映されることとなる。その結果，推計の信頼性が低下するだけでなく，この場合では全体の劣化速度が遅く推計されてしまうなど，危険側の推計結果を提供してしまう可能性もある。

図4.4は，道路橋の鋼製の主桁の端部に発生する腐食に着目して，前後2回の点検データから状態遷移確率分布を推計した例を示したものである。図（a）は，補修歴の有無を詳しく確認することはせずに前後2回の点検結果のペアで前回のデータより後のデータのほうが状態がよいデータのみを機械的に排除して推計した結果である。これに対して，図（b）では，前後2回の点検間で補修が行われた可能性のあるデータを排除したうえで推計した結果の例である。わずかではあるが補修の疑いのあるデータを除くことで劣化速度はより速いと推計されている。

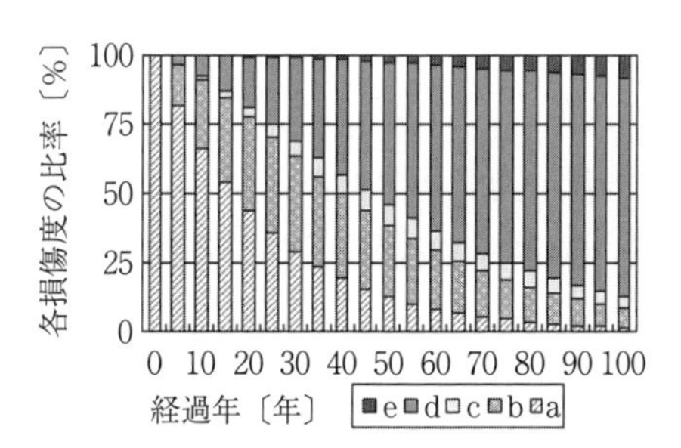

遷移確率行列

	a	b	c	d	e
a	82 %	15 %	0 %	3 %	0 %
b		83 %	5 %	12 %	0 %
c			81 %	19 %	0 %
d				99 %	1 %
e					100 %

（a） 補修歴のあるデータを含む分析

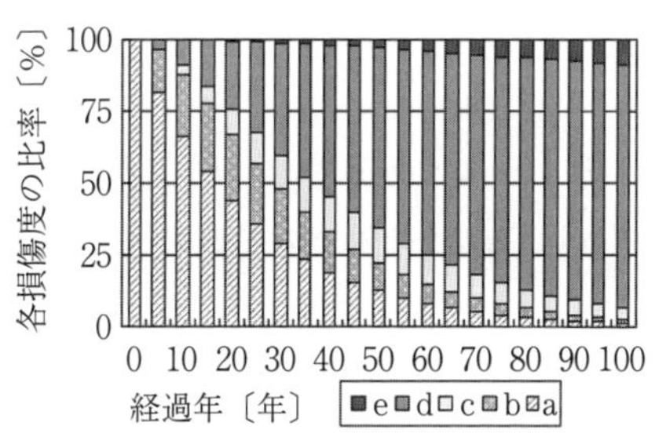

遷移確率行列

	a	b	c	d	e
a	82 %	15 %	0 %	3 %	0 %
b		63 %	15 %	22 %	0 %
c			81 %	19 %	0 %
d				99 %	1 %
e					100 %

（b） 補修歴のあるデータを除く分析

図4.4 補修歴のあるデータが劣化傾向の推計結果に及ぼす影響の試算例

例えば，母集団に対する着目する特徴における統計的な表現方法と関連付けて，それに含まれる個々の個体の位置付けを定量的に表現することも可能であり，有益な情報を提供することができる。

このようなデータ抽出や位置付けの特定に用いられる手法にも，確定的に行うものと確率的に行う方法がある。確定的にデータの位置付けを特定する方法には，頻度分布に対する最大，最小，中央値といった着目する特性についての何らかの代表値で表現する方法や，上位から○番目の値といった特定の位置付けで表現する方法などがある。他方，確率的な方法としては，母集団の頻度分布の回帰から得られる確率頻度分布における確率的位置付け（例えば，非超過確率○パーセント）で評価する方法が代表的である。

このようなデータの位置付けの把握では，個々のデータだけでなく，大きくは一つの母集団として扱えるデータ群のなかに含まれる細分化できるデータ群の相互の関係や，細分化されたデータ群がそれらを統合して形成される母集団データ全体のなかでどのような位置付けになるのかといった評価を行う場合も考えられる。

図 4.5 は，ある対象に対する寿命長の頻度分布の例である。母集団のなかに仮に詳細には異なる特徴を有するグループ A，B というデータ群が含まれる

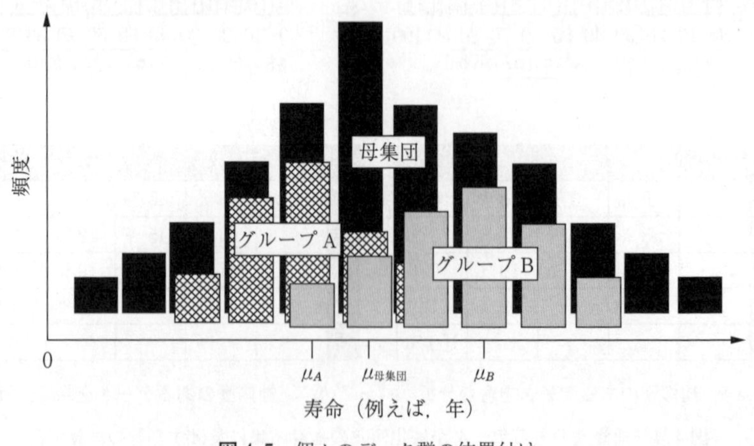

図 4.5　個々のデータ群の位置付け

場合，それぞれの頻度分布を母集団全体の頻度分布を求めて比較することで，例えば図のように視覚的にもグループA，Bが母集団のなかでどのような位置付けにあるのかが明解に理解できるようになることがわかる。

このようにアセットマネジメントへの活用を目的としてさまざまなデータを集計して分析を行おうとするとき，母集団とするデータ群に一体で扱うべきでないデータが含まれていないことは分析結果の信頼性確保のためには非常に重要であり，このような判断を行うにあたっても統計的手法には有効なものが存在する。個々のデータが他のデータに対して同質と見なせるのかどうかの判別や異質の程度の評価を行うことができる手法について，本書では4.3節でも一部紹介している。

4.1.2　データ分析技術に関する基礎

前項で紹介したように，データ分析手法は，マネジメント対象となる施設の種類や量によらず，アセットマネジメントに関わるさまざまな行動様式の実践にあたって，きわめて有益な情報を提供できる強力な支援ツールとなり得る。

一方で，データ分析手法を用いるにあたっては，その適用範囲や限界，あるいはそれぞれの原理や特徴を正確に理解したうえで，適切な処理を行うとともに得られた結果の評価・活用を行うことがきわめて重要となる。

ここでは，本書を参考とするあらゆる施設管理者等がその実状に応じて適切にデータ分析手法を活用できるように，最低限知っておくことが望まれる基礎的な事項について紹介する。

〔1〕　確定論と確率論

将来予測を行うとき，将来のある時点に対して確定的に一つの結果を与えるような予測式などを得るような手法を確定的方法という。

例えば，構造物の劣化を予測する場合に，確定的予測手法では，x年後の構造物の状態を予測すると，損傷度はyであるといった一つの予測値（確定的結果）を得ることとなる。

他方，確率的手法は，統計モデルなどを適用して，予測結果として○○となる可能性が○パーセントといった幅のある結果を得るものであり，例えば，構造物の劣化を予測する場合に，x 年後の構造物の状態は，損傷度 y である確率が z %であるといった結果が得られる。確率的手法によって得られた結果に対して平均値（あるいは期待値）などの確定的な値を定義することも可能であるが，推計結果そのものはあくまで確率的なものであるとして得られていることが他の結果の可能性についての情報をもたない確定的手法との違いである。両者の違いについて，**図 4.6** に模式的に示す。

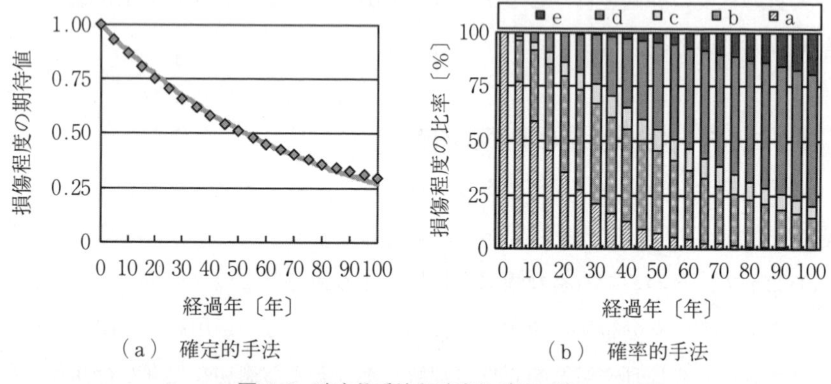

（a）　確定的手法　　　　（b）　確率的手法

図 4.6　確定的手法と確率的手法の違い

〔2〕 大 数 の 法 則

複数のデータからなる母集団の有するさまざまな特性について，例えば平均値を求めるなどの統計的手法によって明確化することができる。

このとき，理想的な条件において示される特性が真の特性として存在していても，それぞれに理想的な条件にはないために，観測される個々のデータは，理想的な条件から予測されるものとは乖離することが不可避であることが通常である。そのため，それぞれが理想条件とは乖離しているデータからなる母集団を用いて真の特性を推定しようとするとき，より多くのデータを用いたほうが，データごとに異なる理想条件との乖離が相殺されて，より信頼性の高い推定が行えることとなる。逆に，推計に用いるデータが少ない場合には推計結果の信頼性は低下し，条件によっては有意な結果が得られないことにもなる。

このことは，“同一の試行を数多く繰り返すことで標本の平均は母平均（期待値）に収束する”という，いわゆる「大数の法則」と呼ばれる法則によるものであり，統計的手法の活用にあたって留意すべき点である（**図4.7**）。

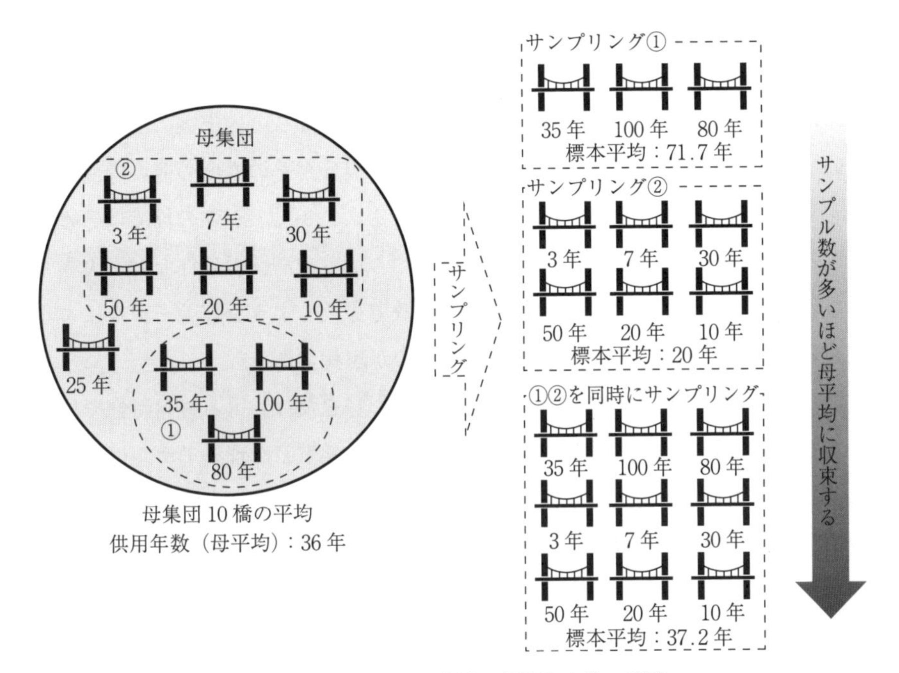

図4.7 データからの傾向の把握と大数の法則

〔3〕 理論モデルと統計モデル

予測を行うとき，その対象となる現象がどのような法則に従って状態等の変化を生じるのかに対して，それを定量的に表すためのモデル化が行われるが，このようなモデルは理論モデルと統計モデルに大きく分類することができる。

（1） 理論モデル

既知の物理現象などに従って物質が変質し性能を低下させるような場合で，その現象を理論的に説明できる構成則に基づく定式を用いる方法などを理論モデルという。例えば，運動方程式や力の釣り合い式で表現できるような，外力と抵抗の関係など力学的挙動に着目して定式化された力学モデルなどもこの例である。

しかし，道路橋の点検データなどで観測される劣化現象では，現象の基本的なメカニズムが解明されていても，観測や特定が困難でかつさまざまな不確実性の要因がある事象などが影響しているために，それらを無視したり理想化した条件でのモデルでは精度よく表現することが困難なものがほとんどである。例えば，コンクリートの塩害に関わる塩分のコンクリート内部への浸透現象については，塩分濃度の違いを小さくするように塩分がその濃度の薄い内部に浸透していく拡散現象であることが知られている。しかし，実際の橋ではその部位ごとにコンクリートの品質や塩分の表面への付着や滞留の条件なども大きく異なるために，理想条件で定式化された拡散方程式のような理論モデルによる予測と実態には大きな乖離が避けられないのが現状である。

このように，劣化速度にもきわめて大きな影響を及ぼし得る材料特性や施工品質のばらつき，多様な作用の条件などを詳細に考慮した理論モデルは現実にはほとんど確立されておらず，理論モデルの適用にあたっては実態と理論モデルの前提条件との相違などに留意して，その信頼性や限界を考慮することが重要となる。

（2） 統計モデル

着目する現象に関する実績データに対する統計分析などから得られる関係性から統計的に表現されるモデルであり，統計的モデルと呼ばれることもある。例えば，道路構造物の劣化特性を点検データから遷移確率や回帰式のような形で得るものは統計モデルである。

統計モデルによることで，現象の原理やさまざまな影響因子との関係性については解明されていなくても，データの品質に応じた信頼性で将来予測などの分析が可能となる。

なお，統計モデルによって得られる情報はあくまでもその元となる母集団データに現れている統計的な特性であって，そのような特性となることの原理やメカニズムについては不明である。そのため，例えば，統計モデルの根拠となるデータのなかに，異なる原理に基づく現象や作用の影響に大きく結果が左右されているデータが混在している場合には異質なデータの存在によっても統計モデルそのものの信頼性は大きく左右されることとなるなど，統計モデルの元となるデータの選び方には特に注意が必要となる。

〔4〕 集計的手法と非集計的手法

予測や推定を行う場合に，母集団データの統計量をそのまま用いるなど，集計されたデータそのものを根拠として用いる場合，そのような方法は集計的手法と呼ばれる。

他方，母集団が不明な場合に，それに含まれる一部のデータから母集団の特徴を推定するような統計的手法のことを，非集計的手法と呼ぶ。

例えば，母集団として集めたデータのみから直接平均値を求めるような方法が集計的手法である。点検データからの劣化傾向の分析において，同じ対象に対して複数回得られている点検データの経過時間と状態遷移のパターンに着目して同じパターンのデータ数を数え上げた集計結果から直接状態遷移の確率を求める場合なども集計的方法といえる。

図 4.8 に，集められたデータのみから直接平均値などを算出する集計的手

	点検 ①	点検 ②	損傷進行度
 構造物 A	1	3	2
構造物 B	1	4	3
構造物 C	1	5	4

（点検①から点検②へ：x 年後）

平均化

	点検 ①	点検 ②	損傷進行度
平均値	1 $\frac{(1+1+1)}{3}$	4 $\frac{(3+4+5)}{3}$	3 $\frac{(2+3+4)}{3}$

図 4.8　集計的手法による統計処理

法のイメージを示す。

他方，得られているデータを用いて，それらのデータが含まれていた母集団を予測するような方法を非集計的手法という。

集計的手法は，集計したデータが全体を表していると捉えてそれらの特徴をそれらのデータのみから明らかにしようとする方法であるのに対して，非集計的手法は，得られているデータは全体の一部に過ぎないとの前提から，集計されていないデータも含む母集団全体の特徴を推計する。具体的には，得られているデータは，それを包含する母集団データの特徴を反映しているとの理解から，その得られているデータが母集団データから抽出される確率が最も大きくなるためには，母集団データがどのような特徴を有していれば説明がつくのかを推定するという方法論がとられる。

例えば，構造物の点検結果から得られた劣化速度などのあるデータに着目したとする。そして，そのデータが示す特徴（ここでは劣化速度）は，ある確率分布で表現される統計モデルに従う事象のひとつの結果として発生していると仮定する。そしてその統計モデルの確率分布があるパラメータによって表現されるものとする。このとき，得られている実データの特徴が推定しようとする統計モデルから発生する確率が最大となるようなパラメータを求める。その結果，得られているデータが最も現れやすい統計モデルを推定することができる。

ここで，推計しようとするモデルに従うとするとき，得られているデータの出現する確率（尤度）は確率分布（尤度関数）で表現され，尤度が最大となるという条件を仮定することで具体的にパラメータの算出を行うことができる。尤度が最大となる条件を求める方法であることから，このような方法を最尤推定法といい，非集計的手法の代表的な方法である。

図 4.9 に最尤推定法のイメージを示す。

集計的方法では先に述べたように，推計に用いるデータの量と質が特に重要となるが，非集計的手法では，得られているデータが従うとする推計モデルの形式やどのような確率分布に従う事象と考えるのかが，推計の妥当性や構築さ

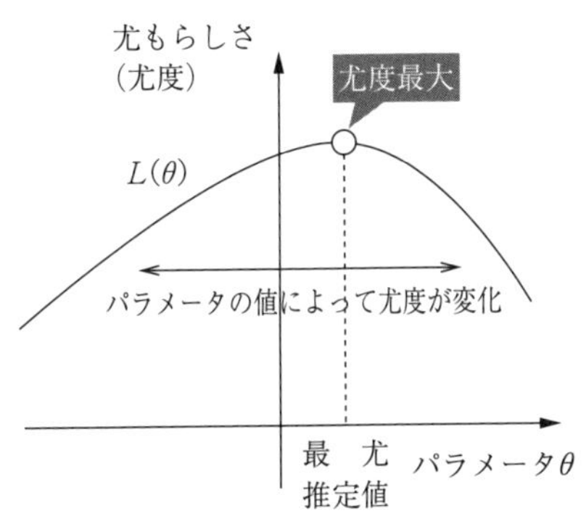

図 4.9　最尤推定法によるパラメータの特定方法

れる推計モデルの信頼性にきわめて大きな影響を及ぼすこととなり，重要である。

〔5〕 回 帰（分 析）

得られているデータ群に対して，その特徴を最もよく表現するような何らかの関数式などの定量的モデルによって代表させる方法である。

例えば，**図 4.10** は，図中○印のデータに対して，最小二乗法によって一次関数による回帰式を求めた例である。最小二乗法は，それぞれのデータによる値と回帰式による値の差の合計が最も小さくなるように仮定した回帰式の関数

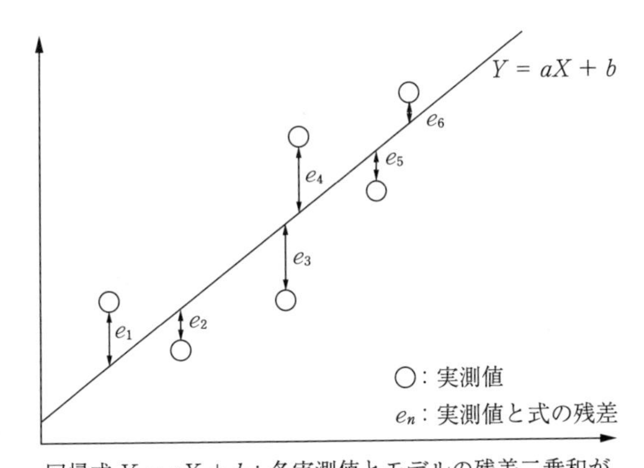

図 4.10　最小二乗法

の係数を算出する方法の一つであり，図の例では観測されたデータの値（○印の縦軸の値）と仮定した回帰式（$Y = aX + b$）による値の差の合計が最も小さくなるように直線式が求められていることを示している。具体的には仮定する関数式を用いて $e_1 \sim e_6$ のそれぞれの 2 乗の合計値を表す式を作って，合計値が最小値となるとの条件をおいてこれを解けば関数の係数を求めることができる。

なお，回帰を行う場合，回帰しようとするデータ群にどのような特徴があると仮定するのかが大変重要な問題となる。例えば，**図 4.11** において，●点でプロットしたような経過年数ごとの平均健全度の関係が得られていた場合に，両者の関係が直線（経過年数に比例して健全度が低下する傾向が直線で表現できる）と仮定して求めた回帰式（図中実線）と上に凸の曲線を描くような関係（経過時間につれて健全度の低下が加速的に早まっていく）と仮定して求めた回帰式（図中破線）では，得られた回帰式による予測で結果に大きな差が生じることは明らかである。この例の場合，直線式で回帰した劣化予測式での将来推計は，経過年数が大きい領域ほど危険側（予測より実際の劣化が激しい可能性が高い傾向）の予測を行ってしまうこととなる。

回帰を行う場合，仮定する関数型の選定を，実際の傾向と大きな差が生じな

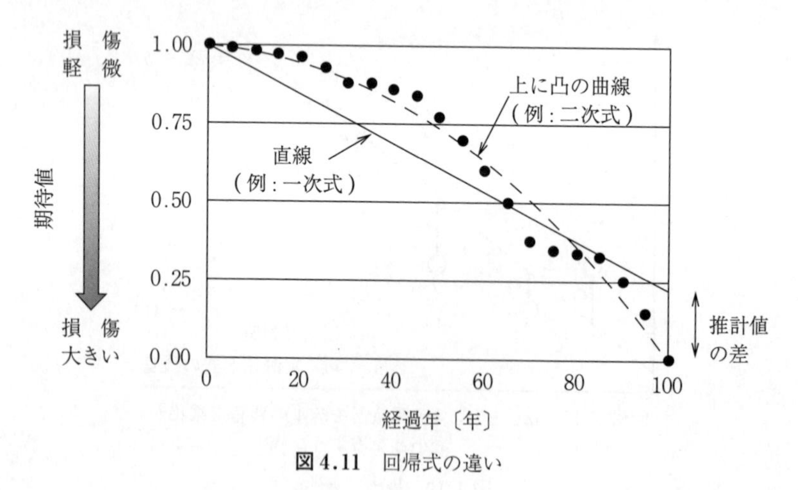

図 4.11　回帰式の違い

いように慎重に行うことが，得られた回帰式による予測の信頼性の確保には不可欠である。

なお，回帰式の目的変数に対する説明変数の数が一つの場合を単回帰分析，説明変数が2以上となる場合を重回帰分析と呼ぶが，予測しようとする目的変数に対して説明変数に何を採用するのかについても関数型の仮定とともに信頼性の高い回帰式を得るためには非常に重要である。

〔6〕 因果関係と相関関係の違い

統計分析では，特定の事象などに着目して集められたデータに対して，それに関連付けられるさまざまな属性や要因との関係を分析して，原因の推定やデータ間の関係を知ることもできる。

例えば，道路構造物の点検データは，その構造物の立地条件や設計情報，環境条件，荷重条件などの膨大な関連情報と関係付けることができる。そして，構造物の劣化特性にはそれらの条件などが複雑に影響している可能性がある。このため，社会基盤施設のアセットマネジメントを行う場合，データに関わるさまざまな条件や属性情報などの関係する事項が，着目する事象にどのように関わっているのかについて関係性を知ることが高度化に向けて重要となる。このような場合，統計的手法を使うことで，膨大な関連事項のうちどの条件が着目している事象に強い関係性があるのかを明らかにするなど，参考となる有益な情報を得ることができる場合も多い。

相関関係とは，着目する異なる二つの事象やデータに何らかの相互関係性があることを意味しており，統計的手法を用いることで，データ間に何らかの関係性があるのかどうか，あるいはその程度について知ることが可能である。なお，相関関係にはいくつかの異なる形式があり，一般に**図4.12**に示す四つに分類できるとされている。

因果関係とは，両者の相関が原因と結果という関係にある場合である。例えば，重交通路線で疲労損傷がよく発生している場合，事象の特性から交通荷重が原因となって，疲労損傷という結果を生じさせている可能性が高く，もしそれが真実であれば，交通荷重（図中：A）と疲労損傷（図中：B）は因果関係

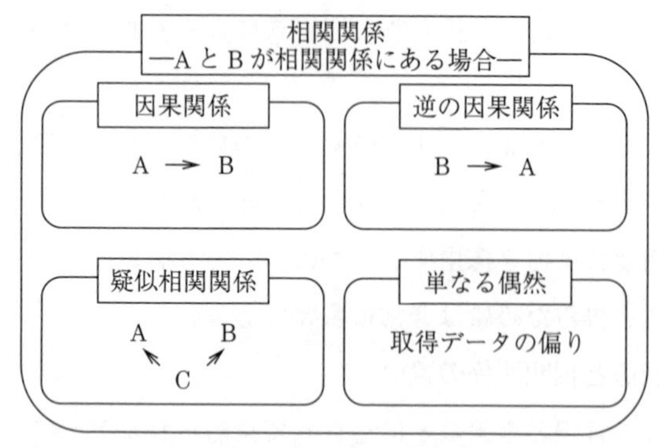

図 4.12　因果関係と相関関係

にあるといえる。

ここで，別の例として，コンクリート床版の劣化が著しい橋で，振動が大きいことが多いという相関関係が確認されている場合を考える。データ上は床版の劣化が原因となって振動という結果を生じさせるという因果関係があるように捉えてしまう可能性があるが，実際には，振動しやすい橋であることが原因であり，そのような橋では過度な応力の繰返しによってコンクリート床版でひび割れが発達しやすいことが知られている。このような状況を因果関係の逆転あるいは逆の因果関係の存在とすることもある。

つぎに，コンクリート床版のひび割れが発達している鋼道路橋で，主桁などの鋼部材に亀裂が多く確認されていたとする。このような場合，データ上はあたかもコンクリート床版のひび割れが原因となって，鋼部材の亀裂という結果が生じるという両者の因果関係があるように見える。しかし実際には，重交通の影響によりコンクリート床版でひび割れが発達し，それとは直接関係なく，同じ重交通の作用によって鋼部材で亀裂が多発していることもある。このような場合，コンクリート床版のひび割れと鋼部材の亀裂の関係は，疑似相関関係と捉えることができる。

このように，観測されるデータ間に相関関係が認められたとしても，両者の関係性についてはさまざまなケースがある。統計的手法を駆使して，さまざまな事象やデータ間の相関関係を明らかにしても，将来予測を行ったり，事象の原因推定を行う場合には，相関関係を示す理由や背景についてもできるだけ正確に把握したうえで，それらを考慮して相関関係などの情報を適切に行動様式に反映することが重要となる。

なお，データ上は相関関係が認められても，両者にはなんら関係性はなく単なる偶然である場合も考えられる。例えば，ある地域で塩害による被害橋梁が着実に増加しつつある一方で，その間，住民人口の減少傾向が継続していることが観測されたとする。両方の数値データを用いて統計的分析を行うと，両者の間には明確な相関関係があるとの結果が得られる可能性が高いが，両者にはなんら関係性がないことはほぼ間違いない。統計的手法によるデータ分析ではこのようなケースにあたることもあり，アセットマネジメントの支援に統計的手法を用いる場合には，分析対象についても最低限必要な知見が反映され，適切な分析と結果の解釈が行われなければならないことに注意が必要である。

4.2 支援ツールの活用にあたっての留意点

4.2.1 劣化予測モデルの構築

社会基盤施設のアセットマネジメントでは，ライフサイクルコストの推計や補修や補強などの措置時期の推測，措置効果の推定など多くの場面で，保有資産に関するさまざまな観点や単位での将来予測の結果が，適切な行動様式のための重要な参考情報となり得る。

そのため，マネジメント対象となる管理施設の量や種類，あるいはマネジメント主体の技術力によらず，点検結果など活用可能な既存データなどを用いて，構造物の劣化状態や資産価値の低下の程度などを時間軸上の任意の時刻に対して推定する劣化予測を行うことは重要であり，かつ高いニーズがある。

蓄積された定期点検のデータを用いて道路橋などの構造物の劣化予測を行おうとする場合，点検データに対して統計的分析手法を適用して，劣化過程の定式化（劣化予測式の作成）や状態遷移確率の算出（遷移確率分布の作成）などが行われる。

具体的には，定期点検のデータと補修や更新などの維持管理履歴データを用いて，構造物や部材などの着目単位ごとに時系列で整理し，経時的に状態が変化していく様子を，回帰分析などを用いて劣化曲線で表現したり，状態遷移確率を求めることとなる。

図 4.13 に，構造物の単純な劣化過程の例を示す。実際の構造物の劣化過程では，この例では縦軸に損傷度として離散的に表現されている構造物の劣化状態は連続的に推移するものと考えられるが，点検結果としては定義に基づいて離散的な評価値（この例では損傷度）として記録されていることが一般的である。そして構造物の状態は，時間的にも間歇（かんけつ）的に行われる定期点検の時点でしか把握されないため，実際に状態評価値の遷移がどの時点で生じたのかについては定期点検結果ではわからない。

そのため，過去に行われた定期点検のデータを用いて劣化予測モデルを構築する場合，状態の遷移は定期点検で状態評価値が更新された時点に一致して生

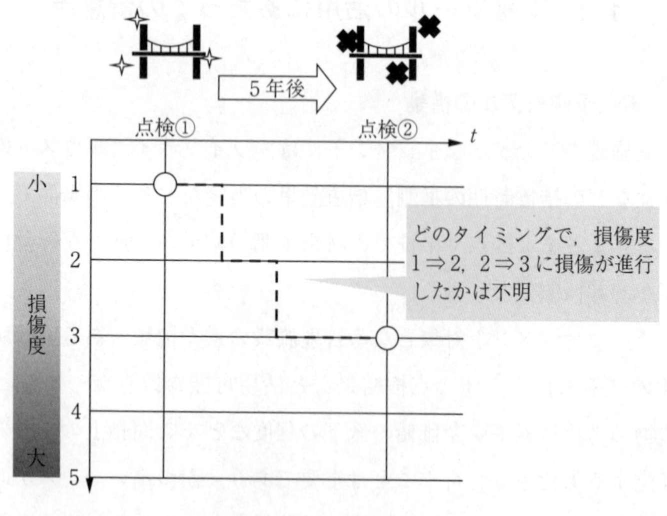

図 4.13　劣化過程パス

じたと仮定することが一般的に行われてきた。予測モデルの算出に用いるデータ数が十分に多い場合には，実際の状態遷移時期が不明であることの影響は平均化され，これらのデータを用いて構築される劣化予測モデルの精度に及ぼす影響は相対的に小さくなると考えられるが，データ数が充分に多くない場合には，状態遷移時期の実際との乖離の影響は劣化予測モデルの信頼性に有意に影響する可能性も考えられる。

しかし，劣化予測モデルの構築手法には，このような実際の状態遷移時期の不明の影響を考慮する方法もすでに開発されており，管理施設が少なかったり過去からの情報の蓄積が少ないなど十分なデータ数が確保しにくいような場合であっても，このような高度な統計処理技術を適切に用いることで支援ツールとして信頼性の高い有益な情報を得ることも可能となってきている。

4.2.2　目的変数（予測する内容）の設定

社会基盤施設のアセットマネジメントでは，意思決定の判断基準として着目している事象や価値に関して，さまざまな仮定や条件を考慮した将来予測を行った結果が参考情報として重要な意味をもつことが多く，統計的手法によるさまざまな将来予測技術の活用が特に有効性を発揮する。

一方で，多様な価値を有する道路構造物などの社会基盤施設のアセットマネジメントにおいて意思決定の判断基準として考慮が期待される評価軸（予測式となる関数における目的変数）には，さまざまなものが考えられる。

例えば，主として構造安全性の観点から補修・補強の時期のみを予測しようとするのであれば，構造物の状態を設計基準との対比や構造力学的評価から安全余裕や健全度といった評価軸を比較的明確に設定できる可能性がある。しかし，多くの価値について評価軸の設定方法について確立していないだけでなく，また，適切な支援が行えるためには評価軸の設定にあたって考慮されるべき事項が多くある。以下に代表的なものについて紹介する。

〔1〕 ライフサイクルコスト

ライフサイクルコストは，アセットマネジメントにおける推計対象として最も重要なものの一つであるといえる。

しかし，半永久的ともいえる長期にわたって有効に機能し続けることが期待される公共物である社会基盤施設の管理に要する費用の見積りにあたっては，留意すべき点も多くある。

ライフサイクルコスト評価とは，社会基盤施設を将来にわたり管理していくうえで必要となる費用を集計し目的に応じて評価するものである。一般的には，アセットマネジメントにおいては，ライフサイクルコストを最小化するための戦略を求めることが最大の課題といわれるが，必ずしも費用最小化だけがアセットマネジメントの目的ではない。例えば，維持管理に投資する費用の制約，社会的費用（交通流への影響，通行止めによる経済活動への影響など）の負担への制約など，制約条件を設定し，そのもとで合理的となるアセットマネジメント戦略を検討することが求められる。ライフサイクルコスト評価では，その制約条件の設定が重要となる。

一般的には，ライフサイクルコスト評価に含める費用項目は「構造物の補修・更新・廃棄にかかる費用」と「社会的費用（維持管理による外部不経済，交通渋滞，環境への影響など）」の二つに大別できると考えられるが，これらの評価にあたって考慮が必要となる代表的な項目にはつぎのようなものが考えられる。

・社会的割引率の取扱い

・将来の交通需要など社会的条件の変化

・点検・補修・更新・廃棄等の直接・間接に関わる費用の対象範囲

・技術革新が不可避な将来の工事などの措置費用の設定

・直接・間接の便益の評価

・直接・間接の事故や障害のリスクとその貨幣価値換算

・社会的割引率の取扱い

〔2〕　性能（機能の状態）

社会基盤施設は，さまざまな観点からの価値を有している。例えば，構造安全性の程度を設計基準との対比や構造力学的評価によって評価することは比較的容易と考えられる。

しかし，道路橋の場合を例にとると，まったく損傷や変状がない状態では橋全体として建設時点での耐荷性能があるといえるが，多くの部材が協働している構造であるために，それぞれの部材の損傷や変状が橋全体としての耐荷性能にどのように影響しているのかを精度よく定量的に評価することはきわめて難しいのが実態である。

2016年から行われている道路橋の法定点検における健全性の診断では，Ⅰ～Ⅳの4区分に分類することが求められているが，どの部材がどの程度損傷していれば橋としてどの区分と評価するのかといった定型的なマニュアルなどは存在せず，知識と経験を有する技術者の判断に委ねることとされている。また，橋を構成している多くの部材でそれに関わるさまざまな劣化事象が同時にそれぞれ異なる劣化速度で進行していく。そのため将来予測を行うにあたって，例えば，ある時点において各部材の状態を考慮したものとして全体としての状態評価を行って総合的な評価値を確定したとしても，その先の予測にあたっては，評価のもととなるそれぞれの部材ごとの劣化速度の違いを考慮しなければ高い信頼性での予測はできないこととなる。

このように，将来予測を行うなどアセットマネジメントの実施にあたって対象資産に関わるさまざまな評価を行う場合には，評価目的と得られる結果の信頼性を考慮して適切な評価指標などの目的変数を設定しなければならないことに注意することが必要である。

その一方で，資産価値の低下傾向の相対比較や初期状態からの性能の低下によって構造安全性が低下しているものがどのように増加していく可能性があるのかといった評価もアセットマネジメントの実践には不可欠であり，そういったマクロ的な評価であれば，必ずしも厳密に個々の構造物の構造特性を反映させずに把握できることもある。利用可能な情報の制約を踏まえつつそれらを最大限活用できる適切な目的変数を設定あるいは選定することが，支援ツールを有効に活用できるための鍵である。

〔3〕 リ　　ス　　ク

突発的損傷や経年劣化による損傷による第三者被害や通行車両等の利用者への被害の発生，地震や台風などの自然災害や交通事故等による供用制限や供用停止による社会的影響の発生などのリスクの程度は，補修や補強といった維持管理上の措置の時期や内容ときわめて密接に関わっている。

例えば，アセットマネジメントで一般的に行われる，維持管理戦略の検討で行われるライフサイクルコストの相互比較においても，本来は維持管理水準としてリスクの程度が同じ条件でのコスト比較であったり，あるいはリスクの違いもまた何らかの形で貨幣換算して直接的な費用との総合評価であったりすることも重要であると考えられる。

しかし，これらのリスク評価の方法については統一的方法が確立していないのが現状である。

〔4〕 サービスレベル

ネットワーク全体を対象とした維持管理の目標・方針を設定する際，中長期的に目標とする社会基盤施設のサービスレベルと補修・補強・更新費用の投資レベルの関係を分析する。社会基盤施設のサービスレベルと補修・補強・更新費用の投資レベルは，トレードオフの関係にある（**図 4.14**）。サービスレベルを高く設定しその目標を達成するためには，より多くの補修・補強・更新費用の投資が必要となる。その一方で，補修・補強・更新費用の投資レベルに制約がある場合には，サービスレベルの目標を低く設定することが求められる。このように，社会基盤施設のサービスレベルと補修・補強・更新費用の投資レベルのトレードオフの関係を定量的に分析することで，適切な目標設定を検討するための情報を提供することができると考えられるが，多様な価値を有する社会基盤施設のサービスレベルをそもそもどのように定義するのかについて，いまのところ統一的な考え方や評価法が存在しない。さまざまな条件や考え方によるサービスレベルの定義を行って，それらの結果を比較したり総合的に判断するなどの工夫を行うことが求められる。

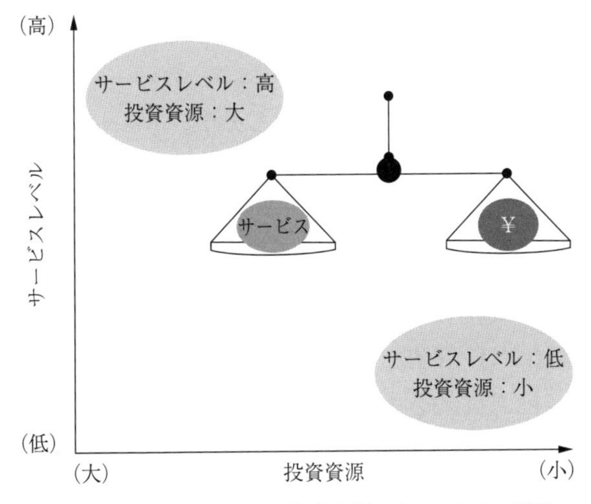

図 4.14 サービスレベルと投資資源のトレードオフ関係

4.2.3 不確実性の考慮

アセットマネジメントを行うにあたってさまざまなデータを用いた評価や将来予測を行う場合，活用可能な情報には限界があり，データ活用にあたっては，不足する情報や現実との乖離，データそのものの信頼性などについて適切に考慮しなければ，高度な統計的手法などを用いても，その機能が十分に発揮されなかったり適切な支援が行える結果が得られない危険性がある。

例えば，統計的手法によってアセットマネジメントの支援を行おうとするにあたって考慮されるべき不確実性に関わる事項の代表的なものとして，以下のようなものを挙げることができる。

〔1〕 データ数の不足

4.1.2 項で大数の法則として説明したように，統計的手法による分析や予測ではその根拠となるデータ数の不足は直接的に結果の信頼性に悪影響を及ぼすことが一般的である。

〔2〕 期待値の扱い

既存データに，さまざまな回帰分析の手法を用いて確定的な劣化予測式の構築を行うことがある。例えば，最も単純なものには，一次式で回帰する最小二乗法がある。このような回帰手法によって求められた期待値を関数式のみで示した場合には，予測される期待値の確からしさ，あるいは期待値からどの程度乖離したデータがどの程度の確率で出現しそうかといった信頼性はわからない。また，元データを回帰分析する場合，仮定した期待値を表す関数が最も適合するものとなるように式の係数が得られるものの，回帰式の関数型そのものが実際のデータの傾向と乖離している場合，求められた回帰式の信頼性は高くないものである危険性がある（図 4.11 参照）。そのため，期待値を表現した関数式を用いる場合には，R 値など，回帰式算定の過程で得られている回帰式の説明性（元データに対してどの程度の信頼性を有しているのか）を表す指標についても吟味して，その期待値による評価の妥当性や信頼性についても念頭に置いておく必要がある。

他方，確率的な予測を行う方法としては，遷移確率行列などを用いて予測結果を確率的なものとして得るものがある。例えば，異なる時点ごとにそのときの状態が離散化された状態区分として記録されている定期点検のデータの場合には，これらのデータを用いて，ある時点で各状態区分にあるデータが，それぞれつぎの時点でどの程度の割合でどの状態区分に遷移したのかを実績として整理することができる。今後も実績と同じ割合で状態の遷移が生じると仮定すると，これらの遷移確率行列を用いて，現在状態区分にあるものが，将来のどの時点でどの状態区分になっている可能性があるのかを確率として予測することができる。**図 4.15** は定期点検結果のデータから，鋼橋の主桁の腐食に対する経年劣化の期待値曲線と遷移確率分布の推計結果の関係を示したものである。期待値曲線では A，B 塗装系と C 塗装系に大きな差は読み取れないが，遷移確率分布では両者で大きく異なっていることが容易に見て取れる。

期待値などの確定的な数値情報の扱いでは，そのもととなっているデータのばらつきなどの不確実性との関係についても念頭において適切な解釈やその活用を図る必要がある。

〔3〕 劣化特性の仮定

構造物の将来予測を行う場合，定期点検データは最も基本的で信頼性の高い

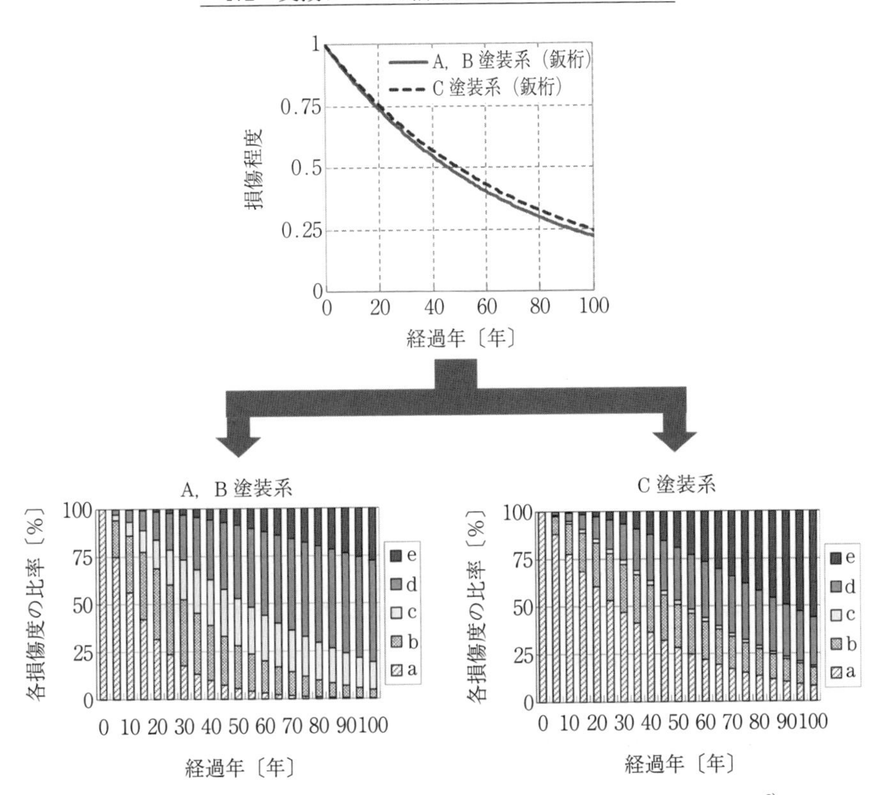

図 4.15 鋼橋の主桁の腐食に対する期待値曲線と遷移確率分布の推計例[2)]

実績データとなることが多い。しかし，点検データでは点検が行われた時点で観測された状態しか記録されておらず，実際に劣化などによって状態が大きく変化した正確な時期はわからないことが通常である。また，長期間にわたって十分な量の点検データが蓄積されている例は少なく，部材や損傷の種類の別によらず，その劣化速度が経年によっても変化するのかどうかといった劣化特性の実態は解明されていないものがほとんどである。一方で，点検データを用いて劣化予測に用いる遷移確率分布を推計したり，回帰によって期待値曲線を得ようとすると，遷移確率に過去からの遷移履歴などの経年との関係性の有無などの基本的な劣化特性を仮定することが必要となる。統計的手法の活用にあたっては，劣化特性をどのように仮定すべきかを慎重に検討するとともに，その仮定に応じた適切なデータ処理が行える統計的手法の選択を行うことが重要となる。

4.2.4　データの離散化処理

実績などのデータを用いてさまざまな統計的処理を行って劣化モデルの構築やそれらを用いた将来予測を行おうとする場合，得られているデータの単位や値の有効数字などはまちまちであり，連続値で与えられる場合もある。

一方で，マルコフ遷移確率の算出など，用いようとする統計的手法や評価したい内容によっては，一定の定義のもとで離散的な指標値やランクなどに変換された値であるほうが扱いやすい場合もある。

例えば，舗装の点検で取得されるデータのうち，わだち掘れ量やひび割れ率などは連続的なデータであることが一般的である。一方で，維持管理戦略を検討する際には，いたずらに細かい値で評価するよりは，舗装の状態として，例えば，補修・補強すべき状態なのか否か，あるいは予防保全すべき状態なのか否かといった，措置の違いに応じた判断基準の区分に該当する指標値などに置換して扱ったほうが実務上は理解しやすく扱いやすいこともある。

また，遷移確率行列などを求めてさまざまな推計やその後の統計処理を行う場合には，所要の離散化を行ってランクや区間の頻度データを作成する必要がある場合も考えられる。

このように，統計的手法による支援を行おうとする場合，用いようとするツールによっては連続的に得られている計測値などのデータの離散化を行うことが必要となる場合がある。

このとき，データの分布状況や劣化過程の特性などを考慮することはもちろん，さらに補修戦略やサービスレベルを検討する際の意思決定の判断基準など，最終的な予測や試算の結果の活用方法に照らして適切に離散化された区分を設定することが重要である。

ちなみに，道路橋をはじめ，構造物の点検では確認された状態について5段階や3段階といったカテゴリーを定義とともにあらかじめ用意しておき，これらに照らして，離散化されたデータを蓄積することが多い。そして劣化予測などの統計的分析を行う場合，通常はこれらの離散的なカテゴリーのそれぞれに何らかの数値を与えてデータを定量化したものが用いられる。

このとき，これらの定量化データの値は，それぞれ実際の構造物や部材の性能や機能の程度を正確に表現したものではないことが多いことに注意が必要である。例えば，**図4.16**は国が管理する道路橋で定期点検の際に併せて記録している損傷状態に関する情報（国の点検要領では「損傷程度の評価」と呼ばれ

損傷程度 b

損傷程度 c

損傷程度 d

損傷程度 e

区　分	一般的状況	
	損傷の深さ	損傷の面積
a	損傷なし	
b	小	小
c	小	大
d	大	小
e	大	大

図4.16　橋梁点検における腐食状態の離散化の例[3),4)]

ている）における記録要領の例である。損傷程度の評価の記録は，劣化特性の分析などに用いることを目的として主観が入らないよう，かつ定期点検などで近接した際に目視だけで記録すべき該当区分が容易に判別できるようおもに外観性状だけで区分されている。この鋼部材の腐食の例でも，錆の広がりの大小と母材の板厚減少の大小の組合せによって区分が設定されており，例えば，構造的な安全余裕の程度によって等分したり，平均的な劣化速度を考慮して健全な状態から危険な状態までの経過時間で等分するなどの配慮がなされたものではない。

このように離散化されたデータを用いて劣化予測や将来状態の推定などを行う場合には，どのような考え方や法則によって離散化の区分が設定されているのかについても確認したうえで，これを適切に考慮することが重要である。

4.2.5　そ　の　他

〔1〕 時系列のなかでのデータ欠損の影響

過去に蓄積されてきたデータから経年的な変化の傾向などを推定する場合に，そのデータに，事象として着目している特性では考慮しない要因が関わっている場合がある。

例えば，構造物の点検データを用いて劣化速度の推定を行おうとしたとき，そのデータのなかに，途中で補修や補強によって健全度が回復しているデータが含まれていることがある。このとき，補修・補強履歴がデータとして残っていると，そのようなデータを排除したり，補修前後に分けてデータとして取り入れることも可能であるが，もしそのような記録が残されていないと，補修前後の経緯が反映されず，劣化過程を実際とは乖離して緩やかなものとして扱ってしまうなどの間違いが起こり得る。**図 4.17** は，点検データにおける補修履歴の欠損によって実際の劣化速度と乖離した劣化過程が分析用のデータとして紛れ込んでしまう状況の例である。

なお，このような問題を回避するためにも，補修や補強によって構造物の状態に変化が生じた場合には，その情報をアセットマネジメントでさまざまな分

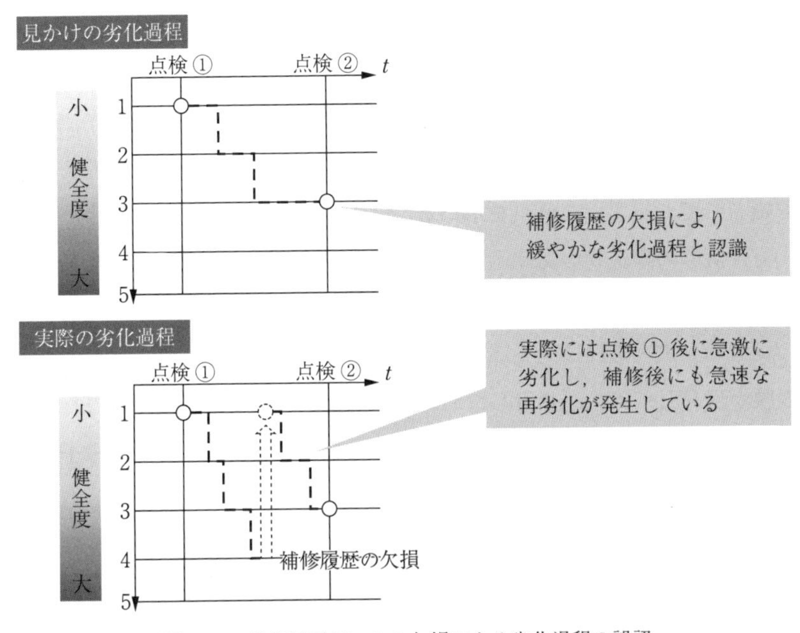

図 4.17　補修履歴データの欠損による劣化過程の誤認

析や推計を行う際に最も基礎的な根拠データとなることが多い点検データなどにも確実に反映させておくことが重要である。

〔2〕 観測困難なさまざまな誤差のデータへの影響

構造物の劣化予測モデルの構築を行うために，点検データを蓄積する場合，推定しようとする構造物の状態を代表させるために，健全度や損傷程度などさまざまな指標を設定して，それに照らしてデータの取得が行われる。

しかし，実際に取得されるデータは，確認できた範囲での情報のみであることや，相互に関係性のあるさまざまな種類の損傷や劣化のなかから抽出された特定の種類のデータのみであるなど，代表値としてのデータに現れる劣化等の特性と実際の劣化特性には不可避な乖離が介在し得る。

このようなデータを用いて劣化モデルの構築や将来推計を行う場合には，そのような誤差の存在を念頭において，結果の評価や活用を行う必要がある。

ちなみに，近年ではこれらの影響をも考慮した統計的予測手法についての研究も行われている。

〔3〕 複合的な事象の扱い

道路構造物などの社会基盤施設の点検やそのデータを用いた将来予測では，点検時にそれぞれ独立で評価される損傷種類ごとに評価・取得されたデータしか蓄積されておらず，これらを用いることが一般的である。

一方，実際の構造物の劣化過程は，さまざまな種類の損傷が必ずしも独立でない関係をもって同時に進行することがある。例えば，鋼部材の塗膜劣化と母材の腐食の発生・進展は同じ部材のなかでも両者は混在し，さらに同じ部位でも塗膜が残存して劣化が進行しつつある段階で同時にそのもとでは母材の腐食も進行し，両者が相互に影響し合うような劣化過程も発生する。将来予測結果の扱いにあたってはこの点にも注意が必要となる。

また，道路橋のような構造物では，部材ごとの劣化の影響が，それらが複数組み合わされた部材の集合体である構造単位の状態，さらにはそれらがさらに組み合わされた橋全体系の状態に影響している。ただし，健全度や耐荷力余裕といった観点では，部材とその集合体である構造や橋全体の関係は複雑であり，構造形式や橋梁形式によっても千差万別である。このような階層的な性能関係にある構造物の劣化予測や状態評価にあたっては，階層関係を適切に反映した評価を行わなければ，将来状態予測結果などで誤った情報を提供する危険性があるため十分に注意しなければならない。

一方で，さまざまな現象や要因の複合作用が影響していたとしても，推計の目的によっては，そういった不確実性をも含まれたものとしてマクロ的な評価を行うことでも必要な参考情報が得られる場合もある。利用可能なデータの制約とデータ分析によって得たい情報の双方を考慮して，適切なデータ分析手法を選択して支援ツールを有効に活用することが重要なポイントである。

〔4〕 判定基準の変更の影響の考慮

道路橋のような社会基盤施設は長期にわたって維持管理されることとなるため，点検データの記録のもととなる判定要領や評価基準が見直されることも考えられる。そのような場合にも，判定基準の変更前後の判定結果に明確な対応関係があれば，対応関係に従って適切にデータ変換を行えば判定基準変更前後のデータを一体で扱ってデータ数を減らすことなく推計などが行えるが，判定基準の対応関係が複雑で単純には変換できない場合や，判定基準が着目している評価の観点そのものに変更があった場合は，判定基準前後のデータを同列には扱えないこともある。

判定基準が異なるデータを一体に一つの母集団データとして扱おうとする場合には，判定基準が異なることによって生じる推計や予測などの評価結果に及ぼす影響について慎重に判断し，適切に扱わなければならない。

〔5〕 維持管理費用の推計上の課題

ライフサイクルコスト評価によって構造物の最適補修戦略を求める場合，ライフサイクルコストの割引現在価値を評価する割引現在価値法と，割引率を採用せずライフサイクルコストを直接評価する非割引現在価値法が存在する。

割引現在価値法は，将来時点に発生する維持管理費用の推計値を現在価値に割引率を用いて換算する方法である。橋梁に代表されるような社会的インフラ資産の場合，適切な維持管理を通じて構造物を長寿命化し費用削減を図ることが重要であるとされる。しかし，割引現在価値法に基づくライフサイクルコスト評価法では，長寿命化に資する戦略の経済効果を正当に評価できないとの指摘がある。例えば，橋梁の長寿命化による費用削減効果が将来時点に長期的に発生する場合，割引率によりその費用削減額が小さく評価され，単純なライフサイクルコスト評価では長寿命化戦略を正しく評価することができない。

そこで，割引現在価値法に対して，割引率を用いない非割引現在価値法がある。この場合，半無限に供用するような構造物の場合，補修費用の累積が発散してしまう。これに対して，非割引現在価値法では，ライフサイクルコストを積算する目標年を設定する。しかし，この場合でも，目標年の設定に任意性が残り設定年によって評価結果が異なる問題が指摘される。

これらの問題に対して，ライフサイクルコストを毎年の等価な費用（年平均費用）として評価する方法が提案されており，これを平均費用法という[5)]。この方法では，対象となる構造物を半永久的に長期間供用される資産と位置付け，維持管理の目標期間や現在時点の構造物の健全度に影響を受けないライフサイクルコスト分析が可能となる。

このように維持管理費用の算定手法や評価理論についての研究は各方面で精力的に進められており，今後も発展が期待できる。そのため最新の研究や手法などの開発動向にも注視して，これらをアセットマネジメントの実践に反映していくことが重要である。

4.3 データ分析におけるさまざまな工夫(支援ツールの高度化)

4.3.1 遷移確率の推計（時間依存性を考慮しない方法）

マルコフ性とは，将来時点の状態が，過去の経緯によらず現在の状態のみに依存して決定する性質のことである。例えば，建設後の経過年が異なる構造物であっても，ある時点で行われた点検結果において同じ健全度であったとすると，その時点から将来どのように健全度が低下していくのか，状態遷移確率はどちらも同じであると考える。

図 4.18 に例を示すように，過去の健全度の変化の履歴に違いのある二つの

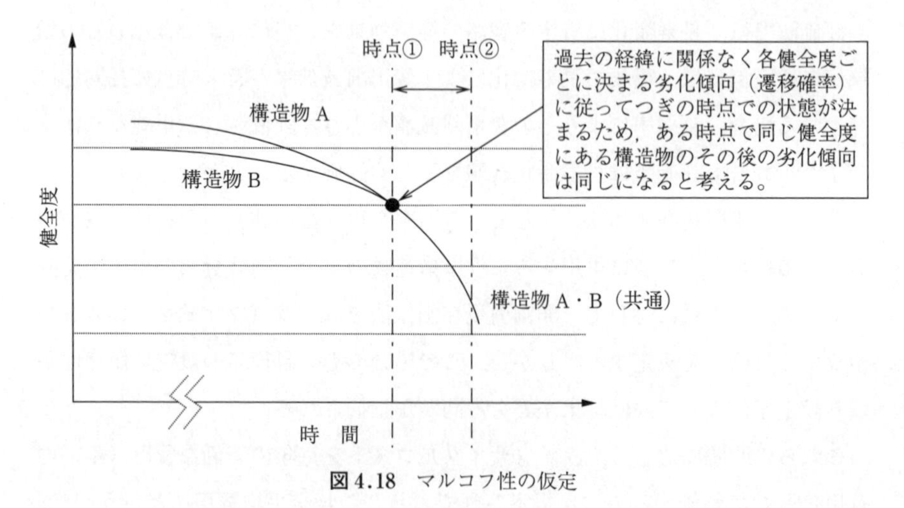

図 4.18　マルコフ性の仮定

構造物（構造物A，構造物B）に着目するとする。ある時点①において両者が同じ健全度であった場合，構造物A，Bともに，その健全度に対して与えられている劣化特性（例えば，遷移確率）に従うものとして扱われる。その結果，その時点からの劣化特性は構造物A，Bで共通のものとなる。このような特性をマルコフ性と呼ぶ。

以下に，橋の点検データをイメージしてマルコフ性を仮定した場合のデータの扱いについて説明する。

橋梁のある部材の健全度が5ランクで与えられ，ランク1が損傷がない状態，ランク5が最も損傷が進行した状態とする。

いま，1 000個の管理対象の部材が**図4.19**に示すように健全度が遷移したと観測された場合を考える。なお，ここではその間に補修や補強によって人為的に健全度の維持や回復の措置は行われなかったものとする。

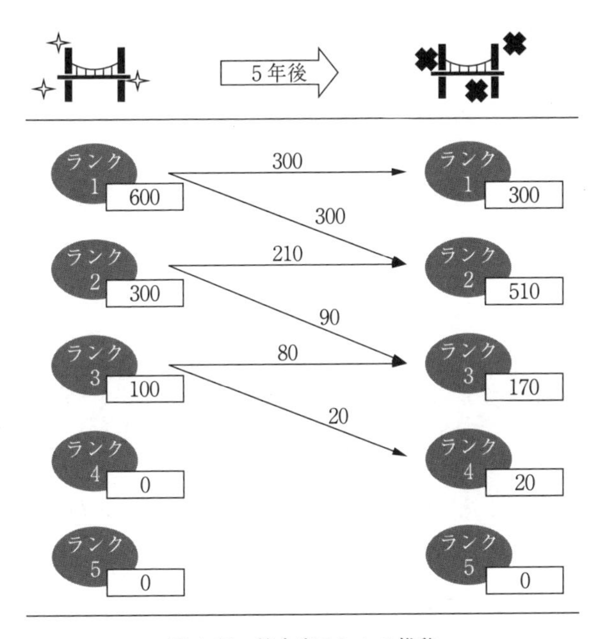

図4.19 健全度ランクの推移

前回点検時に健全度ランク 1 であった部材 600 のうち，300（50 %）が 5 年後に健全度ランク 1 に留まり，残り 300（50 %）は健全度ランク 2 に劣化（遷移）。健全度ランク 2 の部材 300 のうち，210（70 %）が健全度ランク 2 に留まり，90（30 %）は健全度ランク 3 に劣化（遷移）。健全度ランク 3 の部材 100 のうち 80（80 %）が健全度ランク 3 に留まり，20（20 %）が健全度ランク 4 に劣化（遷移）していたとする。前回点検時に各健全度ランクの部材それぞれが何年経過してその健全度ランクに至ったのかを無視して，単純にどの健全度ランクにあるものが 5 年間でどのような割合で各健全度ランクに遷移が生じるのかという情報だけを取り出して整理すると，現在の健全度ランクだけに依存する**図 4.20** のような遷移確率の行列をつくることができる。

	ランク 1	ランク 2	ランク 3	ランク 4	ランク 5
ランク 1	0.5	0.5	0	0	0
ランク 2	0	0.7	0.3	0	0
ランク 3	0	0	0.8	0.2	0
ランク 4	0	0	0	0	0
ランク 5	0	0	0	0	1

図 4.20　遷移確率行列

なお，推計に用いる遷移確率行列の算定方法にはいくつかの方法があり，この例のように，実際に観測される定期点検データなどの実績データを単純に集計し，遷移確率を直接算出する「数え上げ法」が最も単純で容易な方法である。

なお，この例のように定期点検データを用いて遷移確率を算定する場合，時間的な状態変化に着目しているため少なくとも元となるデータの点検間隔が一定であることが信頼性の高い遷移確率を得るためには重要である。そのうえで点検と点検の間のどの時点で実際の遷移が生じたのかはわからないことが多く，そのような不確実性が含まれることには注意しなければならない。

また，この例のような集計的手法に共通する注意点として，遷移確率を求める行列の各ペアのすべてに一定量のデータ数が確保されていることが遷移確率行列全体の信頼性確保には重要となる。道路橋の劣化に関して数え上げ法によって遷移確率行列を求めようとする場合，データの質を確保するためには構造物の特性（構造，供用環境など）によって数え上げに用いる母集団データを絞り込むほうがよいが，一方で遷移確率行列のすべてのペアでデータ数を確保しようとすると，観測されにくいペアのデータが少なくなるなど，信頼性の高い遷移確率行列が得られるだけのデータ数が確保できないという問題が生じることがある。

しかし，例えば，管理する施設数の少ない自治体などでは単独で十分な数のデータ数を確保することが困難な場合でも，条件が類似している施設をもつ他の管理者とデータを統合して処理したり，国などから豊富なデータに基づいて得られていた結果を参考にすることもできる。特に，道路橋のような社会基盤施設では管理者の別によらず全国で同じ基準で整備されてきていることが多く，管理者の枠を越えてデータを同じ母集団として扱えるケースも多い。

また，このような集計的手法の問題に対して，異なるデータを集計せず確率を推計する非集計推計モデルも開発されており，データが乏しくともそれに起因する不確実性の影響が考慮された劣化モデルを得ることも可能となっている。蓄積されたデータを有効活用して信頼性の高い遷移確率行列を得るには，こういった手法を適切に活用していくことが有効である。

非集計推計によるマルコフ推移確率行列の推計方法については，4.4節，4.5節にて詳しく解説する。

4.3.2　遷移確率の推計（時間依存性を考慮する方法）

実際の劣化現象では，経年によって劣化速度が増加するなど経年依存性がある場合も考えられる。その場合には点検データを用いて4.3.1項で紹介したような経年依存性がないとの仮定に基づく方法による遷移確率の推計では信頼性の高い結果は期待できない。そこで，劣化速度に経時依存性があることを考慮して遷移確率を求める方法も提案されている。

具体的には，遷移確率行列の算出にあたって，時間を変数にもつハザード関数を仮定して，最尤推定法を用いて根拠となる点検データによる同じ経過年と見なす母集団ごとの状態遷移データの実績データに対して，最もよく当てはまるハザード関数のパラメータを求める方法が開発されている。

なお，時間を変数にもつワイブル関数を用いた劣化モデルの推定方法については，4.4節，4.5節にて詳しく解説する。

4.3.3　固有情報の反映

二つの時点で取られた状態のデータから状態遷移確率を推定する場合，基礎的な方法としては，それらのデータに含まれる個々の構造物などが有する固有の条件を無視して，単純に2時点間の遷移のパターンを示すデータとしてのみ扱って，これらを数え上げるなどの集計的手法がある。

しかし，実際の構造物群のデータを一体で扱う場合，個々の部材や構造物ごとに供用条件や構造特性などがそれぞれ異なっているため，構築する劣化予測モデルにその影響が考慮されているかどうかによって推計結果は異なってくる。

例えば，代表的な例として「点検時点と劣化時点の違い」という問題がある。すなわち，インフラの維持管理では，定期的な点検が行われ，その点検時点における構造物の損傷度が記録される。しかしながら，構造物は点検時に劣化するものではなく，少なくとも点検時点の前のどこかの時点において劣化が進行している。つまり，定期点検では構造物が実際に劣化した詳しい時点を知ることは不可能といえる。

このような問題に対して，時間的には2時点の状態でしか得られていないデータの状態遷移過程に対して，2時点間の実際にどの時点で遷移が生じているのかについて確率的に評価できるように時間を変数にもつハザード関数を導入し，これに対して実際のデータを用いて最尤推定法によりパラメータの決定を行う方法が開発されている。このようにすることで，非集計的に遷移時期に時間的なばらつきを考慮したマルコフ遷移確率行列の推定が行える。

なお，これらの方法は，土木施設個々の構造諸元や環境条件など定性的なデータを反映した推計を行う場合にも応用が可能と考えられる。2時点間の遷移の不確実性に対して，確率的な表現を導入して遷移確率行列を推定する手法については，4.3.1項や4.3.2項に関して用いられる手法が応用できる。

4.3.4 異質性評価とベンチマーキング

異常なデータが混入したり，異なる属性のデータが混在している場合に，そのようなデータをそのまま区別なく一つの母集団として扱って得られる劣化モデルでは信頼性が充分に得られないことが考えられる。

このような場合には，別途異常なデータの抽出を行ったり，あるいは本来は区別して扱うべき属性などが異なるデータ群の混入の有無や影響の程度などを評価することが必要となる。

逆にいうと，個々のデータの異質性の有無や程度がわからないままに平均的な手法による対策を当てはめることで，異質性を有するものに対する対策時期や内容を誤る危険性が考えられる。

ちなみに，個々の構造物の劣化特性について，それが全体の平均的な劣化特性に対して特異性があるのかないのか，あるいは特異性の程度はどの程度なのかについて知ることで，着目する構造物の位置付けが明らかになり，多数を占める平均的なものへの対策を当てはめるべきか否かといった判断をより適切に行うことが可能となる。さらには，さまざまな観点で異質かどうかやその程度の評価を行えば，異質性に関わる要素の解釈から劣化要因の推定や，複合的現象の存在を知ることにもつながり得ると考えられる。

このような対象資産のプロファイリングはアセットマネジメントにおけるデータ分析目的の最も重要なものの一つであり，より高度な支援ツールを導入するべき理由の一つといえる。そして，このような問題に対してデータそれぞれの異質性を評価する方法もすでに開発されている。

具体的には，平均的な劣化過程を表現できるベンチマーキング劣化過程を推計によって定式化する手法と，それらの平均的な過程との相対関係として異質性を異質性パラメータという定量的な指標によって評価する手法が提案されている。異質性パラメータを導入することで，観測不可能な要因が劣化速度の違いに影響しているとしても，その要因の特定を要さず，平均的なものに対して異質性の有無や程度を判断するための参考情報を得ることができる。

なお，ベンチマーキング劣化過程を推定によって求め，さらにそれに対する相対評価としての異質性を評価する具体的な方法の例は，4.4節，4.5節で詳しく紹介する。

4.3.5　データ不足の影響の緩和

データから得られるさまざまな情報を援用して，アセットマネジメントを行おうとしても，地方公共団体などの施設管理者によっては，十分なデータの蓄積がなく，集計的手法か非集計的手法かによらず，データ不足の影響によって信頼性の高い劣化モデルの構築が行えないことが考えられる。

しかしながら，十分なデータの蓄積を待つ間にも構造物の劣化は進行するなど切れ目のない適切な維持管理が必要である実務への要請からは，データが蓄積されるまでの間に統計的手法による支援を活用しないことも合理的とはいえない。

インフラの点検であれば，診断にあたって一定水準以上の専門的知識や経験を有する者が点検に従事して診断を行うことから，点検結果では目視点検結果として単なる外形的な情報に加えて，技術者の知識や経験あるいはノウハウも関連付けて記録されていることがある。

このようなデータ不足という問題に対しても，目視による結果とさまざまな技術者の知見やノウハウに基づく情報を融合して推計を行うという考え方も提案されている。具体的には，事前情報を用いることで少ないデータで推計が行えるベイズ推定という方法を用いて，例えば劣化モデルのパラメータ推定を行う方法なども開発されている。

過去に十分な量のデータの蓄積がない場合や対象施設が少なく，データ数が十分に確保できない場合であっても，このようなデータ分析手法を適切に活用することでデータ不足を補ってマネジメントの質の向上を図れる可能性があることは，アセットマネジメントの実践にあたってつねに念頭に置いておくことが重要である。

ベイズ推定を用いた劣化モデルのパラメータ推計方法については4.4節，4.5節において詳しく紹介する。

4.3.6 点検間隔が一様ではない時系列データの取扱い

構造物の劣化モデルの構築にあたっては，定期点検のデータを最も信頼性のある経年変化の実績データとして採用することが多く，逆にその他の点検データや調査などの記録は，一定の要領などに則って定期的に取得されていないなどで処理が難しいことが多い。

しかし，定期点検のデータであっても要領などに決められている基本的な点検間隔とまったくずれなく行われていることはむしろ稀と考えられ，業務契約の時期のずれなども避けられず実務上のやむをえない事情から数ヶ月単位での点検間隔の不一致も避けられない。ちなみに，仮にその構造物に対する点検業務期間としてはほぼ一致していたとしても，大規模な道路橋などでは，点検期間そのものがある程度の長さを有しており，各部材などに着目すると数週間単位でのずれまではなくすことは困難であることが多い。

このような実際には点検間隔がそれぞれ一致しない過去の複数回の点検結果を用いて，すべての点検間隔が一致しているとの仮定をおいて状態遷移確率の推計など劣化モデルの構築を行うと，信頼性は必然的に低下してしまうこととなる。このような点検間隔の不一致についても，先に紹介した非集計型の劣化モデル推計手法を用いることで，ある程度そのばらつきの影響を考慮した推計モデルの構築が行える。

4.4　劣化モデル構築のための支援ツールの紹介

4.4.1　非集計推計によるマルコフ推移確率行列の推計方法[6)]

4.3.4 項で紹介したように，時間的に離散的に取得されているデータに対して，実際の劣化事象は時間的には連続的に生じているため，定期点検で離散的に設定されたいくつかの状態区分のいずれかに当てはめられて記録されているデータでは，実際に劣化などによって現在の状態区分に遷移した時期とのずれが生じている。

このように，異なる 2 時点のそれぞれの状態はデータとして記録されているものの，実際に状態区分が遷移した時点は不明であるようなデータを用いて，実際の遷移時期を考慮して遷移確率行列を推計する方法が開発されている。

具体的には，構造物の劣化を対象にして，経時的に構造物の劣化状態が逐次遷移していくという事象を，隣接する二つの損傷程度間での遷移過程を，不確実性が考慮できるマルコフ性を仮定した指数ハザードモデルによって表現し，最尤推定法を用いてハザードモデルの未知のパラメータを推定し，さらに推定されたハザードパラメータを用いて部材の劣化による損傷程度の遷移過程を表すマルコフ遷移確率行列を作成する方法である。

推計手法の詳細について以下に紹介する。

対象とする部材の損傷程度の評価が時点 y_i まで i の状態で遷移し，かつ時点 y_i で $i+1$ に遷移する確率密度（ハザード関数）$\lambda_i(y_i)$ を一定値（$\theta_i>0$，指数ハザード）としてハザード関数として次式を用いる。

$$\lambda_i(y_i)=\theta_i \tag{4.1}$$

ここでハザード関数を一定値としたことで，各時点からの遷移の確率に過去の履歴が関係しないこととなるため，マルコフ性を仮定していることとなる。

サンプル k（$k=1$, …, K）の劣化過程は，指数ハザード関数を用いて式(4.2)のように表せる。

$$\lambda_i^k(y_i^k)=\theta_i^k \tag{4.2}$$

損傷程度の評価 i から j に遷移する確率 p_{ij} を実データの点検間隔 $\overline{Z}^k$，未知パラメータ $\beta_i=(\beta_{i,1}, \cdots, \beta_{i,M})$ の関数として $p_{ij}=(\overline{Z}^k:\beta)$ と表す。ここで記号「￣」は実測値であることを示す。

K 個の劣化現象がたがいに独立であると仮定すれば，全点検サンプルの劣化遷移パターンの同時生起確率密度を表す対数尤度関数が式(4.3)のように表せる。

$$\begin{aligned}\ln[\mathscr{L}(\beta)]&=\ln\left[\prod_{i=1}^{J-1}\prod_{j=i}^{J}\prod_{k=1}^{K}\left\{p_{ij}\left(\overline{Z}^k:\beta\right)\right\}^{\bar{\delta}_{ij}^k}\right]\\&=\textstyle\sum_{i=1}^{J-1}\sum_{j=i}^{J}\sum_{k=1}^{K}\bar{\delta}_{ij}^k\ln\left[p_{ij}\left(\overline{Z}^k:\beta\right)\right]\end{aligned} \tag{4.3}$$

ここで，$\bar{\delta}_{ij}^k$ は以下で定義されるダミー変数である。

$$\bar{\delta}_{ij}^k=\begin{cases}1: h(\tau_A^k)=i, h(\tau_B^k)=j\text{のとき}\\0:\text{それ以外のとき}\end{cases} \tag{4.4}$$

ここで，$h(\tau_A^k)=i, h(\tau_B^k)=j$ はそれぞれ τ_A^k における損傷程度が i で，τ_B^k における損傷程度が j であることを示す。検査データ $\bar{\delta}_{ij}^k$, $\overline{Z}^k$ は確定値であり，対数尤度関数は未知パラメータ β_i の関数である。ここで，対数尤度関数を最大にするようなパラメータ β_i の最尤推定値はつぎの式(4.5)を同時に満足するような $\hat{\beta}_i=(\hat{\beta}_{i,1}, \cdots, \hat{\beta}_{i,M})$ として与えられる。

$$\frac{\partial\ln[\mathscr{L}(\beta)]}{\partial\beta_{i,m}}=0 \tag{4.5}$$

$$(i=1,\ \cdots,\ J-1\ ;\ m=1,\ \cdots,\ M)=0$$

この最適化条件は $(J-1)M$ 次の連立非線形方程式となる。これを解くことによって，データに最もよくあてはまるマルコフ遷移確率は，上記の推計により算出した指数ハザード関数のパラメータ θ_i を用いて以下の方法で算出することができる。

$$P=\begin{pmatrix} p_{11} & \cdots & p_{1J} \\ \vdots & \ddots & \vdots \\ 0 & \cdots & p_{JJ} \end{pmatrix} \tag{4.6}$$

ここに

$$p_{ii}=\exp(-\theta_i Z)$$

$$p_{ii+1}=\frac{\theta_i}{\theta_i-\theta_{i+1}}\{-\exp(-\theta_i Z)+\exp(-\theta_{i+1}Z)\}$$

$$p_{ij}=\sum_{k=i}^{j}\prod_{m=1}^{k-1}\frac{\theta_m}{\theta_m-\theta_k}\prod_{m=k}^{j-1}\frac{\theta_m}{\theta_{m+1}-\theta_k}\exp(-\theta_k Z)(j=i,\ \cdots,\ J)$$

$$p_{iJ}=1-\sum_{j=i}^{J-1}p_{ij}(i=1,\ \cdots,\ J-1)$$

4.4.2　時間を変数にもつワイブル関数を用いた劣化モデルの推定方法[7)]

4.3.2 項で紹介したように，4.4.1 項で紹介したマルコフ性を仮定した遷移確率行列の推定に対して，状態遷移確率が過去の状態や経年によって変化する（非斉時性）との仮定をおいて，遷移確率行列を非集計的手法によって推計する手法も開発されている。

具体的には，4.4.1 項の方法に対して，遷移確率の非斉時性を表現するため，劣化過程の不確実性を考慮するためのハザード関数の確率分布が経過時間を変数として考慮したワイブルハザード関数に従うと仮定するものである。

対象部材が時点 y_i まで i の状態で遷移し，かつ時点 y_i で $i+1$ に遷移する確率密度（ハザード関数）$\lambda_i(y_i)$ がワイブル関数に従うと仮定すると，ハザード関数は式 (4.7) のように表すことができる。

$$\lambda_i(y_i)=\theta_i\alpha_i y_i^{\alpha_i-1} \tag{4.7}$$

ここに，θ_i：損傷程度 i に固有の定数パラメータ

　　　　α_i：劣化の加速度パラメータ

未知パラメータ θ_i，α_i を推定した結果，$\alpha_i>1$ となる場合には，初期時点からの使用時間 y_i が増加するにつれて加速度的に劣化が進行することとなり，逆に $\alpha_i<1$ となる場合には，使用時間の経過につれて，劣化の進行の程度が小

さくなることとなる。$\alpha_i=1$ の場合は，劣化速度が使用時間に依存しなくなるため，推計手法としては 4.4.1 項で紹介したマルコフ遷移モデルによる場合と同じものとなる。

なお，ワイブルハザードモデルのパラメータは，4.4.1 項のマルコフ遷移モデルによる推計手法と同様に最尤推定法によって求めることができる。

以下にモデルの推定手法の詳細を紹介する。

対象橋梁の供用開始時点である初期時刻 $\bar{\tau}_0^k$ と 2 回の点検が実施されたそれぞれの時刻 $\bar{\tau}_A^k$，$\bar{\tau}_B^k$ で，計測された損傷程度の評価を $h(\bar{s}_A^k)=i$，$h(\bar{s}_A^k+\bar{s}_B^k)=j$ とする。

ここで $\bar{s}_A^k=\bar{\tau}_A^k-\bar{\tau}_0^k$，$\bar{s}_B^k=\bar{\tau}_B^k-\bar{\tau}_A^k$ である。

また

$$\bar{\delta}_{ij}^k=\begin{cases}1: h(\bar{s}_A^k)=i, h(\bar{s}_A^k+\bar{s}_B^k)=j \\ 0: \text{それ以外}\end{cases} \tag{4.8}$$

と定義する。このとき，供用開始時刻から時間 s_A が経過した後の 1 回目点検時刻 τ_A で損傷程度 i が観測され，さらにそれより時間 s_B が経過した 2 回目の点検時刻 $\tau_B=\tau_0+s_A+s_B$ において損傷程度 j が観測される同時生起確率 $P_{ij}(\bar{s}^k:\gamma)$ と表す。ここに，γ は未知パラメータベクトルであり，$\gamma=(\alpha, \beta_i$ $(i=1, \cdots, I-1)$ である。また，$\alpha=(\alpha_1, \cdots, \alpha_{I-1})$ は未知パラメータの $\alpha_i(i=1, \cdots, I-1)$ 行ベクトルである。また，マルコフ遷移モデルと同様に，$\theta_i^k=\beta_i'$ とした。ここで，$\beta_i=(\beta_{i,1}, \cdots, \beta_{i,M})$ は未知パラメータ $\beta_{i,m}=(m=1, \cdots, M)$ による行ベクトルであり，$'$ は転置操作を表している。

K 個の部材の劣化現象がたがいに独立であると仮定すれば，全点検サンプルの劣化状態の分布パターンの同時生起確率密度を表す対数尤度関数を式 (4.9) のように表せる。

$$\begin{aligned}\ln[\mathcal{L}(\beta)]&=\ln\left[\prod_{i=1}^{I}\prod_{j=i}^{I}\prod_{k=i}^{K}\{p_{ij}(\bar{s}^k:\gamma)\}^{\bar{\delta}_{ij}^k}\right] \\ &=\sum_{i=1}^{I-1}\sum_{j=i}^{I}\sum_{k=1}^{K}\bar{\delta}_{ij}^k\ln[p_{ij}(\bar{s}^k:\gamma)]\end{aligned} \tag{4.9}$$

点検データである δ_i^k，$\bar{s}^k$ はすべて確定値であり，対数尤度関数は未知パラメータγの関数である。ここで，対数尤度関数を最大にするようなパラメータ値γの最尤推定値は式(4.10)を同時に満足するような$\hat{\gamma}=(\hat{\gamma}_{10}, \cdots, \hat{\gamma}_{I-1N})$として与えられる。

$$\frac{\partial \ln [\mathscr{L}(\hat{\gamma})]}{\partial \gamma_{i,n}}=0 \qquad (i=1, \cdots, I-1; n=0, 1, \cdots, N) \tag{4.10}$$

この最適化条件は$(I-1)\times(N+1)$次の連立非線形方程式となるが，これを解くことによって劣化過程は，使用開始時刻τ_0から時間sが経過した時刻において損傷程度$h(s)=i$が生起する確率（状態遷移確率）を用いて記述できる。

$$\mathrm{Prob}[h(s)=i \mid h(0)=1]=p_i(s) \tag{4.11}$$

このような状態遷移確率を損傷程度$i(i=1, \cdots, I)$に対して定義すれば，時間依存的な劣化状態遷移確率ベクトルを得ることができる。

4.4.3　ベンチマーキング劣化過程の推定と異質性評価の方法[8)]

4.3.5項で紹介したように，構造物の劣化速度には大きな不確実性が存在し，構造物ごとに劣化速度が大きく異なる場合がある。

これに対して，母集団データ全体の平均的な劣化特性を表現したと解釈できるものとして推定した劣化モデルをベンチマークとして，これと個々の構造物の劣化の状況との乖離の大きさを異質の程度と捉え，ベンチマークとの相対関係としての劣化速度の異質性を定量的に表現することができる手法が提案されている。

図4.21にその手法の概念を示す。この例ではA～Fの六つの構造物からなる母集団を考えている。はじめに，左図（ベンチマークケース推定）に示すように，すべての構造物のデータを用いてそれらの平均的な劣化速度を表す劣化モデルを推計によって求める。これがベンチマークモデルとなる。なお，ベンチマークモデルには劣化速度の違いを表現できる変数などをパラメータとして導入しておく。つぎに，右図（ベンチマーキング評価）に示すように，異質性を評価しようとする個々の構造物のグループ別の劣化速度を表現したパラメー

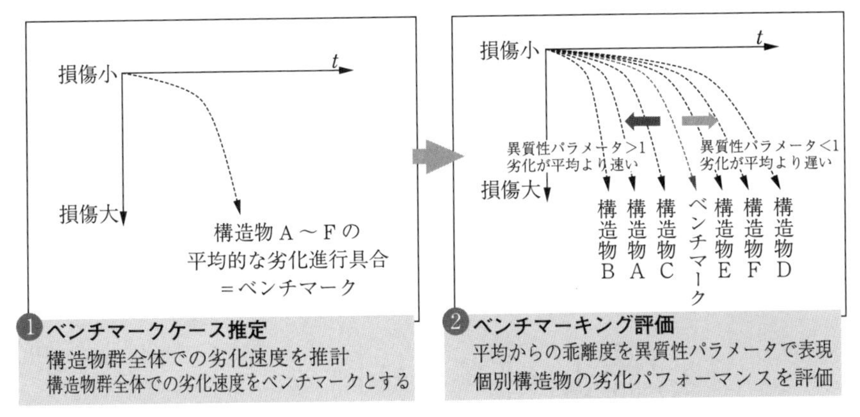

図 4.21　ベンチマーキング評価の概念図

タ（異質性パラメータ）を推定する。

その異質性パラメータの大小によってベンチマークモデルに対する個々の構造物群の劣化モデルの乖離の程度の違い（＝異質性の大小）が定量的に評価できる。このように，異質性の評価においては平均的なハザード関数に異質性パラメータの確率分布を混合したモデルを定式化することから，混合マルコフ劣化ハザードモデルと称される。

以下に，マルコフ性を仮定した遷移確率分布の推計手法による異質性評価の具体的な方法の詳細を紹介する。

分析の対象とする構造物群の遷移確率にマルコフ性を仮定し，K 個のグループに分割する。また，おのおののグループに固有のハザード率の変動特性を表すパラメータ（異質性パラメータ）を ε^k とする。このとき，グループ k のハザード率は，式 (4.12) に示す混合ハザード関数のように，平均的な劣化速度を示すベンチマークケースのハザード率と異質性パラメータの積として表現され，異質性パラメータの大きさが，グループの劣化速度の平均からの乖離度を表すパラメータと表現される。

$$\lambda_i^{l_k} = \tilde{\lambda}_i^{l_k} \varepsilon^k \tag{4.12}$$

ここでは，異質性パラメータが，式 (4.13) に示すガンマ分布から抽出された確率標本であることを仮定する。

$$f(\varepsilon^k : \alpha, \gamma) = \frac{1}{\gamma^\alpha \Gamma(\alpha)} (\varepsilon^k)^{\alpha-1} \exp\left(-\frac{\varepsilon^k}{\gamma}\right) \tag{4.13}$$

このとき，マルコフ推移確率は，ハザード率の確率分布を考慮した時間間隔 z の平均的なマルコフ推移確率として式 (4.14) で表される。

$$\begin{aligned}
\tilde{\pi}_{ij}(z) &= \int_0^\infty \pi_{ij}(z : \varepsilon) f(\varepsilon : \alpha, \gamma) d\varepsilon \\
&= \int_0^\infty \sum_{s=i}^{j} \psi_{ij}^s(\tilde{\lambda}) \exp(-\tilde{\lambda}_s \varepsilon z) f(\varepsilon : \alpha, \gamma) d\varepsilon \\
&= \sum_{s=i}^{j} \frac{\psi_{ij}^s(\tilde{\lambda})}{\gamma^\alpha \Gamma(\alpha)} \int_0^\infty \exp\left\{\left(-\tilde{\lambda}_s z - \frac{1}{\gamma}\right)\varepsilon\right\} \varepsilon^{\alpha-1} d\varepsilon \\
&= \sum_{s=i}^{j} \frac{\psi_{ij}^s(\tilde{\lambda})}{(\tilde{\lambda}_s \gamma z + 1)^\alpha}
\end{aligned} \tag{4.14}$$

さらに，ガンマ分布を平均 1，分散 $1/\phi$ とすると，平均マルコフ推移確率は，式 (4.15) で表される。

$$\begin{aligned}
\tilde{\pi}_{ii}(z) &= \frac{\phi^\phi}{(\tilde{\lambda}_i z + \phi)^\phi} \\
\tilde{\pi}_{ij}(z) &= \sum_{s=i}^{j} \frac{\psi_{ij}^s(\tilde{\lambda}) \phi^\phi}{(\tilde{\lambda}_s z + \phi)^\phi}
\end{aligned} \tag{4.15}$$

平均マルコフ推移確率は，点検データを推計サンプルとして劣化推移パターンの同時生起確率密度を表す尤度関数が式 (4.16) のとおり定式化される。

$$\mathcal{L}(\theta, \Xi) = \prod_{i=1}^{I-1} \prod_{j=i}^{I} \prod_{k=1}^{K} \prod_{l_k=1}^{L_k} \left\{\tilde{\pi}_{ij}^{l_k}(\bar{z}^{l_k}, \bar{x}^{l_k} : \theta)\right\}^{\delta_{ij}^{l_k}} \tag{4.16}$$

このとき，推移確率は，式 (4.17) で表される。

$$\begin{aligned}
\tilde{\pi}_{ii}^{l_k}(\bar{z}^{l_k}, \bar{x}^{l_k} : \theta) &= \frac{\phi^\phi}{\left\{\exp(\bar{x}^{l_k} \beta_i') \bar{z}^{l_k} + \phi\right\}^\phi} \\
\tilde{\pi}_{ij}^{l_k}(\bar{z}^{l_k}, \bar{x}^{l_k} : \theta) &= \sum_{s=i}^{j} \frac{\psi_{ij}^s(\tilde{\lambda}^{l_k}) \phi^\phi}{\left\{\exp(\bar{x}^{l_k} \beta_s') \bar{z}^{l_k} + \phi\right\}^\phi}
\end{aligned} \tag{4.17}$$

この尤度関数は，未知パラメータ β と ϕ の関数であり，最尤推定法によってパラメータの推定が可能である。以上によってベンチマークモデルが得られたことになる。

つぎに，あるグループに着目してその異質性を推定する。あるグループのサンプルが得られる異質性パラメータに関する同時生起確率密度関数（部分尤度）は，式 (4.18) で表すことができる。

$$
\begin{aligned}
p^k(\varepsilon^k : \hat{\theta}, \xi^k) &= \{\pi^{l_k}_{i(l_k)j(l_k)}(\bar{z}^{l_k}, \bar{x}^{l_k} : \hat{\beta}, \varepsilon^k)\}^{\bar{\delta}^{l_k}_{i(l_k)j(l_k)}} \bar{f}(\varepsilon^k, \hat{\phi}) \\
&\propto \prod_{l_k=1}^{L^k} \left\{ \sum_{m=i(l_k)}^{j(l_k)} \psi^m_{i(l_k)j(l_k)}(\tilde{\lambda}^{l_k}(\hat{\theta})) \exp(-\tilde{\lambda}^{l_k}_m(\hat{\theta}) \varepsilon^k \bar{z}^{l_k}) \right\}^{\bar{\delta}^{l_k}_{i(l_k)j(l_k)}} \\
&\quad \left\{ (\varepsilon^k)^{\hat{\phi}-1} \exp(-\hat{\phi}\varepsilon^k) \right\}
\end{aligned}
\tag{4.18}
$$

これに対して最尤推定法を用いることで，異質性パラメータ ε は尤度関数を最大にするパラメータとして推定できる。

4.4.4 劣化モデルのパラメータ推計におけるベイズ推定の適用[9)]

4.3.7 項で紹介したように，データの蓄積量によっては，データ不足の影響によって信頼性の高い劣化モデルの構築が行えないことがある。これに対して，4.4.1 ～ 4.4.3 項で紹介した例では蓄積されたデータに最もよくあてはまるよう推定していた遷移確率行列の推定に，ベイズ推定を用いる手法がある。

最尤推定法は，真のモデルが確定的に存在することを前提に，得られているデータから，そのデータが得られる確率が最大となるようなモデルを推定するという方法である。これに対してベイズ推定は，真のモデルは確定していないものとして，それを確率分布として捉えたうえで仮のモデルを設定し，データを追加しながらモデルを逐次更新し，それらのデータをよりよく説明できるより信頼性の高いモデルを推定していくという方法である。データを得る前のモデルを事前分布，データを得た後の更新された確率分布を事後分布と呼び，データを追加しながらモデルを逐次更新していく方法はベイズ更新と呼ばれる（**図 4.22**）。

4.4.1 ～ 4.4.3 項で紹介した例は，実測されるデータをもとに集計的あるいは非集計的に状態の変化の確率を推計する手法である。例えば，最尤推定法で

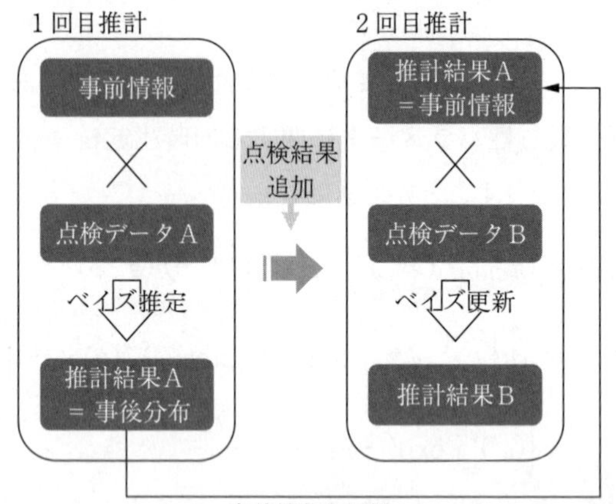

図 4.22　ベイズ更新の概念

は，モデル推定時のデータ数でモデルの信頼性が決定されてしまうために，信頼性の高い推定をするためには十分なデータ数が必要とされる。これに対して，ベイズ推定では当初には十分なデータ数が確保できていなくても，データを逐次足してゆくことで，信頼性の高い推定へと徐々にモデルを更新していけるという大きな利点がある。

具体的には，例えば劣化モデルを作成するにあたり，ベイズ推定を用いた手法では，実測データが得られていない段階でも，実測データが十分にあった場合に得られるであろう推計モデルを技術者が有する知見など（事前情報）をもとにして確率分布として仮定する。この仮定をもとにして新たな実測データにより仮定したモデルの説明性の検証を行って，より説明性の高いモデル（母集団の分布（事後情報））へとモデルを更新する。このような操作を繰り返すことで，徐々に母集団の情報をより的確に反映した劣化モデルが推定されていくという方法である。

データ数を追加しながらモデルを更新できるという点に加えて，当初のモデルの仮定において技術者の知識や経験をいかに反映するのかによっては，データ数が十分でなくとも高い信頼性のモデル推定を行い得ることもベイズ推定を用いる場合の特徴であり利点といえる。

なお，ベイズ推定では，更新された事後分布を解析的に求めることが一般には困難であり，マルコフ連鎖モンテカルロ法（Markov chain Monte Carlo methods，MCMC 法）によるシミュレーション計算で求めることが多い。

ここでは，マルコフ劣化ハザードモデルの遷移確率行列の推計にベイズ推定を適用する方法について紹介する。

ベイズ推定法を適用して遷移確率行列を推計する手順はつぎのとおりである。

手順 1）知識や経験など事前情報に基づいて遷移確率行列の未知パラメータの事前確率密度関数を設定する。

手順 2）蓄積されたデータに基づいて尤度関数を定義する。

手順 3）ベイズの定理に基づいて手順 1）で設定した事前確率密度関数を更新し，遷移確率行列の未知パラメータの事後確率密度関数を推定する。

手順 2）におけるマルコフ劣化ハザードモデルの尤度関数は，式 (4.19) で表される。

$$\mathcal{L}(\beta|\bar{\xi})=\prod_{i=1}^{J-1}\prod_{j=i}^{J}\prod_{k=1}^{K}\left\{\sum_{h=i}^{j}\prod_{l=i}^{h-1}\frac{\theta_l^k}{\theta_l^k-\theta_h^k}\prod_{l=h}^{j-1}\frac{\theta_l^k}{\theta_{l+1}^k-\theta_h^k}\exp(-\theta_h^k\bar{z}^k)\right\}^{\bar{\delta}_{ij}^k} \tag{4.19}$$

手順 3）のベイズ推定では，パラメータの事前分布と式 (4.19) の尤度関数を用いて，パラメータの事後分布を推定する。観測データが獲得されたとき未知パラメータの事後確率密度関数は，式 (4.20) のとおり表される。

$$\pi(\beta|\xi)=\frac{\mathcal{L}(\beta|\xi)\pi(\beta)}{\int_{\Theta}\mathcal{L}(\beta|\xi)\pi(\beta)d\beta} \tag{4.20}$$

なお，ハザードモデルの遷移確率行列の未知パラメータをベイズ推定する場合，事前確率密度関数と事後確率密度関数の関数形が必ずしも一致しないことから，未知パラメータである事後確率密度関数を解析的に求めることが困難となる。そのため，パラメータの推定においてはマルコフ連鎖モンテカルロ法が用いられることが多い。

4.4.5 その他の応用モデル

これまで紹介したモデルのほか，さらにデータ上の課題などさまざま課題に対応可能な精緻なモデルも開発されている。ここではそれらを応用モデルとして紹介する。なお，以下では応用モデルの詳細な説明は省略する。詳細はそれぞれの参考文献を参照されたい。

〔1〕 測定誤差を考慮したマルコフ劣化ハザードモデル[10)]

点検データにはシステム的な測定誤差が含まれる場合がある。例えば，道路舗装を路面性状調査システムのような自動点検システムで測定する場合，舗装の全面をすべてスキャニングせず，1mや5mといった等間隔ごとに路面の断面をサンプリングし測定する場合がある。このとき，サンプリングされたデータ間の損傷は計測されない場合もある。つまり，つねに最も損傷が進行した劣化事象が抽出されない場合が考えられる。本モデルは，このような点検におけるシステム的な測定誤差によるバイアスを補正したマルコフ劣化モデルを推計する。

〔2〕 競合的劣化ハザードモデル[11)]

構造物は，複数の劣化過程が競合しながら発生する場合がある。例えば，道路舗装のひび割れの場合，ひび割れのタイプ（縦ひび割れ，横ひび割れ，面ひび割れ等）ごとにおのおの損傷は進行する場合がある。このような場合，そのなかで最も損傷が著しく劣化した損傷タイプに関する情報のみが点検データとして記録される場合がある。本モデルは，複数の劣化過程がそれぞれ独立にマルコフ過程に従い，そのなかで最も劣化が進展した劣化事象が代表的事象として選択されるメカニズムを競合的劣化ハザードモデルとして推計する。

〔3〕 ポアソン隠れマルコフ劣化モデル[12)]

構造物の劣化においては，相互関係があり発生メカニズムが異なる2種類の損傷が存在する場合がある。例えば，道路舗装のポットホールのような局所的損傷と路面の劣化過程のように，路面にひび割れが発生するとポットホールが発生しやすくなるような関係が存在する場合がある。このような現象に対して，本モデルは局所的損傷に対する応急的な補修費用と大規模補修のための補修費用の双方を同時に考慮したライフサイクル費用評価を行うために，異なる損傷の発生過程を別のモデルにより表現したことの影響を考慮した劣化モデルを推計するモデルである。

〔4〕 複合的隠れマルコフ劣化モデル[13)]

構造物の劣化においては，異なる種類の損傷が相互に作用する場合がある。例えば，舗装の路面の劣化と耐荷力の低下は相互に作用する現象である。本モデルは，このように，劣化のメカニズムが異なる複合的な現象を取り扱い，一方の劣化が他方に相互に作用する現象を考慮した複合的な劣化過程のモデルを推定する。

〔5〕 多元的劣化過程モデル（コピュラ）[14)]

複数の損傷に関する点検データから一つの統合化された指標で表現されるような構造物の点検の場合，その健全度がどの劣化事象の状況を強く表現しているのか，統合化された点検データのみからは判定できない。これに対し本モデルは，個別の点検で獲得される断片的な評価情報に基づいて，複数の評価指標を用いて記述される劣化過程全体をモデル化する。具体的には，個別的な評価指標を用いた劣化過程を，異質性を考慮した混合マルコフ劣化ハザードモデルにより表現するとともに，異質性パラメータの同時分布関数を表すコピュラを用いて複数指標間の相関構造を表現するものである。本モデルでは多変量の周辺分布間の依存構造を表現するためにコピュラを用いて，多元的な劣化過程全体を表現することができる。

〔6〕 判定基準変更を考慮した隠れマルコフ劣化ハザードモデル[15)]

構造物の点検においては，例えば健全度を判定する基準（判定基準）などデータ取得のルールが維持管理期間の途中で変更される場合がある。例えば，以前は5ランクの健全度で判定していたものを，新基準では7ランクで判定するといった変更がある場合がある。本モデルはこのような判定基準変更に対応可能なモデルである。

〔7〕 時系列モニタリングデータによる長期劣化進行モデル[16)]

構造物の維持管理においては，センサによる長期間のモニタリングにより時系列データが蓄積される場合もある。本モデルは，時系列のモニタリングデータに介在する誤差，ノイズを分離し構造物の異常や劣化との関連性の高い統計量を抽出するモデルである，

〔8〕 連続量を用いた劣化ハザードモデル[17)]

構造物の維持管理で蓄積されるデータは連続量である場合がある。例えば，道路舗装の点検データ等，連続量として取得される点検データもある。本モデルは連続量を用いてその劣化過程をモデル化するものである。連続量データが利用でき，より精緻な劣化モデルの推計が望まれる場合に適用される。

〔9〕 ポアソンガンマ発生モデル[18)]，階層的隠れポアソンモデル[19)]，マルコフ・スイッチングモデル[20)]

構造物には，道路上の障害物やポットホール等，突発的かつランダムに発生するような事象もある。本モデルはこのような事象の発生過程をモデル化するものである。さらに，その応用モデルとして，道路障害物と苦情の発生頻度の階層的な関係性を考慮したモデルや，局所的な事象の発生過程がある時点で変化する場合を考慮したモデルがある。これらのモデルは，突発的に発生する事象を管理する場面において，道路巡回等の最適な方法とリスク管理の検討に利用される。

4.5　支援ツールの適用事例

4.4節で紹介した支援ツールについて，実際の構造物のアセットマネジメントにおいて活用する方法がイメージできるように，架空の条件を想定して支援ツールを適用した場合の推計の具体的な流れについて例を紹介する。ここではあくまで実務における適用イメージをつかめるようにするために必要な最低限の記述を行うとともに，適用にあたっての代表的な技術的な留意事項についてのみ紹介する。

それぞれのツールによる推計方法の詳細は4.4節および関連の参考文献を参照されたい。

4.5.1 マルコフ劣化ハザードモデルの適用事例[6)]

〔1〕 事 例 の 概 要

橋梁の目視点検データを用いて4.4.1項で紹介したマルコフ劣化ハザードモデルを推定する方法について，実際に試算が行われた事例を紹介する。対象部材としてRC床版の例を取り上げる。

〔2〕 推定に用いるデータ

ここで取り上げる例では，2年に1度の目視点検による結果として，各部材には7から1までの7段階の区分で健全度が記録されている。RC床版についてはひび割れ，剥離，漏水・遊離石灰，抜け落ち等のさまざまな損傷形態があり得るが，記録では損傷種類は区別せず，健全度だけが記録されている。

各データには，点検結果のほか，橋梁形式，構造諸元，所在地，スパン数，平均交通量等の情報も紐付けられているが，この例では過去2回の点検のペアデータに対して，それぞれ橋梁の構造特性や使用環境を表す特性変数として，平均交通量と床版面積（橋面積/スパン数）が採用されている。

ペアデータの作成にあたっては，健全度が前後で回復しているサンプルは補修や補強などの人為的な影響が含まれる可能性があることも考慮して除外している。推定に用いられたデータサンプル数は，32 902個である。

〔3〕 推　　　定

上記のデータを用いて4.4.1項で紹介した方法によってマルコフ劣化ハザードモデルのパラメータを推定する。推定サンプルである32 902個のペアデータの同時発生確率で表現される対数尤度関数を計算し，その対数尤度関数が最大となるときのパラメータの組合せを最尤推定法により求める。

このとき推定の対象となる未知パラメータは，健全度7の状態を除く六つの健全度に対してそれぞれ定数項を含む三つの説明変数の組合せとなるため合計18個のパラメータを推定することとなる。パラメータ推定の結果に対しては，符号条件やt検定によって棄却されるパラメータを除いたうえで，対数尤度が最大となる説明変数の組合せを選択する。

〔4〕 **推　定　結　果**

このようにして推定されたハザード関数のパラメータを用いて，マルコフ推移確率行列を計算した結果を**表4.1**に示す。平均化された説明変数を用いて，推移期間を1年として計算したものである。

表4.1　マルコフ推移確率行列

健全度	1	2	3	4	5	6	7
1	0.540 8	0.348 5	0.098 4	0.011 6	0.000 6	0.000 0	0.000 0
2	0	0.593 9	0.340 9	0.060 6	0.004 4	0.000 2	0.000 0
3	0	0	0.718 5	0.252 5	0.027 3	0.001 5	0.000 2
4	0	0	0	0.810 9	0.173 1	0.013 9	0.002 1
5	0	0	0	0	0.841 0	0.129 5	0.029 5
6	0	0	0	0	0	0.661 4	0.338 6
7	0	0	0	0	0	0	1

このような遷移確率行列が求められると，アセットマネジメントにおけるさまざまな検討に条件を変えた将来推計を行ったり，条件の違いが劣化特性にどのような影響を及ぼしているのかの推定などに活用することが可能となる。

本例を用いて，平均交通量の違いによる劣化期待値パスを求めて描画したものの例を**図4.23**に示す。

これは，得られた遷移確率分布を用いて，4.3.4項で紹介したようにベンチマーキング評価を行ってみたものである。

具体的には，推定された健全度ごとのハザード率を用いて，健全度間を推移する時間の期待値を算出し，その累積された時間の期待値を結ぶことで，このような劣化期待値パスの曲線を得ることができる。

図4.23の試算では，平均交通量0.226 6，平均床版面積0.043 1に該当する劣化期待値パスがベンチマークケース（図中：BM）として得られている。このような全体の平均的な劣化傾向を代表したベンチマークとなる劣化期待値パスが得られると，これに対して条件を変えた場合の劣化期待値パスも求めるこ

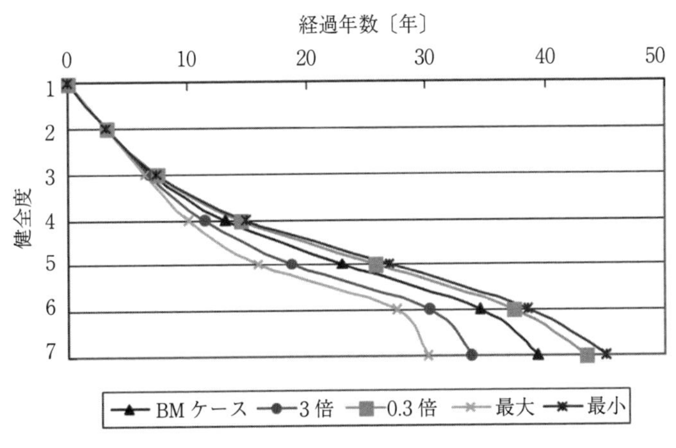

図 4.23　劣化期待値パス（交通量の変化）

とができ，これらを比較することで条件の違いが劣化速度に与える影響や，平均からの乖離の程度なども定量的に把握することができるようになる。図中には，平均交通量を，a）最小（交通量 0：0）にした場合，b）0.3 倍にした場合，c）3 倍にした場合，d）最大（交通量 1：0）にした場合における劣化期待値パスを示している。

例えば，この結果からは，床版の劣化が進んでいない場合（健全度が 1 ～ 3 の場合）には，交通量の違いによって劣化速度には大きな差は見られないが，劣化の進行につれて交通量の影響が大きく現れる傾向があること，劣化がある程度以上進展すると，経年に対する劣化速度が加速度的に大きくなって急速に危険な状態に移行していく傾向のあることなどが推測できる。

〔5〕　マルコフ劣化ハザードモデル利用における留意点

マルコフ劣化ハザードモデルでは，離散的な健全度間の推移確率を推定するため，対象となる構造物の点検データが連続量である場合は，これを離散的な健全度に置き換える。健全度ランクの数には理論上，制限はない。その際，離散的健全度ランクの設定の方法によっては，正しい推定値が得られない場合がある。データの特性やばらつき具合を十分に分析し，データ数が健全度間の推移ごとに適度にばらつきが生じるように設定する工夫が求められる。

また，補修データが記録されている場合，補修された際の健全度の回復水準によってそのときの健全度を設定する。

実際には，補修された記録がないにもかかわらず，前回点検と今回点検を比較して健全度が回復しているデータも存在する。その理由は，実際に補修が実施されているにもかかわらず補修履歴データが欠損している，あるいは点検による評価の誤差が考えられる。このような健全度が回復しているデータについては，十分な信頼性が確保されないことから，推計データから除外する処理を行う。

影響因子として採用する数には理論上，制限はない。しかし，採用する因子間に相関関係が存在する場合，因子として採用するデータの取捨選択に注意する必要がある。

4.5.2 ワイブル劣化ハザードモデルの適用事例[7)]

〔1〕 事 例 の 概 要

道路トンネル照明の不点灯についての履歴データを用いて，4.4.2 項で紹介したワイブル劣化ハザードモデルを推定する方法について，実際に試算が行われた事例を紹介する。

〔2〕 推定に用いるデータ

分析対象の履歴データにはトンネル照明の使用開始日と不点灯となった日が記録されている。この例では光源の異なる，低圧ナトリウム灯および高圧ナトリウム灯の 2 タイプの照明を取り上げる。トンネル照明には基本照明と緩和照明という 1 日当りの平均点灯時間が異なる 2 種類の照明があり，事例ではこの点灯方法の違いと照明ランプの寿命長の関係に着目して劣化モデルの推定を行っている。用いられたデータは，不点灯が確認された日をもとに寿命長が推定できている 4 348 個のサンプルと，不点灯が生じていない 2 797 個のサンプルである。

〔3〕 推　　　定

上記のデータを用いて 4.4.2 項で紹介した方法によってワイブル劣化ハザー

ドモデルのパラメータを推定した。説明変数には，照明用光源タイプと照明種類別の日平均点灯時間（時間/日）が採用された。パラメータは，対数尤度が最大となるパラメータの組合せを最尤推定法により推定した。

〔4〕 推　定　結　果

ワイブル関数の加速パラメータは1.44となり，1.0以上であることから，故障確率が使用期間に依存していることを示す結果となっている。このように非集計的に劣化モデルの推定を行うことで，仮定したモデルのパラメータ推定結果から劣化の特徴について直接的に推測することも可能となる。

図4.24，**図4.25**に，使用期間最大25ヶ月，生存確率0.2以上の範囲における生存関数，および低圧ナトリウムランプの照明種類別のワイブルハザード関数を示す。また，期待寿命長の一覧を**表4.2**に示す。

なお，生存関数とは，対象構造物（本事例ではトンネル照明）がある期間よりも長く生存する（故障しない）確率を表すものであり，ハザード関数のパラメータを推定することで生存関数を求めることができ，ある時点での非故障確率という観点での分析も可能となる。

ちなみに，これらの結果からは，低圧ナトリウムランプに比べて高圧ナトリ

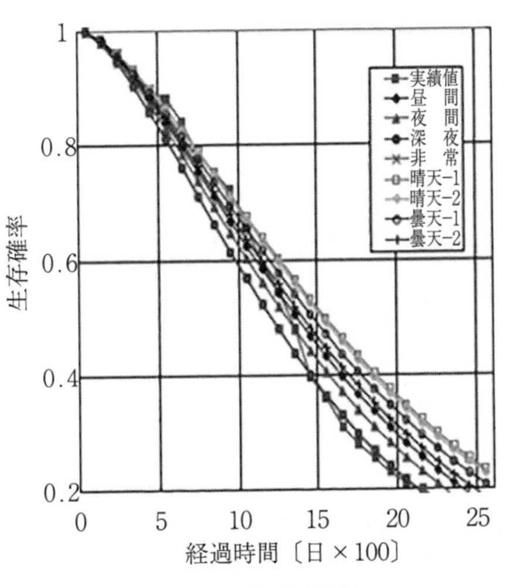

図4.24　生 存 関 数

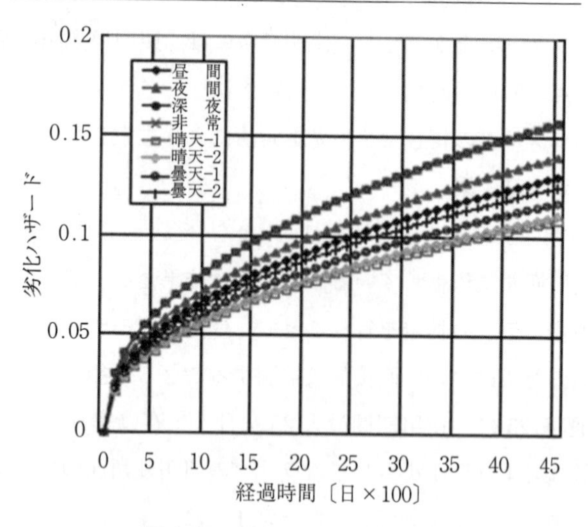

図 4.25　ワイブルハザード関数

表 4.2　期待寿命（単位：日）

	低圧ランプ	高圧ランプ
昼　間	1 536.8	1 768.0
夜　間	1 460.6	1 662.1
深　夜	1 347.9	1 510.6
非　常	1 347.9	1 510.6
晴天-1	1 747.6	2 076.2
晴天-2	1 723.3	2 039.5
曇天-1	1 655.2	1 938.2
曇天-2	1 581.6	1 831.5

ウムランプの期待寿命が大きいこと，日平均照明時間長が長くなるほど期待寿命は短くなることなどが推測される。しかし，日点灯時間の差ほど，点灯時間による期待寿命の差異は大きくない。これらは，照明ランプの延べ点灯時間よりも，使用開始時刻からの経過時間（使用時間）のほうが，照明ランプの劣化に対して支配的な要因である可能性が高いことを示唆しているといえる。

〔5〕　ワイブル劣化ハザードモデル利用における留意点

ワイブル劣化ハザードモデルは，構造物の劣化速度が時間に依存して変化するような場合を対象としている。この時間依存性を示すパラメータが加速パラメータであり，その大小によって劣化速度の時間依存性が表現される。加速パラメータが1.0以上であれば時間の経過によって劣化速度が加速し，一方加速パラメータが1.0以下であれば時間の経過によって劣化速度が減速することを示す。また，加速パラメータが1.0の場合は，マルコフ性を仮定した4.5.1項：マルコフ劣化ハザードモデルと同じとなる。

ワイブル劣化ハザードモデルは，マルコフ劣化ハザードモデルと比較して加速パラメータを未知パラメータに加えていることから，最尤推定法を用いた近似解の算出が容易に行えないなど負担となることも多い。モデルが複雑になることから，対数尤度関数を最大にするパラメータの組合せの探索に時間がかかるほか，必ずしも近似解にたどり着かない場合も少なくなく，そのような場合には，パラメータの初期値を変化させ，対数尤度関数の変化をモニタリングしながら近似解を探索するなどの工夫が必要となる。

そのため，構造物の劣化の特性や点検データの分析から，対象とする構造物の時間依存性の有無を確認することも重要である。

なお，ワイブル劣化ハザードモデルは，故障の有無といった2値の点検データで表現される構造物の劣化確率を推定する問題のほか，2値以上の多段階の健全度で表現される構造物へ適用することもできる。この多段階の健全度をもつ構造物へワイブル劣化ハザードモデルを適用した事例はつぎの4.5.3項で説明する。

4.5.3 多段階ワイブル劣化ハザードモデルの適用事例[21)]

〔1〕 事 例 の 概 要

前項4.5.2項で例に取り上げたのと同様に，道路トンネル照明の灯具に着目する。4.5.2項では不点灯に至るまでの寿命推定を行うために故障の有無という2値問題にワイブル劣化ハザードモデルの推定手法を適用したが，ここでは劣化状態ごとに複数の健全度評価値が記録されている灯具の劣化速度の推定を行う例を取り上げる。ツールとしては4.5.2項でも用いた4.4.2項に紹介したワイブル劣化ハザードモデルによる推定法であるが，4.5.2 項での適用例と異なり，ここでは劣化過程が多段階の健全度間の推移によって表現される構造物を対象とし，おのおのの健全度間の劣化過程にワイブル劣化ハザードモデルを適用し，おのおののワイブルハザード関数のパラメータを推定する。この多段階の健全度で表現される構造物の劣化過程にワイブル劣化ハザードモデルを適用する応用モデルは，多段階ワイブル劣化ハザードモデルと称される。

〔2〕 推定に用いるデータ

分析対象のトンネル照明の構造点検データは約 10 ヶ月の期間に実施されたものであり，灯具の供用開始時刻が記録されている。つまり，供用開始年と 1 回の点検データのペアデータを用いて推定する。照明灯具の劣化ランクは 4 段階の健全度で示される。推定に用いたデータのサンプル数は 4 915 個，供用開始からの平均経過年は約 15 年である。説明変数として，最終的に符号条件と t 検定の結果を満足するものとして，使用時間と照明の種類（基本照明と緩和照明）を採用した。

〔3〕 推　　　定

上記のデータを用いて劣化ハザードモデルの推定を行うが，ここでは，照明灯具の 4 段階の健全度をワイブル劣化ハザードモデルで表現した多段階ワイブル劣化ハザードモデルのパラメータを推定した。

パラメータの推定そのものは，4.5.2 項などと同様に採用したデータをもとに対数尤度が最大となるパラメータの組合せを最尤推定法により推定する。なお，この例では，推定の対象となる未知パラメータは，健全度 1 から最終ランク（＝健全度 4）を除いた 3 ランクと，定数項を含めた三つの説明変数の組合せとなる合計 9 個である。

〔4〕 推 定 結 果

図 4.26 に，健全度 1 である初期時刻からの経過時間と生存確率の関係を基本照明と緩和照明別に示す。緩和照明のほうがつぎの健全度に推移する確率が高いことがわかる。また，緩和照明の約 80 % が健全度 2 に推移している時点においても，基本照明の半分近くは健全度 1 に留まっていることがわかる。

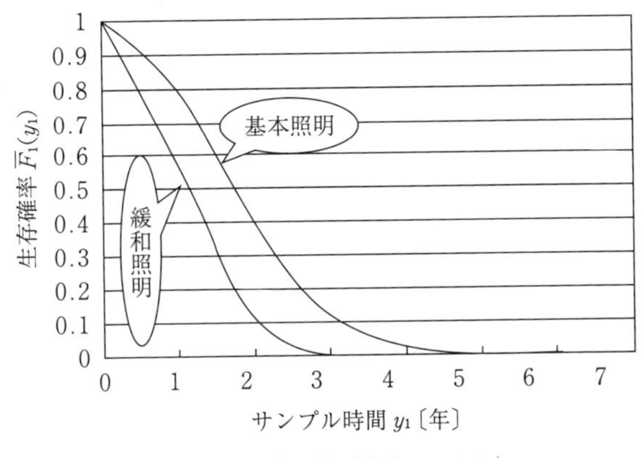

図 4.26　生存関数（劣化ランク 1）

図 4.27 に，照明灯具の使用時間の経過により，灯具の健全度の分布状態（劣化状態確率）がどのように変化するかを示す。使用時間の経過により健全度が悪化する状態が読み取れる。

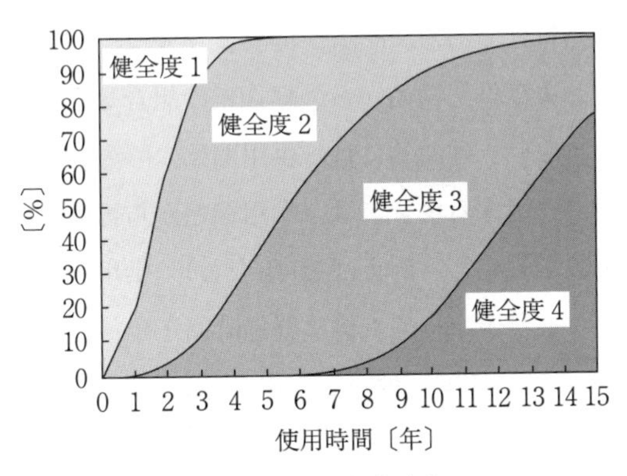

図 4.27　劣化状態確率

例えば，使用時間 6 年が経過したあたりで，健全度 4 に到達する灯具が現れ始めるため，その時点で点検が行われることが望ましいことが読み取れるなど，このように劣化モデル化することで維持管理戦略の検討に具体的な参考情報が提供できることがわかる。使用時間 15 年に到達すると，ほとんどの灯具が健全度 3 または健全度 4 となり，寿命としては 15 年程度を見込むべきことも示唆される。

〔5〕 多段階ワイブル劣化ハザードモデル利用における留意点

多段階ワイブル劣化ハザードモデルでは，劣化速度の時間依存性を表現する加速度パラメータが健全度ごとに定義されており，尤度関数がより複雑に定義される。このような場合，パラメータの初期値の設定を誤ると，近似解に到達しないケースがある。パラメータがある局所的なところで収束と判定してしまうと，最適な解が求まらない場合も少なくない。その場合は，対数尤度の値と推定結果のパラメータ等を確認し初期値を修正，あるいは初期値をランダムに付与し，しらみつぶしに最適解を探索しなければならない。

また，多段階ワイブル劣化ハザードモデルは，供用開始からの経過時間によって劣化推移確率が異なる事象を推定するものである。推定結果である健全度間ごとのワイブル係数と尺度パラメータから，非斉次マルコフ推移確率行列を求める。マルコフ性を仮定した斉次マルコフ推移確率行列は有限の健全度間の推移確率を示した行列である。一方，非斉次マルコフ推移確率行列で示す状態は有限の健全度および供用開始からの経過年の組合せによる推移を行列式で表現しなければならない。理論的には，供用開始からの経過年は半永久的に設定されるが，実際に適用する場合には，供用開始から可能性のあるできるだけ長い有限の供用年数を設定し（例えば20年など），供用開始からの経過時間ごとの非斉次マルコフ推移確率行列（例：経過時間1年後，2年後，…，20年後までの20パターンの推移確率行列）を作成することとなる。

4.5.4 混合マルコフ劣化ハザードモデルの適用事例[8)]

〔1〕 事 例 の 概 要

橋梁の目視点検データを用いて4.4.3項で紹介した混合マルコフ劣化ハザードモデルを用いたベンチマーキング評価の実施事例を紹介する。

〔2〕 推定に用いるデータ

対象の橋梁のデータは，4.5.1項：マルコフ劣化ハザードモデルの推定で用いたものと同じである。橋梁のグルーピングを橋梁単位で行い，その橋梁グループ数は，1 482 グループである。これにより，同一グループ（橋梁）に属する要素である RC 床版の特性値はすべて同じとなる。RC 床版の点検の履歴データをもとに，過去 2 回の点検のペアデータを作成した。さらに，橋梁の構造特性や使用環境を表す特性変数として，平均交通量と床版面積（橋面積/スパン数）を採用し，健全度が回復しているサンプルを除外し，最終的に 32 902 個のデータを採用した。

〔3〕 推　　定

上記のデータを用いて混合マルコフ劣化ハザードモデルのパラメータを推定した。推定の対象となる未知パラメータは，健全度 7 の状態を除く六つの健全度および定数項を含む三つの説明変数ごとの，合計 18 個のパラメータを推定した。その結果，符号条件や t 検定によって棄却されるパラメータを除き，そのなかで対数尤度が最大となる説明変数の組合せを選択した。さらには，ガンマ分布の分散パラメータ ϕ を推定した。

さらに，橋梁単位にグルーピングしたデータをもとに，おのおののグループの劣化特性を示す異質性パラメータ ε を推定した。異質性パラメータは，全グループに対して推定され，その数は 1 482 となる。

〔4〕 推 定 結 果

異質性パラメータの推定値の分布を**図 4.28** に示す。異質性パラメータの頻度分布の平均は 0.862，分散は 0.102 である。また，対象とする橋梁のなかで，異質性パラメータの最小値は 0.064，最大値は 4.266 であった。また，異質性分散パラメータの推定結果より，異質性パラメータは平均 1，分散 0.181（分散パラメータ 5.537 の逆数）のガンマ分布に従う。

さらに，1 481 橋すべてに対して，RC 床版の劣化曲線を求めたものを**図 4.29** に示す。混合マルコフ劣化モデルを用いることにより，1 481 橋それぞれの RC 床版の劣化曲線を求めることが可能となる。期待寿命が 10 年以下の RC 床版から，100 年以上の RC 床版が存在することがわかる。4.5.1 項：マルコフ劣化ハザードモデルで示した期待寿命が約 38 年であったことから，RC 床版の期待寿命は橋梁ごとに非常に大きな差異が存在することが示されている。

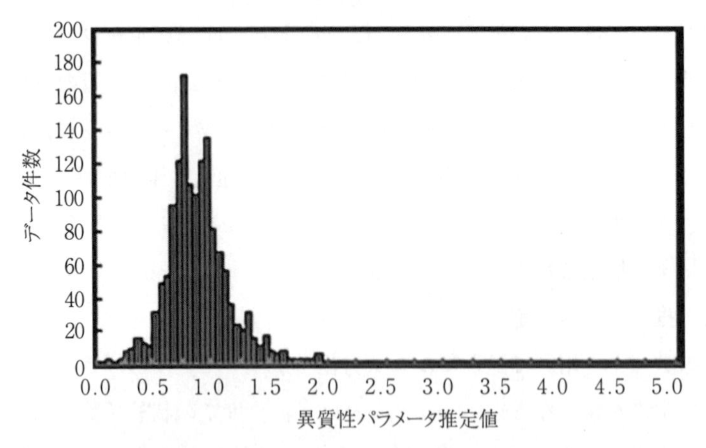

図 4.28　異質性パラメータの推定結果

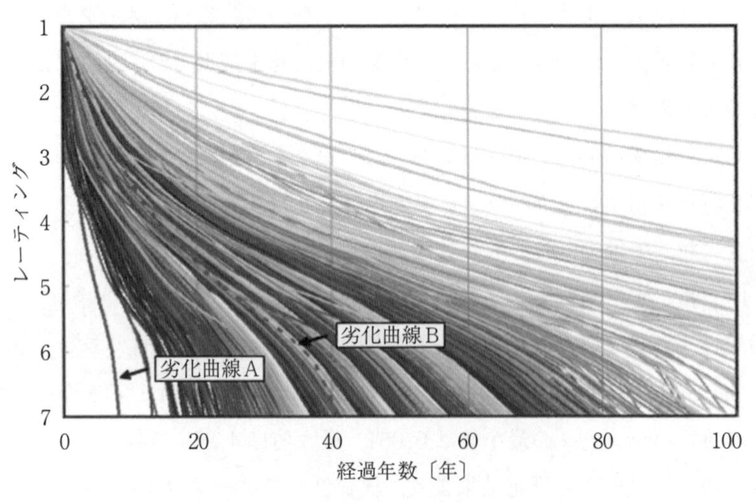

図 4.29　橋梁別の劣化期待値パス

このように，混合マルコフ劣化ハザードモデルを用いることにより，床版の劣化現象を目視点検により得られる路面下のひび割れを指標として捉えたケースでは，環境要因や技術基準などの説明要因を取り除いても，初期の施工品質等の異質性により劣化ハザードは大きなばらつきを有しており，その程度は異質性パラメータにより評価することが可能となる。この異質性の程度，すなわち劣化する傾向の大小に着目し，橋梁群を早期に劣化するグループと早期に劣化しないグループに区分し，ライフサイクルコストの最適化の水準を任意に設置しながら，グループごとの劣化ハザードに応じた標準的な補修戦略の選択を可能とする手法について研究が行われている[22]。

補修・補強の効果や再劣化のモデル化などに関する地道なデータの蓄積と分析の継続的な実施が必要となるが，「建設時期からの経過年数」と「現在の健全度」程度の少ない情報によっても補修行為を選定することが可能であることが確認されており，このような異質性に着目したプロファイリング手法の活用は，地方自治体の抱える課題や実情に応じたメタ・マネジメント機能の代替政策として期待できる。

〔5〕 混合マルコフ劣化ハザードモデル利用における留意点

混合マルコフ劣化ハザードモデルは，平均的なハザード関数に異質性パラメータの確率分布を混合したモデルにより定式化することで，劣化速度の異質性を分析する場合に適用されるモデルとして優れている。

分析の対象である構造物群をグルーピングする方法は，劣化速度の相対評価を行う目的に依存して設定する。例えば，橋梁の RC 床版を対象とした劣化速度の相対評価を考える場合，分析の目的により RC 床版のグルーピングの方法は異なる。例えば，一つの橋梁は，数多くの RC 床版で構成されるが，橋梁ごとに床版の劣化速度の相対評価を試みる場合，各橋梁を構成する RC 床版群全体を一つのグループとして考えることとなる。

相対評価の対象として，比較したいものが何かによって，推定のためのデータを更新する。更新したデータには，推計の目的に従って作成されたグルーピングの情報が付与される。対称グループの設定，グループ数は任意に設定することができる。

ガンマ分布を異質性パラメータのモデルとして設定する場合，分散パラメータ ϕ を推計する。分散パラメータ ϕ は，対象構造物群の劣化速度のばらつき具合を示すパラメータである。この分散パラメータの大きさによって，対象構造物群の劣化速度のばらつきを表現する。ϕ が小さい場合に，全体のばらつきが大きく，一方で，ϕ が大きい場合に，推定するグループごとの異質性パラメータの違いは小さくなる。グループごとの異質性パラメータのほか，全体のばらつきを表現する分散パラメータ ϕ を確認することが全体の傾向を把握するうえで重要である。

混合マルコフ劣化ハザードモデルでは，対象全体の平均となるベンチマークケースからの劣化速度の乖離度を異質性パラメータで表現する。各グループのハザード率は，平均ハザード率と異質性パラメータの積で求まることから，各グループの劣化速度の絶対評価として利用することも可能である。しかし，絶対評価としての推定結果の信頼性については，推定に用いた実データとの照合による信頼性の確認が必要である。グルーピングの方法により，一つのグループに属する構造物群の数が小さく，推定に用いるサンプル数も小さい場合でも，混合マルコフ劣化ハザードモデルは異質性パラメータを推定することができる。例えば，あるグループの推定データでは，点検からつぎの点検までの間でどの構造物サンプルもまったく劣化していない，という状態も起こり得る。通常，まったく劣化していないデータからマルコフ推移確率行列を推計することは不可能である。一方，混合マルコフ劣化ハザードモデルはこの場合の異質性パラメータを1.0以下の小さい値を推定する。その結果から寿命長を計算すると，現実的ではない寿命長（数百年）という結果を導き出す。しかし，この場合の寿命長の絶対値は意味をなさないことには注意が必要である。

4.6　支援ツールの継続的改善の方法とその必要性

1章で整理したように，社会基盤施設そのものやインフラマネジメントの実状に対して，それが一過性のものでなく何らかの改善すべき目標が絶えず設定されるものであるから，必然的にその達成手段であるマネジメントそのものも継続的改善が図られるシステムであることが指向される。

このとき，組織体制や担当者の技術力については，システムを支える基本要素の一つでありながら，人的な要因であることから時々の社会情勢などの影響を受けやすいにもかかわらず育成には時間を要するなど，今後とも試行錯誤的に見直しや改善が繰り返されることが予想される。

一方で，さまざまな行動様式に対する支援技術については，科学技術の発展やデータの充実などによって着実にその機能や性能は改善が図られることが予想できる。この点に関しては，自ずから高度な技術的対応が指向されるように，その支援ツールの有用性や有効性などの導入効果や技術的なレベルについても「成熟度」などの観点で評価され，さらなる改善へのインセンティブにつながる情報の明確化が継続的改善に向けた鍵となる。

「暗黙知」が特定の個人や組織の時々の認識といった，組織構成員の変化に対して継続性が保証される形で明文化や継承可能な情報になっていない知識や経験を指すとすれば，社会基盤施設のアセットマネジメントのように膨大な情報と高度な技術的知見を反映した行動様式が長期に絶え間なく安定して行われるためには，「暗黙知」に過度に依存することには多くの問題があることは確実である。

「暗黙知」の弊害を解決するものとして一般的に挙げられるのが「形式知」である。すなわち，個人や組織が獲得した経験や情報をノウハウなどとして明文化して安定した継続性を保証しようとするものである。具体的にはデータベースの整備，手続きの明文化（マニュアル化，手引きの作成）が代表的な手法と考えられる。なお，形式知化するとそれに従う行動様式には一定の客観性が担保されやすいという側面もある。

一方で，あらゆる知識・経験・情報を形式知化しようとすると，まずデータ数が膨大となりデータ化そのものに限界があることに加えて，それらの膨大な形式知を確実かつ適正に活用するためには，それを可能とする体制やリソースも必要となる。さらに，社会基盤施設の維持管理では，対象である橋梁などの設計・施工・維持管理に関する新たな事象の解明や新材料・新工法の開発などがつねに行われており，形式知化された方法論や知識だけに頼ることは合理的なマネジメントの障害となり得る。

すなわち，継続的・計画的に暗黙知の形式知化を進めつつも，「潜在知」も含めた新たな暗黙知の獲得やそれらの形式知化の推進，さらには新たな事象に対して個別に適切に応用できる技術力の維持を図るという，スパイラルアップのDNAが組み込まれていることが，インフラアセットマネジメントの適切な運用と継続的発展には不可欠である（**図4.30**）。

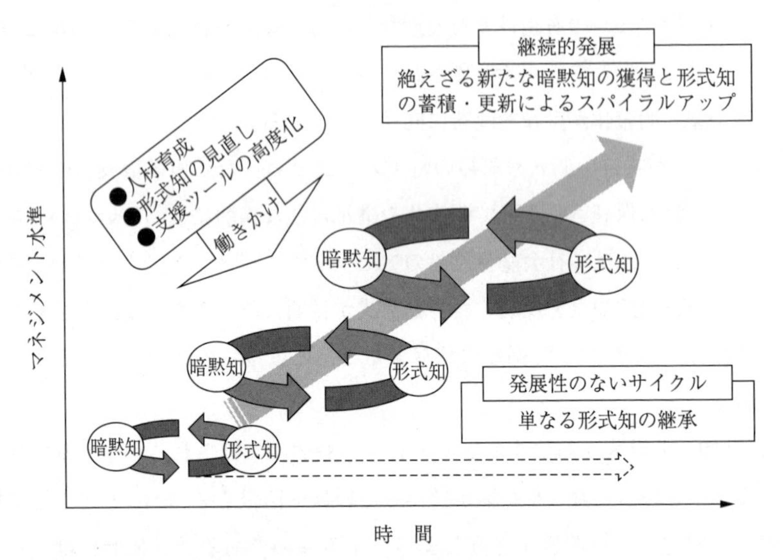

図4.30　マネジメントの継続的改善

逆に，継続的改善が約束されるアセットマネジメント稼働体制の構築がアセットマネジメントの最適化の実現の鍵であることは，マネジメント対象施設の大小やマネジメント主体の現状の技術力によらず共通していることはいうまでもない。

本書で紹介してきた，アセットマネジメントの全体像の認識，目的と目標の設定，アセットマネジメントの四つの構成要素の調和，支援ツールの適切な活用と高度化の指向といったポイントを踏まえて，アセットマネジメントを行うそれぞれの主体がそれぞれの条件に応じた実践を進めなければならない。

引用・参考文献

1）玉越隆史：道路橋の劣化の不確実性を考慮した計画的維持管理の支援手法に関する研究，大阪大学博士学位論文（2017）

2）白戸真大，星隈順一，玉越隆史，河野晴彦，横井芳輝，松村裕樹：定期点検データを用いた道路橋の劣化特性に関する分析，国土技術政策総合研究所資料第985号（2017）

3）国土交通省道路局国道・防災課：橋梁定期点検要領（2014）

4）玉越隆史，大久保雅憲，星野 誠，横井芳輝，強瀬義輝：道路橋の定期点検に関する参考資料（2013年版）—橋梁損傷事例写真集—，国土技術政策総合研究所資料第748号（2013）

5）貝戸清之，保田敬一，小林潔司，大和田慶：平均費用法に基づいた橋梁部材の最適補修戦略，土木学会論文集，No.801/I-73，pp.83-96（2005）

6）津田尚胤，貝戸清之，青木一也，小林潔司：橋梁劣化予測のためのマルコフ推移確率の推定，土木学会論文集，Vol.801，I-73，pp.68-82（2005）

7）青木一也，山本浩司，小林潔司：劣化予測のためのハザードモデルの推計，土木学会論文集A，Vol.64，No.4，pp.857-874（2005）

8）小濱健吾，岡田貢一，貝戸清之，小林潔司：劣化ハザード率評価とベンチマーキング，土木学会論文集A，Vol.64，No.4，pp.857-874（2005）

9）貝戸清之，小林潔司：マルコフ劣化ハザードモデルのベイズ推定，土木学会論文集A，Vol.63，No.2，pp.336-355（2007）

10）小林潔司，貝戸清之，林 秀和：測定誤差を考慮したマルコフ劣化ハザードモデル，土木学会論文集D，Vol.64，No.3，pp.493-512（2008）

11）林 秀和，貝戸清之，熊田一彦，小林潔司：競合的劣化ハザードモデル：舗装ひび割れ過程への適用，土木学会論文集D，Vol.65，No.2，pp.143-162（2009）

12）L.T.NAM，貝戸清之，小林潔司，起塚亮輔：ポアソン隠れマルコフ劣化モデルによる舗装劣化過程のモデル化，土木学会論文集F4，Vol.68，No.2，pp.62-79（2012）

13）小林潔司，貝戸清之，大井 明，N.D.THAO，北浦直樹：データ欠損を考慮した複合的隠れマルコフ舗装劣化モデルの推計，土木学会論文集E1，Vol.71，No.2，pp.63-80（2015）

14）水谷大二郎，小濱健吾，貝戸清之，小林潔司：社会基盤施設の多元的劣化過程モデル，土木学会論文集D3，Vol.72，No.1，pp.34-51（2016）

15) 水谷大二郎，貝戸清之，小林潔司，秀島栄三，山田洋太，平川恵士：判定基準変更を考慮した隠れマルコフ劣化ハザードモデル，土木学会論文集 D3，Vol.71，No.2，pp.70-89（2015）
16) 小林潔司，貝戸清之，松岡弘大，坂井康人：時系列モニタリングデータ活用のための長期劣化進行モデリング，土木学会論文集 F4，Vol.70，No.3，pp.91-108（2014）
17) 水谷大二郎，小林潔司，風戸崇之，貝戸清之，松島格也：連続量を用いた劣化ハザードモデル：舗装耐荷力への適用，土木学会論文集 D3，Vol.72，No.2，pp.191-210（2016）
18) 貝戸清之，小林潔司，加藤俊昌，生田紀子：道路施設の巡回頻度と障害物発生リスク，土木学会論文集 F，Vol.63，No.1，pp.16-34（2007）
19) 小濵健吾，貝戸清之，小林潔司：苦情発生を考慮した道路巡回政策，土木学会論文集 F，Vol.70，No.1，pp.25-37（2014）
20) 水谷大二郎，貝戸清之，小林潔司：マルコフ・スイッチングモデルによるポットホール発生過程，第 46 回土木計画学研究・講演集，土木学会，埼玉大学，CD-ROM，No.16（2012）
21) 青木一也，山本浩司，津田尚胤，小林潔司：多段階ワイブル劣化ハザードモデル，土木学会論文集，Vol.798，VI-68，pp.125-136（2005）
22) 小林潔司，中谷昌一，大迫湧歩，安部倉完：橋梁の劣化速度の異質性を考慮した補修戦略プロファイリング，土木学会論文集 D3，Vol.73，No.4，pp.201-218（2017）

索　　引

【あ行】

【か行】

【さ行】

【た行】

【な行】

【は行】

【ま行】

【や行】

【ら行】

【わ】

【アルファベット】

── 編著者・著者一覧 ──

小林　潔司（こばやし　きよし）
京都大学経営管理大学院教授，大学院工学研究科教授（併任）
公益社団法人 土木学会会長
一般社団法人 日本アセットマネジメント協会会長

中谷　昌一（なかたに　しょういち）
京都大学経営管理大学院特定教授（道路アセットマネジメント政策講座）

玉越　隆史（たまこし　たかし）
国土交通省 国土技術政策総合研究所
道路構造物研究部 道路構造物管理システム研究官

青木　一也（あおき　かずや）
京都大学経営管理大学院客員准教授（道路アセットマネジメント政策講座）

竹末　直樹（たけすえ　なおき）
株式会社 三菱総合研究所
次世代インフラ事業本部 インフラビジネスグループ 主席研究員
一般社団法人 日本アセットマネジメント協会 理事 国際委員長
ISO/TC251 国内審議委員会委員長

（2019年3月現在）

実践 道路アセットマネジメント入門
―継続的改善を実現するためのマネジメントの基本―

Guidance on Practical Road Asset Management
— Management Fundamentals to Achieve Continual Improvement —

2019年4月18日　初版第1刷発行　★

検印省略

編著者　小林　潔司
著　者　中谷　昌一
　　　　玉越　隆史
　　　　青木　一也
　　　　竹末　直樹
発行者　株式会社　コロナ社
　　　　代表者　牛来真也
印刷所　萩原印刷株式会社
製本所　有限会社　愛千製本所

112-0011　東京都文京区千石4-46-10
発行所　株式会社　コロナ社
CORONA PUBLISHING CO., LTD.
Tokyo Japan
振替00140-8-14844・電話(03)3941-3131(代)
ホームページ　http://www.coronasha.co.jp

ISBN 978-4-339-05265-7　C3051　Printed in Japan　（中原）